高圧・特別高圧
電気取扱者安全必携

― 特別教育用テキスト ―

中央労働災害防止協会

序

産業活動において，電気設備は不可欠なものであり，これに対する安全対策のレベルは向上してきていますが，高圧または特別高圧の電気による感電災害により，専門の電気取扱者が被災する事例が今なお多く発生しています。

このような災害を防止するためには，電気設備の整備・保守，適正な作業管理の徹底を図るとともに，電気取扱作業を行う者が，当該作業を安全に行うために必要な知識および技能を事前に身につけておくことが必要です。

このため労働安全衛生法においては，電気取扱作業などの危険業務に従事する者に対し，安全に関する特別の教育を行うことを事業者に義務づけています。

本書は，高圧・特別高圧の充電電路の敷設等の業務に係る特別教育用のテキストとして，当該作業者が身につけていなければならない安全上の知識を網羅するとともに，最近の技術の進展，感電災害等の発生状況を踏まえた内容としていますので，現在すでに電気取扱作業に従事している関係者の方々の参考書としても活用できるものと考えています。

今回の改訂では，法令や規格の改正の反映，各種統計等の更新のほか，図表の充実など，内容の見直しを行いました。改訂にあたりご協力をいただきました一般財団法人関東電気保安協会，東京電力パワーグリッド株式会社，独立行政法人労働者健康安全機構労働安全衛生総合研究所の各位には，改めて感謝申し上げる次第です。

本書が，高圧・特別高圧の電気取扱作業従事者をはじめ，関係者に広く活用され，労働災害の防止に寄与することができれば幸いです。

令和３年５月

中央労働災害防止協会

高圧・特別高圧電気取扱者特別教育の科目・範囲・時間

学科教育

科　目	範　囲	時　間
高圧又は特別高圧の電気に関する基礎知識	高圧又は特別高圧の電気の危険性　接近限界距離　短絡　漏電　接地　静電誘導　電気絶縁	1.5時間
高圧又は特別高圧の電気設備に関する基礎知識	発電設備　送電設備　配電設備　変電設備　受電設備　電気使用設備　保守及び点検	2時間
高圧又は特別高圧用の安全作業用具に関する基礎知識	絶縁用保護具　絶縁用防具　活線作業用器具　活線作業用装置　検電器　短絡接地器具　その他の安全作業用具管理	1.5時間
高圧又は特別高圧の活線作業及び活線近接作業の方法	充電電路の防護　作業者の絶縁保護　活線作業用器具及び活線作業用装置の取扱い　安全距離の確保　停電電路に対する措置　開閉装置の操作　作業管理　救急処置　災害防止	5時間
関係法令	労働安全衛生法，労働安全衛生法施行令及び労働安全衛生規則中の関係条項	1時間

実技教育

実技教育は，高圧又は特別高圧の活線作業及び活線近接作業の方法について，15時間以上（充電電路の操作の業務のみを行う者については，1時間以上）行う。

（昭和47年9月30日労働省告示第92号「安全衛生特別教育規程」より抜粋編集）

第２編　高圧または特別高圧の電気設備に関する基礎知識

第 3 編　高圧または特別高圧用の安全作業用具等に関する基礎知識

第４編　高圧または特別高圧の活線作業および活線近接作業の方法

第５編　関係法令

表紙デザイン　デザイン・コンドウ
本文イラスト　佐藤　正
　　　　　　　高橋　晴美

第1編

高圧または特別高圧の電気に関する基礎知識

●第 1 編のポイント●

電圧の種別，感電（電撃）と人体反応，接近限界距離等，短絡と地絡，接地，誘導現象，電気絶縁などについて学び，電気の危険性と危険防止措置を実施するうえでの基本的事項を理解する。

第1章 電気の危険性

 電気取扱者と安全

電気は現在の社会生活・産業活動になくてはならない存在である。単にエネルギーの源としての電力について考えても，クリーンで，生み出す力の強さと便利さはガスや石油に劣らない。そのために，電気の用途と使用量は，ますます拡大してきているが，一方，電気の使用には感電という危険が伴っている。電気は五感だけでそれを察知することが難しく，また，電気の危険性については，過去の多くの災害事例にみられるとおりで，感電災害は一瞬の過ちで発生し，一次災害のみならず二次災害の可能性も高く，きわめて重大な結果を招くことになる特性をもっている。

電気取扱作業に従事する者は，災害事例から多くの教訓を得るとともに，それをもとに感電災害防止に取り組まなければならない。

感電災害をはじめ，電気取扱作業における災害は，取り扱う電気の電圧，設備の規模，その他の条件によって，それぞれ異なる。はじめに，それらの概略について述べる。

(1) 高圧・特別高圧電気による感電

本テキストが対象とする高圧や特別高圧の電気（19 頁の**表 1-1** 参照）はきわめて危険で，感電すればほとんどの場合，災害は免れられない。感電の人的な原因には，不安全行動・錯誤・知識不足をあげることができる。不安全行動によるものとしては，不用意に危険箇所に接近し

すぎて充電部に接触・近接し，感電する事例が多い。ささいな作業であっても，高圧・特別高圧の電気取扱作業，または近接した場所で実施する作業における行動は，慎重でなければならない。

高圧・特別高圧の作業では，設備の部分を区切り，局部的に停電して作業区域を設定したうえ作業することがあるが，その際不注意で作業区域外の危険区域に入りこんで感電することがある。また，送電線下や変電所構内などで高圧や特別高圧の電気設備に近接して長尺物を取り扱い，それが充電部に触れて感電したり，荷物の積み降ろしの作業などの際に荷物やつりこみ機材の一部，クレーンのブームが充電部に触れ，それを通じて感電したりすることもある。

高圧・特別高圧の電気では，接触しなくても，一定距離以内に近寄っただけで閃絡（せんらく）※により感電するおそれがあるので，高圧・特別高圧の電気設備の近くでは，金属製の工具・材料等の導電体を肩より高く差し上げてはならない。高圧・特別高圧の電気には特別な危険があることを常に心に留めておくことが必要である。

事業者は，高圧・特別高圧の電気を取り扱う作業者に対し，高圧・特別高圧電気取扱業務に係る特別教育を行わなければならない。また，作業者は，電気工作物の電気工事に従事するときは，その種類・規模に応じ，電気工事に必要な資格を証する書面（電気工事士免状等）を所持していなければならない。

(2) 低圧電気による感電

低圧の電気（19頁の**表 1-1** 参照）による感電では，一般に電撃の程度が弱く，負傷に至らない場合が多いため，感電の危険が軽視され，不安全の要因が見過ごされることになりがちである。しかし低圧の電気といえども，感電したときに人体に流れる電流の経路，通電時間，そのときの作業者の状態などによっては死亡災害に至ることも珍しくない。また高所作業における感電では，電撃によって墜落し，重篤な災害に至ることがあることも忘れてはならない。低圧の電気取扱作業では，安全意識が低下しないように注意することが重要である。

※　空気など絶縁物が絶縁破壊され，アーク等でつながる現象。「フラッシオーバ」ともいう。

低圧電気による感電災害のうち，可搬式電動機器の絶縁不良によるものでは電気取扱者以外の作業者が感電した事例も多いので，日常の作業に用いる電動工具・設備機器の管理を欠くことのないよう心掛け，特に可搬式電気機器の電線の損傷・接続不良および誤接続の防止にも厳重に注意することが必要である。

また，水など導電性の高い液体によって湿潤している場所，その他鉄塔や鉄板上，定盤(じょうばん)上等導電性の高い場所において，素足，濡れた手などでの電気取扱いは，厳に慎まねばならない。さらに高所作業における墜落制止用器具（安全帯）の使用等，基本動作の忠実な履行も求められる。

電気を使用して実施する作業では，電源側に感電防止用漏電遮断装置（「漏電遮断器」）などの保護装置を取り付けるとともに，その動作テストを作業前に実施することが望ましい。

事業者は，低圧の電気を取り扱う作業者に対し，低圧電気取扱業務に係る特別教育を行わなければならない。また，作業者は，電気工作物の電気工事に従事するときは，その種類・規模に応じ，電気工事に必要な資格を証する書面（電気工事士免状等）を所持していなければならない。

(3) アークによる火傷・事故

アーク溶接は，100 A 程度の電流によるアークを安定して発生させて，それから得られる高熱を利用して行われるが，アーク溶接のアークの発する光で，裸眼では目に障害（電気性眼炎）を生じ，露出した肌をさらすと皮膚に日焼けに似た皮膚障害を生じる。

低圧の幹線の回路や高圧以上の回路での短絡などの故障の際には，数千 A 以上の電流のアークが発生する。このアークは強烈で，アーク溶接時の比ではない。そのうえ制御されていないので，故障電流の電磁作用および対流作用により，激しく延伸したり移動したりして，その高熱と光により，周囲にさまざまな被害を及ぼすことになる。アークの発生を伴う事故の際には，感電による災害や機械の

焼損のみならず，アークによる火傷と目の網膜の損傷の災害を受けることにもなる。

低圧幹線の計器あるいは開閉器類の端子およびその近くの配線は狭い所に組みこまれているため，低圧活線における作業時に誤ってねじ類を落としたり，作業工具などの金属製の異物の接触により，アーク発生の原因となる短絡故障を起こしやすい。また，高圧以上の電力回路に用いられる断路器は，負荷をかけたまま開放操作をすると大きなアークを発生して事故になる。その他，高圧回路においては，作業のための接地の取付け時に誤って活線回路を接地したり，接地の取外しを忘れたまま受電したりするなどして，アークを発生する事例がある。

(4) 雷

雷は，電気設備と電気取扱者にとって最も有害な自然現象の一つである。

雷が発生して，低圧・高圧の電気設備に直接落雷がある場合のほか，近くに落雷があった場合にもその誘導を受けて，しばしば回路中に高い電圧が侵入してくる。また，送電線の場合には，遠方から線路を伝播して，雷により生じた電圧が侵入してくる。この現象は，作業のために停電中の回路であっても同様に発生する。

雷の電気の強さは，直撃雷であるか誘導雷であるか，あるいはそのときの雷電流の大きさなどによって異なるが，一般にきわめて強烈で，高圧の機器の絶縁でも，これに完全に耐えることは難しい。ましてや人体に対しては，一般的な安全策によりその危険を防止することは困難であり，雷が多発する地域や季節には，工事現場に雷検知器を備えるなどの対策を講じて，近隣地域で雷が発生したときは，電気取扱作業を中断するのが賢明である。

第1章

参考　電気に関する基本的な用語や性質

1　電気用語

1-1　電圧，電流，抵抗

図1-アのように，水槽Aから水槽Bにパイプを通じて水を流す場合を考えたとき，AとBの水面の高さの差が大きいほど，また，パイプの太さが太いほど水はよく流れます。電気もこれによく似ており，水位の差が電位差（これは一般に**電圧**といわれる）に，水の流れが電流に，パイプが電線に相当し，電線の材質が同じであれば，電線が太いほど，また，電圧が高いほど，電流はたくさん流れます。そこで，電圧の大きさが同じ場合，電流の流れやすさは，電線の材質や形状（長さや太さ）で決定されますが，これは，普通，電流の流れを妨げる性質で表され，これを**抵抗**といいます。

電圧（電位差）の記号には一般にV（ブイ）が用いられ，その単位は**ボルト**（V）で表されます。電流の記号にはIまたはiが用いられ，その単位は**アンペア**（A）で表されます。抵抗の記号にはRまたはrが用いられ，その単位は**オーム**（Ω）で表されます。そして，これら電圧，電流，抵抗の間には，次式に示すような関係があり，これを**オームの法則**といいます。

$$\text{電流}\ I\,(\mathrm{A}) = \frac{\text{電圧}\ V\,(\mathrm{V})}{\text{抵抗}\ R\,(\Omega)}$$

（ブイ ボルト）

なお，電圧が起電力を示す場合には，Eまたはeの記号が用いられることがあります。

1-2　電力，電力量

電源が回路に毎秒あたり供給するエネルギーを**電力**といい，電圧と電流の積で表されます。電力の記号にはPが用いられ，その単位は，電圧の単位をボルト，電流の単位をアンペアで表したとき，**ワット**（W）または**ボルトアンペア**（VA）で表されます。電力×時間を**電力量**といい，その単位は**ジュール**（J）ですが，「**ワット秒**（Ws）」と呼ばれることが多く，実用的には**ワット時**（Wh）や**キロワット時**（kWh）が多く用いられます。

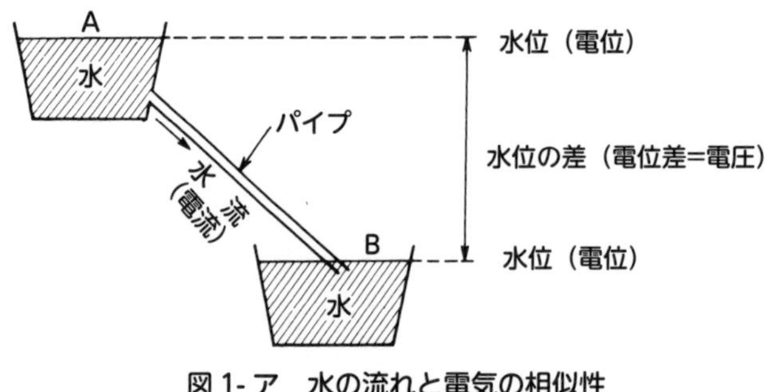

図1-ア　水の流れと電気の相似性

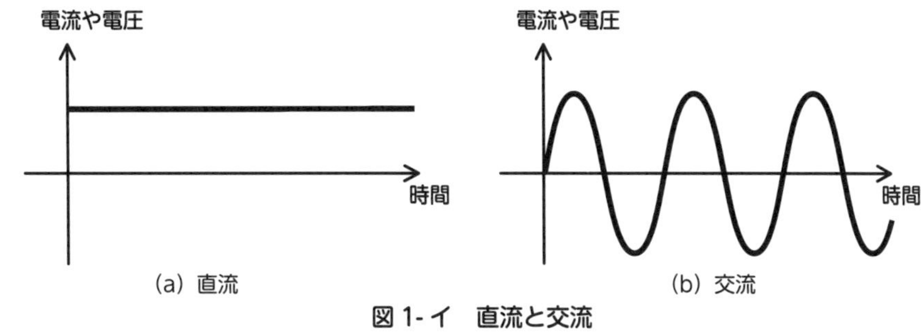

図1-イ　直流と交流

1-3　直流，交流

電気には，**直流**と**交流**があります。直流とは，電気の流れる方向や大きさが変わらないもので，その記号にはDC（Direct Currentの略）が用いられます。乾電池，蓄電池および直流発電機などから発生する電気は直流です。一方，交流とは，電気の流れる方向や大きさが一定の時間的周期をもって変化するもので，その記号にはAC（Alternate Currentの略）が用いられます。家庭や工場などに一般送配電事業者（いわゆる電力会社）から供給されている電気は交流です（**図1-イ**）。

1-4　周波数

交流の場合，1秒間中に繰り返される同一波形の数を**周波数**といい，その単位は**ヘルツ（Hz）**で表されます。一般送配電事業者から供給されるわが国の電気は，おおよそ静岡県の富士川と新潟県の糸魚川あたりを結ぶ線を境にして，その東が50Hz，西が60Hzです。一般にこの周波数を商用周波数といいます。

2　電気回路

電流の流れる道を**電気回路**といい，略して**電路**または**回路**ともいいます。電気回路の抵抗の接続には，直列接続と並列接続があります。直列接続とは，抵抗r_1，r_2を

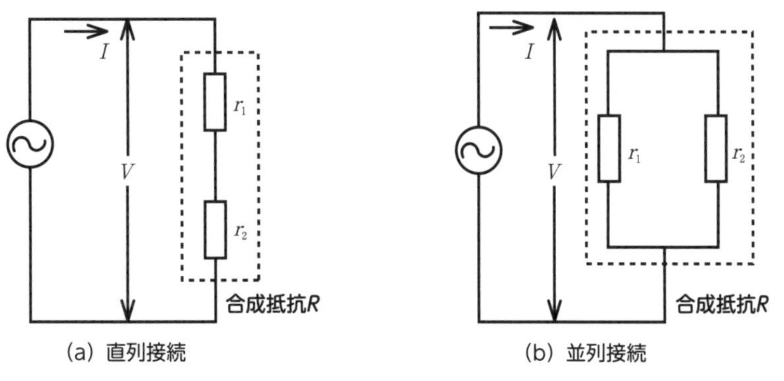

図1-ウ　電気回路

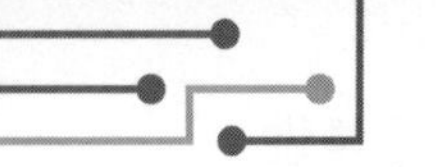

図 1-ウ (a) のように接続した場合であり，直列接続されている抵抗を１つの抵抗と考える場合の合成抵抗は各抵抗の和に等しくなります（合成抵抗 $R=r_1+r_2$）。並列接続とは，抵抗 r_1，r_2 を**図 1-ウ (b)** のように接続した場合であり，並列接続の場合の合成抵抗の逆数は，次式のとおり各抵抗の逆数の和に等しくなります。

$$\frac{1}{\text{合成抵抗}\,R}=\frac{1}{r_1}+\frac{1}{r_2}$$

3　物質の電気的性質

物質の中には，電線のように電気をよく通すものと，ゴムのようにほとんど電気を通さないものがあります。前者を**導体**，後者を**不導体**または**絶縁体**（**絶縁物**）といい，その中間のものを**半導体**といいます。物質が電流をよく通すか否かは，物質の有する電気抵抗で表されますが，抵抗は同一物質であっても，その長さに正比例し，太さ（断面積）に反比例します。電気抵抗を式で示すと次のようになります。

$$\text{電気抵抗}\,R=\text{抵抗率}\,\overset{\text{ロー}}{\rho}\times\frac{\text{長さ}\,\ell}{\text{断面積}\,S}$$

2 電圧の区分等

電気には**表 1-1** に示すように直流と交流があり，電圧の種別は，「労働安全衛生規則」(安衛則) および電気事業法に基づく「電気設備に関する技術基準を定める省令」(電技省令) によって，電圧の大きさごとに**低圧**，**高圧**および**特別高圧**の 3 種類に分けられる。

直流は，電池や太陽電池 (ソーラーパネル)，直流発電機などから発生する電気で，主として，電気鉄道，直流溶接機，電気めっき，化学工業の電気分解，電気自動車などに用いられる。

交流は，水力，火力，原子力などの発電所で交流発電機から発生する電気で，一般には変圧器によって特別高圧に昇圧され，送電線を経て変電所に送って高圧に下げ，さらに配電線路の変圧器によって低圧に変えて一般家庭や工場などに供給される。電気を大量に使用する大工場などでは，特別高圧または高圧のまま受電して，工場内の変電設備で高圧および低圧に下げて使用される。

わが国の送配電線の電圧は，電力系統の単純化と経済的効果を考え，(一社) 電気学会の電気規格調査会で，高圧および特別高圧の標準電圧を**表 1-2** のように公称電圧と最高電圧の 2 種類に分けて定めている。この表でいう公称電圧とは，通常の全負荷状態における受電端の線間電圧を意味し，送電端では電路の電圧降下などを考慮し，公称電圧より多少高くされるが，その電圧も**表 1-2** に示す最高電圧を超えてはならない。

なお，安衛則や他の電気関係の規則，基準には，使用電圧や最高使用電圧という用語が使用されているが，安衛則の解釈例規や (一社) 日本電気協会の内線規程の用語の説明から，使用電圧とは公称電圧，最高使用電圧とは最高電圧であると解釈してよい。

表 1-1　電圧の種別 (安衛則第 36 条，電技省令第 2 条)

電圧種別＼直交流別	直　流	交　流
低　圧	750 V 以下	600 V 以下
高　圧	750 V を超え 7,000 V 以下	600 V を超え 7,000 V 以下
特別高圧	7,000 V を超えるもの	

表 1-2　標準電圧

公称電圧 (V)	最高電圧 (V)	備　　考
3,300	3,450	
6,600	6,900	
11,000	11,500	
22,000	23,000	
33,000	34,500	
66,000	69,000	一地域においては，いずれかの電圧のみを採用する。
77,000	80,500	
110,000	115,000	
154,000	161,000	一地域においては，いずれかの電圧のみを採用する。
187,000	195,500	
220,000	230,000	一地域においては，いずれかの電圧のみを採用する。
275,000	287,500	
500,000	525,000，550,000 または 600,000	最高電圧は，各電線路ごとに 3 種類のうちいずれか 1 種類を採用する。
1,000,000	1,100,000	

(注)　1　1,000V 超過の標準電圧を示す。
　　　2　電線路の公称電圧及び最高電圧は，この表の値を標準とするが，発電機電圧による発電所間連絡電線路の公称電圧及び最高電圧は，やむを得ない場合にはこれによらなくてもよい。

((一社) 電気学会「電気規格調査会標準規格　JEC-0222 (2009)」)

3 感電災害の状況

電気が原因となって起こる災害には，人身災害としての感電，火傷，アークによる眼障害のほか，電気設備が点火源となって起こる火災，爆発，あるいは電気設備の異常運転による機器の焼損など，さまざまなものがある。これらのうち，わが国における産業現場での感電死亡災害を中心として，以下にその特徴を述べる。

(1) 死亡危険性が高い～死傷者数と死亡者数の比

最近 5 年間（平成 27 年～令和元年）の労働災害統計（厚生労働省「労働災害発生状況」）によると，労働災害全体では，死亡者数が死傷者数（死亡および休業 4 日以上）に占める割合は 0.8 % である。これを感電に限って算出すると 9.4 % となり，死亡災害が最も多い墜落･転落の1.2％や死傷災害が最も多い転倒の0.1％などと比べて極めて高い。これより，感電災害はいったん発生すると死亡危険性の高い災害であることがわかる（**表1-3**）。

(2) 手・把持工具が6割を占める～感電死亡災害の推定接触電圧および接触部位

平成14年～平成23年の10年間における感電死亡災害の事例から推定した接触電圧は，64.4％が低圧に，30.5％が高圧あるいは特別高圧に起因し（**表1-4**），また，充電部と接触した人体の部位は，58.0％が手や把持した工具，14.9％が胴体であった（**図1-1**）。

表1-3　労働災害による死傷者数と死亡者数の比（平成27年～令和元年）

	死傷者数	死亡者数	死亡／死傷
感電	500	47	9.4%
崩壊・倒壊	11,280	289	2.6%
激突され	26,249	363	1.4%
墜落・転落	102,941	1,210	1.2%
はさまれ・巻き込まれ	72,355	617	0.9%
飛来・落下	31,902	233	0.7%
転倒	143,230	130	0.1%
全災害（上記以外を含む）	607,621	4,632	0.8%

表1-4　感電死亡災害の推定接触電圧※1

電圧の種別		感電死亡者数（人）	割合（%）
低圧	100 V程度	41	23.6
	200 V程度	41	23.6
	不確かな低圧とその他の電圧	30	17.2
高圧あるいは特別高圧		53	30.5
落雷		4	2.3
不明		5	2.9

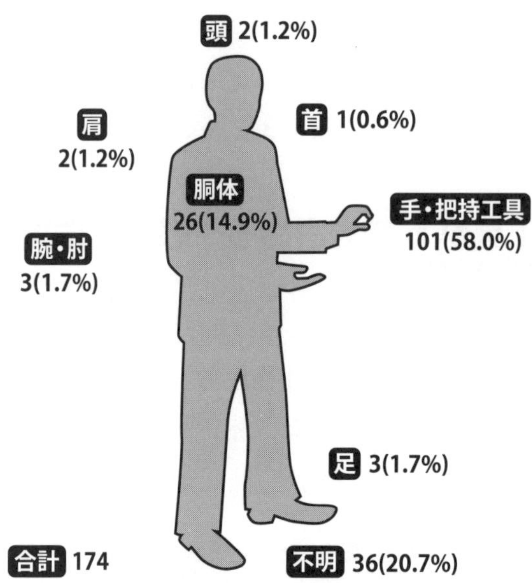

図 1-1　充電部との接触部位※2

(3)「送配電線等」が多い〜感電死亡災害の起因物

図 1-2 は，平成 25 年〜平成 29 年の 5 年間における感電死亡者 51 名を設備別に示したものである。送配電線等で 21 名（全体の 41.2 %），次いで，高圧開閉器，変圧器，コンデンサなどの電力設備で 13 名（25.2 %），アーク溶接装置が 6 名（11.8 %），電動工具・設備等（漏電）が 5 名（9.8 %），その他 6 名（11.8 %）であった（厚生労働省 職場のあんぜんサイト「死亡災害データベース※3」より分析）。

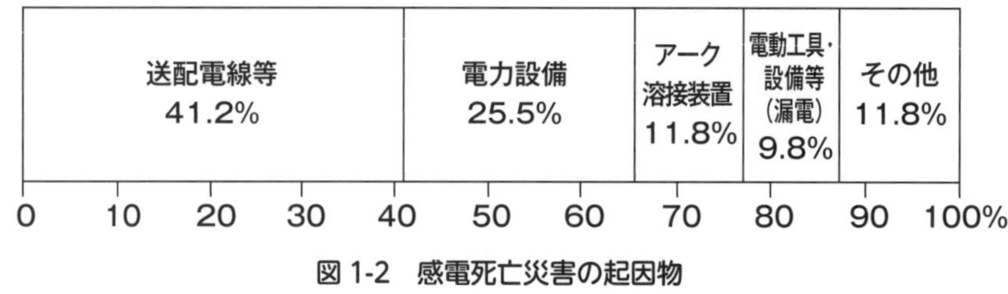

図 1-2　感電死亡災害の起因物

※ 1，※ 2　出典：Norimitsu Ichikawa: "Electrical fatality rates in Japan, 2002-2011: New Preventive measures for fatal electrical accidents", IEEE Industry Applications Magazine, Vol.22, Issue. 3, pp. 21–26.

※ 3　https://anzeninfo.mhlw.go.jp/anzen_pg/SIB_FND.aspx

4 感電（電撃）

感電は電撃ともいわれ，一般に人体に電流が流れることによって発生する。そして，電撃は，単に電流を感知する程度の軽いものから，苦痛を伴うショック，さらには筋肉の強直，心室細動（心臓がけいれんを起こしたような微細な動きとなること。血液循環機能が失われ，数分継続すると死に至る。）による死亡など種々の症状を呈する。

(1) 電撃の危険因子

感電した場合の危険性は，おもに次の因子によって定まる。

① 通電電流の大きさ（人体に流れた電流の大きさ）

② 通電時間（電流が人体に流れていた時間）

③ 通電経路（電流が人体のどの部分を流れたか）

④ 電源の種類（直流，交流の別）

⑤ 周波数および波形

したがって，通電電流が長時間にわたり人体の重要な部分を多く流れるほど危険である。このほか，間接的には人体抵抗や電圧の大きさが関係する。

(2) 電撃と人体反応

電撃を受けたとき，人体に流れた電流（通電電流）の大きさや通電時間，通電部位等により，次のような反応が人体に表れる。

① 感知（知覚）：身体に電流が流れていることを，感覚により感知する。

② 手の固着：誤って充電部分をつかんだとき，手がけいれんして離せなくなる。

③ けいれん：上肢・下肢，あるいは全身にわたってけいれんが起こり，身体の自由が失われる。または上肢・下肢などが意志によらず急激な運動を起こす。頭から通電の場合は，持続性の高いけいれんを生じることが多い。

④ 呼吸困難・窒息：呼吸筋のけいれんにより，呼吸運動が困難になる。

⑤ 心拍停止：心臓からの血液の拍出がなくなるか，または極端に減少するこ

とを心拍停止という。心室細動，心静止（狭義の心停止）が含まれるが，電撃では主に心室細動が発生する。心室細動は，心室の各部分が無秩序な収縮を繰り返すもので，心室全体としての収縮が起こらず，また，心筋の消耗が激しい。これが持続すると不可逆的な心静止に至る。

⑥　呼吸停止：呼吸運動の停止は現象論的に二つに分けられる。一つは前記の窒息であり，電撃から離脱すれば直ちに回復する。これに対して，持続性があり回復しにくいものを**呼吸停止**という。呼吸停止は，頭からの通電のときに特に発生しやすい。

⑦　意識の喪失：強い電撃を受けて，一時的に失神する。

⑧　器質的障害：生体の器官・組織の構造的な損傷である。おもに電流の入出口やその周辺で見られ，皮膚の鉱性変化※・剝脱，電流斑，電撃潰瘍（破れ，裂けたような傷・えぐられたような傷），組織の熱傷・壊死，電紋（沿面放電の跡）などがある。これらは主に熱的作用の結果であり，これが元で，体肢を切断したり，急性腎不全・感染症・後出血（2～4週間ぐらい後で起こる出血）等によって死亡したりすることがある。

⑨　二次災害：驚きによる反射的な動作や，けいれんによる身体の動きによって，転倒や墜落などを起こす。

電撃による死亡は心室細動が主な原因と考えられている。その他に，条件により，窒息・呼吸停止，器質的損傷による死亡や，二次災害による死亡も考えられる。

(3) 電撃反応の発生限界

人体に電流が流れたとき，本人が感覚によって感電していることを感知する電流値，また，苦痛を伴いながらも自分の意志で充電部分から離れることができる電流値，さらには，心室細動で死亡事故になる電流値等が，多くの研究者によって研究されてきた。現在では，国際電気標準会議（IEC）で統一した発生限界（通電時間／電流区域）が，**図 1-3**，**図 1-4** のように報告されている。

図 1-3 は，15～100 Hz の交流電流についての人体反応曲線図である。これによれば，人体に対する電撃反応の発生限界は，次のようになる。

※　金属が高温のため溶融，ガス化して皮膚表面に付着し，浸透し，皮膚が硬化乾燥して鉱質のようになる（皮膚の鉱質化）。

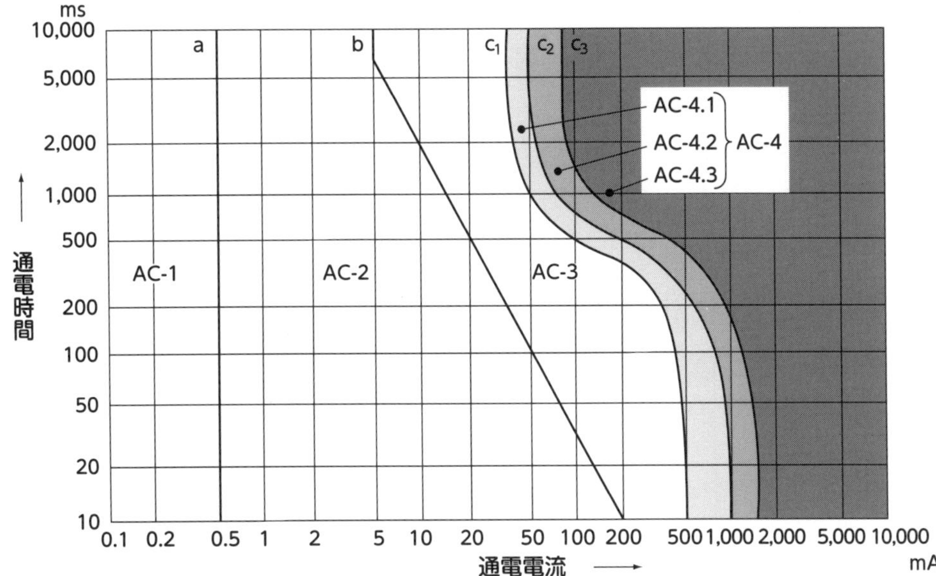

(注) AC-1：知覚は可能だが，通常は驚くような反応なし。
AC-2：知覚と不随意の筋収縮が起こる可能性は高いが，通常有害な生理学上の影響なし。
AC-3：強い不随意の筋収縮，呼吸困難，心機能の可逆的（回復可能な）障害，体の硬直が起こる可能性がある。影響は，電流の大きさとともに増加する。通常，臓器への損傷なし。
AC-4：心拍停止，呼吸停止，火傷，その他の細胞障害などの病態生理学上の影響が生じることがある。心室細動の可能性は，電流の大きさと時間とともに増加する。（AC-4.1：心室細動の確率が約5%まで増大，AC-4.2：心室細動の可能性が約50%まで増大，AC-4.3：心室細動の可能性が約50%を超える）

図1-3　電撃と人体反応（15～100Hzの交流電流）（IEC 60479-1：2018より（一部改変））

① 感知電流

通電電流を徐々に大きくしたとき，人体が感覚によって感知できる最小の電流を**感知電流**という。この値は**図1-3**においては直線aに相当し，通電時間に関係なく0.5 mA（実効値）である。

② 離脱電流

誤って充電部分をつかんでも，自分の意志で離すことができる最大の電流を**離脱電流**という。この値は**図1-3**においては折れ直線bに相当し，通電時間に関係ない領域としては，5 mA（成人男子では10 mA）である。

③ 心室細動電流

心室細動の発生限界となる電流を**心室細動電流**という。いったん心室細動が発生すると，他人が充電部分を除去しても，一般には心室細動は治まらず，死に至る電流値である。この値は**図1-3**においては通電経路が左手—両足の場合として，実曲線c_1とされている。すなわち，通電時間が10 msで通電電流が 500 mA，通電時間が 500 ms で通電電流が 100 mA，通電時間が 1 s で通電電流が 50 mA，通電時間が 10 s で通電電流が 40 mA の値である。

また，直流電流についての人体反応曲線図は，次の**図 1-4** のとおりである。

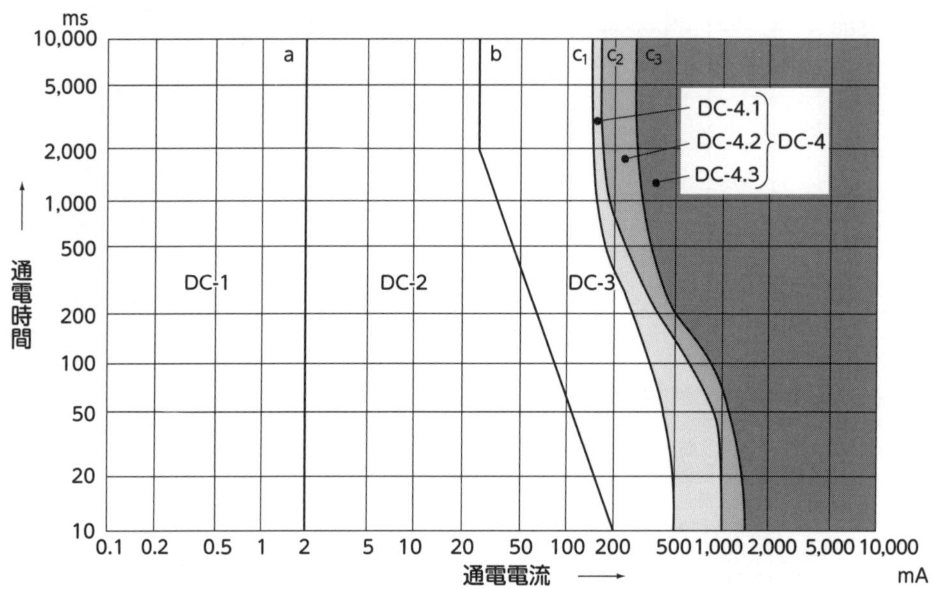

（注）DC-1：電流を投入したり，遮断したり，急激に変化させたりすると，わずかに刺すような感覚が起こる可能性がある。
DC-2：特に電流を投入したり，遮断したり，急激に変化させたりするときに不随意の筋収縮が起こる可能性があるが，通常有害な生理学上の影響なし。
DC-3：強い不随意の筋肉反応，および心臓内でのインパルス（電気的な信号）の形成・伝導の可逆的（回復可能な）障害が起こり，電流の大きさと時間とともに増加する可能性がある。通常，臓器への損傷は予想されない。
DC-4：図 1-3 の AC-4 の説明に同じ。DC-4.1～4.3 は，AC-4.1～4.3 の説明に同じ。
下向き（足がマイナス）の電流の場合は，約 2 倍の電流値となる。

図 1-4　電撃と人体反応（直流電流※）（IEC 60479-1：2018 より（一部改変））
（※　縦方向，上向き電流（手から足に流れる，足がプラス）の場合）

(4) 電気火傷

感電における生体の障害を一般に**電撃傷**と呼ぶが，前記の心室細動による死亡のほか，**電気火傷**などがある。

電気火傷には，アークやスパークの数千度の高熱による皮膚の熱傷と，電流が人体に流れるときの内部組織の抵抗に基づくジュール熱によるものとがある。前者の場合は，熱湯などによる一般の火傷と異なり，金属が高温のために溶融，ガス化して皮膚の表面に付着し，浸透して硬化乾燥し，熱傷面は青銹色の鉱質のようになることが多い（皮膚の鉱性変化）。また，後者の場合は，ジュール熱によってタンパク質が凝固し，皮膚，腱，骨膜，骨関節などに組織壊死を起こす。

電気火傷による症状は，熱湯などに起因する火傷とはかなり異なり治療に時間を要し，創傷は受傷直後より時間の経過に従って拡大する場合が多い。

電気火傷など電撃傷にみられる特有な症状には，次のようなものがある。

① 皮膚の鉱性変化（皮膚の鉱質化）が起きる。

② アークなどの高熱と電流による機械的破壊作用によって表皮が剝脱する。

③ 電流の流入部から皮膚の種々の方向に伸びる樹枝状の電紋が現れる。

④ 電流の流出入部の表皮が隆起して，そう白色あるいは灰白色に変化する。電撃傷で最も特有な症状といわれる。

⑤ 電流の流出入部に傷の周辺が一部炭化して燃焼したような，あるいはえぐられたような潰瘍を生ずる。

⑥ 電流の経路となった手足の運動機能の喪失，組織の壊死を生ずる。

⑦ 電撃時にはほとんど出血がなく，後に大量の出血を起こす（後出血）。

5 人体の電気抵抗

電撃の危険性は，先に述べたように主に人体に流れる電流によって決まるが，実際の電源は定電圧であるため，通電電流に制限を与えるのは通電回路の抵抗である。通電回路の抵抗は，主に充電部や大地と人体との接触抵抗，人体の電気抵抗などからなる。

接触抵抗の大きさは条件によってかなり異なり，手足が水で濡れている場合などでは 0 Ω近くになることもある。

一方，人体の電気抵抗は，皮膚の抵抗と人体内部の抵抗に分けられる。このうち皮膚の抵抗は，印加電圧の大きさ，接触面の濡れ具合などによって変化し，印加電圧が 1,000 V 以上になると，皮膚は破壊されて電気抵抗は 0 Ω近くまで低下する。これに対して，人体内部の抵抗は印加電圧に関係なく，手—足間で約 500 Ω程度である。そこで，電撃による危険性を考える場合，皮膚の抵抗は接触時の状況によって変化するため，一般に，最悪状態を考えて 500 Ωが用いられる。

第2章 接近限界距離等

低圧による感電は，充電部に人体の一部が直接接触することによって生ずるが，高圧以上になると，充電部に直接接触しなくても，ある限界以内に人体が充電部に近づくと，その間の空気の絶縁が破れて閃絡を起こし電撃を受ける。閃絡は主に充電部の電圧の大きさと接近距離によって決まるので，充電部に接近する場合，閃絡を生ずる距離以内に入ることは許されない。そこで，送電線路や発変電所などにおける活線作業あるいは活線近接作業での接近限界としては，作業者の動作域や手にもつ工具類の寸法を考慮した距離に，電圧に応じた閃絡距離を加えた範囲が保たれなければならない。

 接近限界距離

安衛則第344条には，特別高圧の充電電路における作業で活線作業用器具を用いる場合は，身体などについて，**表1-5**の左欄に掲げる充電電路の使用電圧に応じ，同表の右欄に掲げる**接近限界距離**を保たなければならないと定めている。接近限界距離とは，労働者の身体または労働者が現に取り扱っている金属製の工具，材料な

表1-5　特別高圧の充電電路に対する接近限界距離

充電電路の使用電圧（kV）	充電電路に対する接近限界距離（cm）
22以下	20
22を超え33以下	30
33を超え66以下	50
66を超え77以下	60
77を超え110以下	90
110を超え154以下	120
154を超え187以下	140
187を超え220以下	160
220を超える場合	200

どの導電体が特別高圧の充電電路に最も接近した部分と，当該充電電路との最短直線距離をいい，その時の当該電路の電圧は常規電圧※だけでなく，電路内部に発生する異常電圧（雷サージや開閉サージなど）をも考慮されなければならない。

2 離隔距離

離隔距離は，離れ隔たっている距離や離し隔てるべき距離である。厚生労働省通達（昭和34年2月18日付け基発第101号および昭和50年12月17日付け基発第759号）では，安衛則が事業者に求めている措置に関し，**表1-6**のように離隔距離を示すなどし，具体化している（第5編第4章の安衛則第570条および第349条の解説を参照）。これらの通達に従って送配電線の公称電圧に対する離隔距離を示すと**表1-7**のようになる。

① 鋼管足場が架空電路に近接し，離隔距離以内にあるときは，その移設，絶縁用防護具の装着等の接触防止措置を講ずること。

② 送配電線類に近接する場所で移動式クレーンなどを使用する場合，ブームやワイヤロープと送配電線類との間にこの離隔距離を保つこと。

さらに，電路を開路して，当該電路に近接する電路もしくはその支持物の敷設，点検，修理，塗装等の電気工事の作業または当該電路に近接する工作物の建設，解体，修理，塗装等の電気工事の作業を行う場合（安衛則第339条）の「近接する」とは，この離隔距離以内にあることであるとされている（昭和35年11月22日付け基発第990号）。

表1-6　厚生労働省通達による離隔距離

電路の電圧	離隔距離
特別高圧 （7,000Vを超える）	2m。ただし，60,000V以上は10,000Vまたはその端数増すごとに20cm増
高　圧 （交流600Vを超え7,000V以下，直流750Vを超え7,000V以下）	1.2m
低　圧 （交流600V以下，直流750V以下）	1m

（注）高圧および低圧に対しては，絶縁用防具などを電路に装着することにより上表の離隔距離以内に接近することができる。

※　通常の運転状態における電圧。

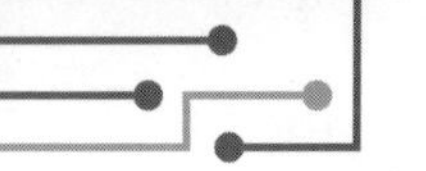

表1-7　公称電圧に対する離隔距離

公称電圧	離隔距離（m）
100／200／240／415（V）	1.0
3.3／6.6（kV）	1.2
11（kV）	2.0
22	2.0
33	2.0
66	2.2
77	2.4
110	3.0
154	4.0
187	4.6
220	5.2
275	6.4
500	10.8

第3章 短絡および地絡

絶縁電線の被覆や変圧器の焼損，遮断器の爆発などは，一般に電路に定格以上の大電流が流れること（短絡）によって起こる。また，感電災害も一般に人体を介して大地に電流が流れること（地絡）によって起こる。このように，電力設備の損傷や感電災害の形態を現象面からみれば，短絡と地絡といった現象である。

1 短　絡

短絡（ショート）とは，**図 1-5** の a または a′ のような状態をいい，故障や取扱いミスなどによって，電路の線間が電気抵抗の非常に少ない状態で，または全くない状態で接触した一種の事故現象である。このとき短絡部分を通じて流れる大きな電流を**短絡電流**という。

電路には，それに接続された機器の負荷電流が流れており，**図 1-5** の R，S，T の各電線は負荷電流を安全に流しうるように設計されている。しかし，電線の被覆が損傷するなどし，線間で短絡が生じると，一般に抵抗がほとんどなくなるので，短絡電流は非常に大きくなり，短絡点からみた電源容量（バックパワー）の大きさにもよるが，数千 A から場合によっては数万 A に達することがある。

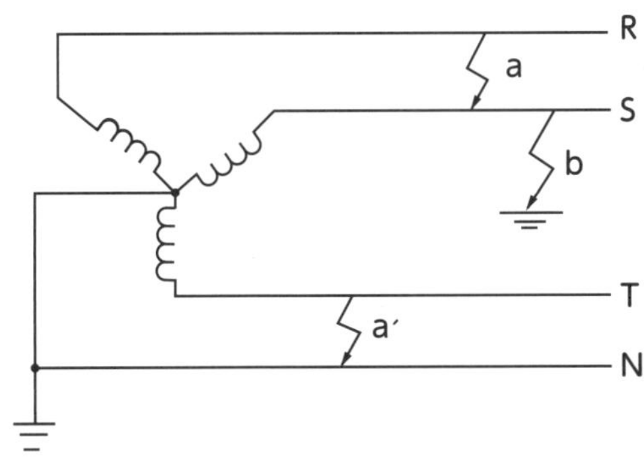

図 1-5　短絡および地絡

このような大電流が流れると，電線はジュール熱によって溶断するおそれがあり，絶縁電線であれば絶縁被覆の劣化や焼損などを起こす。さらに，発電機や変圧器の焼損，遮断器の爆発など大きな事故や災害を引き起こすおそれがある。また，人身災害としては，短絡と同時に大きなアークが発生して電気火傷などの災害を起こす危険性がある。

短絡事故の原因には，電力設備の製作不良や施工ミスあるいは絶縁物の自然劣化などが多い。また，断路器の操作ミスによりアークが異極間に伸び短絡事故になったり，電動機では，過負荷や欠相状態（3本の電線のうち1本がはずれた状態）の運転により巻線に過電流が流れて焼損し短絡事故に発展することもある。

したがって，短絡事故を起こさないために，電気配線，機器，がいしなどは常に絶縁の状況を監視し，電動機などの電気機器は正常な状態で運転することが大切である。

一方，万一短絡やその他過電流が流れる異常状態が起きた場合には直ちに電路を遮断できるようにしておくことも重要である。そのために，十分な遮断容量※を有する遮断器で短絡保護を行う。

2 地　絡

地絡とは**図1-5**のｂのような状態をいい，電路と大地との間の絶縁が異常に低下して，その間がアークや導体となる物によってつながれた現象である。このとき，電流が大地に流れたり，電路または機器の外部に危険な電圧が現れる。この現象は一般に**漏電**ともいわれ，大地に流れる電流を**地絡電流**または**漏れ電流**という。

電路で地絡を生ずると，感電災害や電力設備の損傷などを起こすことが多い。例えば変圧器や電動機などでは，絶縁が劣化または損傷して，これらの金属製ケース（外箱）を通じて地絡電流が流れると，ケースには電圧が発生し，人がこれに触れると感電災害を起こす。そこで，機器の外箱には接地（第4章参照）が施されるほか，危険性の高い低圧電路では漏電遮断器が設置される。

また，送配電線路のような電力設備では，電路の一線で地絡を生ずると，電路の対地静電容量の大きさ，電源の接地方式の違いなどにもよるが，かなりの地絡電流

※　定格使用電圧のもとで遮断できる電流の値。定格遮断電流。これを超える電流に対しては破損などにより電路を遮断できない可能性がある。

が発生し，これによって，間欠的アーク地絡を起こしたり，または高周波電気振動を生じて異常電圧が発生するおそれがある。その結果，地絡点の電線の溶断やがいしの破損により，相間短絡事故に進展する危険性がある。また，地絡電流は電磁誘導作用により，近接する弱電流電線路にも誘導電圧を生じさせ，電話線には雑音，電信線には通信障害を与えるほか，弱電流電線路の作業者に感電によるショックを与えるおそれがある。したがって，実際には地絡継電器を設置し，地絡の早期除去が図られている。

第4章 接　地

 接地の目的

電気回路が正常な状態であれば，電気機器の金属製ケースや金属製電線管などのいわゆる非充電金属部分には電圧が加わっていない。しかし，電動機の巻線の焼損，または絶縁電線やキャブタイヤケーブルなどの絶縁被覆の劣化などによって，電動機のケースや金属管に漏電すると，この部分に対地電圧※が現れる。この場合，大地に立っている人がこの金属部分に触れると，電流が人体を通って大地に流れるため，感電災害が発生する。そこで，電動機のケースや金属管を大地と導線（金属線または軟銅線）で電気的に接続しておけば，万一漏電した場合でも，導線を介して漏れ電流が大地に流れ，ケースや金属管に生ずる対地電圧をある程度制限することができる。このように，ケースや金属管などと大地を導線で電気的に接続することを**接地**（アース）という。

また，上記と異なり，次のようなものも接地（アース）という。高圧から低圧へ下げる変圧器の一次巻線（高圧側）と二次巻線（低圧側）とは，通常は変圧器内の油などで絶縁されているが，油の劣化などで万一，巻線間の絶縁が不良となり混触するようなことが起きると，二次巻線を経て低圧側の電路に高圧が加わり，電気機器や電路の破損，ひいては感電や電気火災を起こす危険がある。そこで，変圧器の二次巻線の一端と大地を導線で接続して，変圧器内部での混触事故に対して，低圧側の電路に高い電圧が発生しないようにしている。

このように，接地は種々の目的で実施される。一般に，前者のように電気機器のケースや金属管に施される接地は**機器接地**，後者のように変圧器二次巻線の一端に施される接地は**系統接地**といわれる。なお，機器接地の目的は，先に述べたような

※　対地電圧とは，接地式電路であれば電線と大地間の電圧をいい，非接地式電路であれば電線間の電圧をいう。

感電災害の防止だけでなく，系統接地と同様に漏電火災の防止や電気機器等の焼損防止なども兼ねているため，感電災害の防止の観点から機器接地をみた場合，機器接地の抵抗値が系統接地の抵抗値に比べて十分低い値でない限り，感電災害防止の目的を果たし得ず，この場合には漏電遮断器等を併用する必要がある。

 2 接地工事の種類と接地抵抗値

接地することを**接地工事**という。接地工事の種類および「接地抵抗値」などは，電技解釈の中で**表 1-8** のように規定されている。

接地抵抗値は，大地と接続したときの電流の通りにくさ（抵抗値）をいい，大きいと接地の目的が十分に達せられないので，できるだけ小さくすることが大切である。また，この接地抵抗値は，接地を施す大地の地質や湿り具合，温度などに影響され大幅に変動するので，接地工事は電気工事士によって確実に施工し，いかなる場合でも**表 1-8** に示す値以下に保たれることが必要である。

この表からわかるように，B 種接地工事が系統接地に，A 種，C 種および D 種接地工事が機器接地に相当する。

A 種接地工事は，高圧用の変圧器，油入遮断器などの外箱や避雷器に施され，その接地抵抗値は 10 Ω以下である。

B 種接地工事は，変圧器の高圧側と低圧側との混触による危険を防ぐため低圧側の巻線に施されるもので，その接地抵抗値は，所定の値（自動遮断できない場合は 150 V，1 秒を超え 2 秒以内に自動遮断できる場合は 300 V，1 秒以内に自動遮断できる場合は 600 V）を超える異常電圧を発生しないような抵抗値である。

C 種接地工事は，300 V を超える低圧用の機器の外箱や鉄台に施されるもので，その接地抵抗値は，原則として 10 Ω以下，**D 種接地工事**は，300 V 以下の低圧用の機器の外箱や鉄台に施されるもので，その接地抵抗値は，原則として 100 Ω以下と規定されている。

表 1-8　接地工事の種類，接地抵抗値など

<table>
<tr><th>接地工事の種類</th><th>接地箇所</th><th>接地抵抗値</th><th>接地線の種類</th></tr>
<tr><td>A 種接地工事</td><td>高圧用または特別高圧用の機器の金属製の台および外箱</td><td>10 Ω以下</td><td>引張強さ 1.04 kN 以上の金属線または直径 2.6 mm 以上の軟銅線</td></tr>
<tr><td>B 種接地工事</td><td>高圧または特別高圧と低圧を結合する変圧器低圧側の中性点，ただし低圧側が 300 V 以下で，中性点に施せないときは，その一端子</td><td>$\frac{150}{I}$ Ω以下
ただし，変圧器の一次側が高圧または 35,000 V 以下の特別高圧の電路で，
・混触時 1 秒を超え 2 秒以内に自動的に遮断できる場合，
$\frac{300}{I}$ Ω以下
・混触時 1 秒以内に自動的に遮断できる場合，
$\frac{600}{I}$ Ω以下</td><td>引張強さ 2.46 kN 以上の金属線または直径 4 mm 以上の軟銅線（高圧電路または特別高圧架空電線路の電路と低圧電路とを変圧器により結合する場合は，引張強さ 1.04 kN 以上の金属線または直径 2.6 mm 以上の軟銅線）</td></tr>
<tr><td>C 種接地工事</td><td>300 V を超える低圧用の機器の金属製の台および外箱</td><td>10 Ω以下
ただし，地絡時 0.5 秒以内に自動的に遮断できる場合，
500 Ω以下</td><td rowspan="2">引張強さ 0.39 kN 以上の金属線または直径 1.6 mm 以上の軟銅線</td></tr>
<tr><td>D 種接地工事</td><td>300 V 以下の低圧用の機器の金属製の台および外箱</td><td>100 Ω以下
ただし，地絡時 0.5 秒以内に自動的に遮断できる場合，
500 Ω以下</td></tr>
</table>

（電技解釈第 17，24，29 条を参考に作成）

（注）1. I は電路の一線地絡電流（A）を示す。
2. 高圧または特別高圧と低圧とを結合する変圧器については，低圧電路が非接地である場合，混触防止板付変圧器を用い，混触防止板に B 種接地工事を施す。
3. 上表にかかわらず，B 種接地工事の接地抵抗値は 5 Ω未満の値であることを要しない。
4. 移動して使用する電気機械器具の金属製外箱等に接地工事を施す場合において，可とう性を必要とする部分の接地線については，表 1-9 を参照。
5. 例外や詳細については，電技省令第 10 条～第 15 条および対応の電技解釈の各条参照。

3 接地工事の方法

接地工事に当たっては，接地線の太さ，取付け方法，接地電極の種類などを十分考慮する。

接地線は，地絡電流を安全に流しうるものでなければならないので，**表 1-8** に示す金属線または軟銅線を使用する。また，移動式または可搬式の電気機器のように，移動して使用する接地線は可とう性（軸方向について，やわらかく折り曲げやすい性質）を必要とするので，**表 1-9** に示すキャブタイヤケーブルなどを用いる。

接地電極には，銅覆鋼棒や銅板などがあり，その埋設にはなるべく湿地帯など接地抵抗値の低い場所を選んで行う。また，接地電極を何本か並列に接続または連結することによって，接地抵抗を下げることができる（**図 1-6**）。

接地線と電気機器および接地電極とは確実に接続し，ゆるみ，腐食その他の理由で接触が不完全にならないようにしなければならない。また，移動式または可搬式の電動機の外箱の接地を行う場合は，1心を専用の接地線とする多心ケーブル（電源および接地用）と，専用の接地端子を有するコンセント，プラグ，ケーブルコネクターなどを用いて行うことが望ましい。

表 1-9　移動して使用する電気機器に用いる接地線

接地工事の種類	接地線の種類	接地線の断面積
A 種接地工事	3 種クロロプレンキャブタイヤケーブル，3 種クロロスルホン化ポリエチレンキャブタイヤケーブル，4 種クロロプレンキャブタイヤケーブルもしくは 4 種クロロスルホン化ポリエチレンキャブタイヤケーブルの 1 心または多心キャブタイヤケーブルの遮へいその他の金属体	8 mm² 以上
B 種接地工事	上記および 3 種耐燃性エチレンゴムキャブタイヤケーブル	
C 種接地工事および D 種接地工事	多心コードまたは多心キャブタイヤケーブルの 1 心	0.75 mm² 以上
	多心コードおよび多心キャブタイヤケーブルの 1 心以外の可とう性を有する軟銅より線	1.25 mm² 以上

（電技解釈第 17 条）

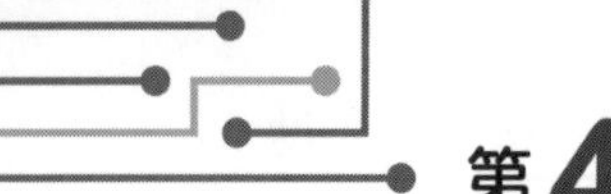

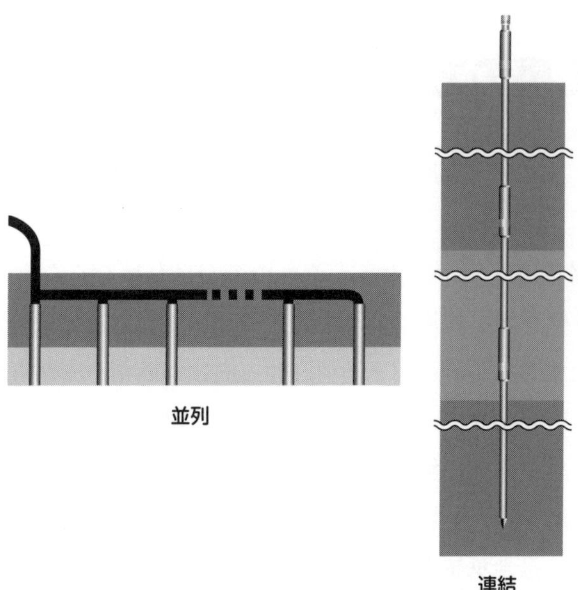

図 1-6　接地電極の並列と連結

第5章 誘導現象

電界（電圧のかかった空間）中に大地から絶縁された導体が置かれると，その導体の表面上の電荷が分離して電圧が発生する（この現象を**静電誘導**という）。また，変化する磁界中に導体が置かれると，その導体に起電力（電圧）が誘導される（この現象を**電磁誘導**という）。このほか，送信所の近くでは，ラジオ電波により工事用クレーンなどに電圧が誘起される場合がある。

誘導現象を利用して，いろいろな電気機器が開発されているが，以下のように，この現象が災害の原因になることがある。

1 静電誘導

送電線や変電所母線の周辺は，一般に，高電界が発生している。したがって，絶縁性の履物をはいた作業者がこの電界にさらされると，静電誘導によって，作業者の人体電位が上昇する。このとき人体の一部が鉄塔や接地された機器の外箱にふれると，電位の上昇した人体から大地に電流が流れ，電撃を受ける（**図 1-7**（a））。

また，大地から絶縁された物体（例えば，自動車）が，送電線下で電界にさらされると，物体の電位が上昇する。このとき大地に立つ人が物体にふれると，電位の上昇した物体から人を介して大地に電流が流れ，電撃を受ける（**図 1-7**（b））。

静電誘導による電撃は，一般に軽く，直接人体に重大な災害を与えることはほとんどないが，ショックによって高所からの墜落災害や転倒災害の原因になることがある。また，心理的に恐怖感をいだかせるため，超高圧下での作業などにおいては重要な問題である。

静電誘導による災害を防ぐには，作業者が強電界中に入らないようにすることであるが，超高圧の活線近接作業などでやむを得ず高電界中に入らなければならない場合には，導電衣，導電靴を着用して人体への誘導帯電を抑制し，周囲の物体には，作業用接地などを行う必要がある。

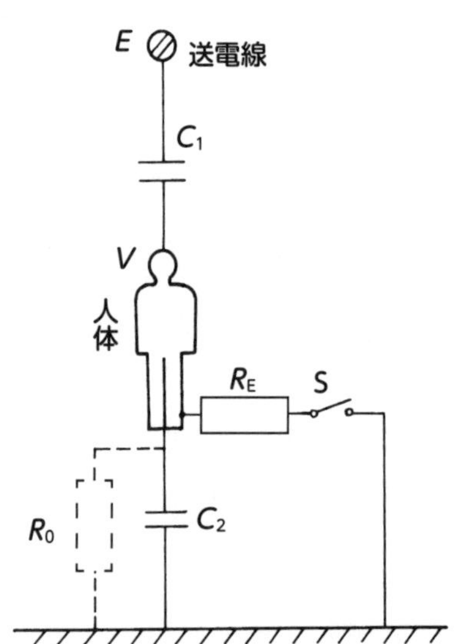

C_1：送電線と人体間の静電容量
C_2：人体と大地間の静電容量
R_E：人体と大地との接触抵抗
R_0：人体の対地絶縁抵抗
E：送電線の対地電圧
V：静電誘導電圧

(a) 人体に静電誘導

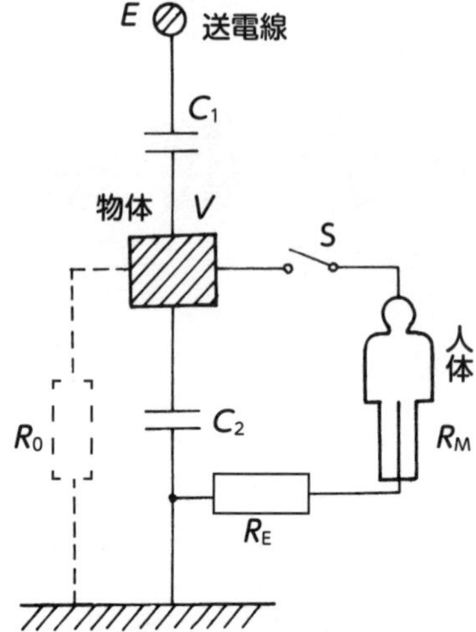

C_1：送電線と物体間の静電容量
C_2：物体と大地間の静電容量
R_M：人体抵抗
R_E：人体と大地の接触抵抗
R_0：物体の対地絶縁抵抗
E：送電線の対地電圧
V：静電誘導電圧

(b) 物体に静電誘導

図 1-7　静電誘導による電撃の発生原理

 2 電磁誘導

電磁誘導が災害に関係するのは，例えば，送電中の電線が起誘導体となり，これと接近並行する架空地線，電線，工事用ワイヤ，工事用電話線などの閉回路を形成する被誘導体に誘導電圧が発生する場合である。

送電線の電気工事（一回線を停止し，他の回線を生かして行う）では，電磁誘導により，停電回線および架空地線などに大きな誘導電圧が生じているので，これらの停電回線などに接触したり，停電回線などの開放（開放端子には電磁誘導による電圧が発生），接続などを行うことは危険である。

工事中の電磁誘導による災害を防止するには，架空地線・停電回線の接地，機械・工具の接地，工事用電話線の接地などを確実に行うことが必要である。また，誘導電流を遮断しないため，大地を通じた閉回路を維持することが必要であり，もし開路するときには，あらかじめバイパスする回路を形成する。

3 ラジオ電波（中波）による電磁妨害

ラジオ電波（526.5kHz～1606.5kHzの中波）を発生する送信所から約20km以内で工事をするときは，放送波によりクレーンブームなどに高電圧が誘起されることがある。高電圧が誘起されるのは，例えばブーム，ジブ，吊りワイヤを合わせた長さが到来する電波の波長（約187 m～約570 m）の4分の1程度となった場合である。この場合の誘起電圧は周波数が高く，電流はクレーンなどの表面を流れる。したがって，クレーンなどに接触すると電撃を受けることがあり，高所作業などでは墜落の危険がある。

ラジオ電波による電磁妨害を防止するには，クレーンにつり上げられた資材にふれる前につり上げ用フックを接地するか，作業者が長袖の作業服に高圧用の電気用ゴム手袋を着用して作業する，またはクレーンブームに高い誘起電圧が生じないようにクレーンブームの配置を考える，フックにエポキシ樹脂を塗布する，玉掛け用繊維スリングを使用するなどの防護対策が必要である。

第6章 電気絶縁

1 導体と絶縁体

物質には，電気をよく通す**導体**（銅，アルミニウム，鉄など）と，ほとんど通さない**不導体**（**絶縁体**ともいい，空気，磁器，ゴム，ビニルなど）およびその中間の性質をもつ**半導体**（ゲルマニウム，シリコン，セレンなど）がある。

配電線や電動機および変圧器などの巻線には銅などの導体が用いられ，電線の被覆にはゴム，ビニルなどの合成樹脂，電線の支持には磁器などの絶縁体が用いられる。また，半導体はトランジスタやダイオードなど，特殊な性質を示す電子部品に広く用いられている。

2 電気絶縁

電気を必要な箇所へ安全に効率よく送り，安全に適正に利用するには，電気回路以外の部分へ電気が漏れないようにすることが大切であり，送配電線や電気機器では，電気の流れる電線相互間，電線と大地間，巻線相互間などを絶縁物を用いて絶縁する必要がある。

このように電気が漏れないように絶縁することを**電気絶縁**といい，電気絶縁は電気による事故を防ぐために極めて重要である。

また，活線作業や活線近接作業では，作業者が充電部分に触れると，電気が人体を流れ感電災害を起こすので，絶縁物で作られた保護具や防具で作業者の身体や充電部分を絶縁する必要がある。

3 絶縁抵抗と絶縁耐力

絶縁物の性質として，電気を通すまいとする程度を**絶縁抵抗**という用語で表し，単位として一般にMΩ（メガオーム。10^6 Ω）が用いられる。絶縁物が損傷して絶縁抵抗が低下すると，地絡や短絡事故が起こり，感電や火災などの原因となる。

したがって，電路や電気機器等の保守を定期的に正しく行い，絶縁抵抗の低下をきたさないようにする必要がある。絶縁物の劣化の判定は，外観検査で分かるような場合は別として，一般に絶縁抵抗試験（メガーテストといわれる）および耐電圧試験で行われる。外観検査は，破損，き裂，ほこりの付着の有無などを調べる。

電技省令第58条には，低圧電路の絶縁抵抗は，開閉器または過電流遮断器で区切ることのできる電路ごとに**表1-10**の値以上でなければならないこと，電技解釈第15条には，高圧または特別高圧の電路では**表1-11**の試験電圧を電路と大地との間に10分間加えて絶縁耐力試験を行ったとき，これに耐える性能を有することと規定されている（高圧の電路・機器の絶縁耐力試験の詳細については，参考資料2(2)を参照）。

また，安衛則第351条には，絶縁用保護具などについて6カ月以内ごとに1回，定期に，その絶縁性能について自主検査（定期自主検査）を行わなければならないことが定められている。

表1-10　低圧電路の絶縁抵抗値（参考）

電路の使用電圧の区分		絶縁抵抗値
300 V以下	対地電圧（接地式電路においては電線と大地との間の電圧，非接地式電路においては電線間の電圧をいう。以下同じ。）が150 V以下の場合	0.1 MΩ
	その他の場合	0.2 MΩ
300 Vを超えるもの		0.4 MΩ

（電技省令第58条）

表 1-11　高圧および特別高圧の電路の絶縁耐力

電路の種類	試験電圧
1　最大使用電圧が 7,000V 以下の電路	最大使用電圧の1.5倍の電圧
2　最大使用電圧が 7,000V を超え，15,000V 以下の中性点接地式電路（中性線を有するものであって，その中性線に多重接地するものに限る）	最大使用電圧の0.92倍の電圧
3　最大使用電圧が 7,000V を超え，60,000V 以下の電路（2 左欄に掲げるものを除く）	最大使用電圧の1.25倍の電圧(10,500V未満となる場合は, 10,500V)
4　最大使用電圧が 60,000V を超える中性点非接地式電路（電位変成器を用いて接地するものを含む。8 左欄に掲げるものを除く）	最大使用電圧の1.25倍の電圧
5　最大使用電圧が 60,000V を超える中性点接地式電路（電位変成器を用いて接地するものならびに 6 左欄および 7 左欄および 8 左欄に掲げるものを除く）	最大使用電圧の1.1倍の電圧(75,000V未満となる場合は, 75,000V)
6　最大使用電圧が 170,000V を超える中性点直接接地式電路（7 左欄および 8 左欄に掲げるものを除く）	最大使用電圧の0.72倍の電圧
7　最大使用電圧が 170,000V を超える中性点直接接地式電路であって，その中性点が直接接地されている発電所または変電所もしくはこれに準ずる場所に施設するもの	最大使用電圧の0.64倍の電圧
8　最大使用電圧が 60,000V を超える整流器に接続されている電路	交流側および直流高電圧側に接続されている電路は, 交流側の最大使用電圧の1.1倍の交流電圧または直流側の最大使用電圧の1.1倍の直流電圧
	直流側の中性線または帰線となる電路(以下この章において「直流低圧側電路」という)は以下に規定する計算式により求めた値

（注）8 の規定による直流低圧側電路の絶縁耐力試験電圧の計算方法は次のとおり。

$$E = V \times \left(\frac{1}{\sqrt{2}}\right) \times 0.51 \times 1.2$$

E は，交流試験電圧（V を単位とする）。

V は，逆変換器転流失敗時に中性線または帰線となる電路に現れる交流性の異常電圧の波高値（V を単位とする）。

ただし，電線にケーブルを使用する場合の試験電圧は，E の 2 倍の直流電圧とする。

（電技解釈第 15 条）

4 絶縁物の絶縁劣化と耐熱クラス

絶縁物は，次のような原因で絶縁劣化を起こして絶縁抵抗が低下する。

① 異常に高い電圧などによる電気的要因

② 振動，衝撃などによる機械的要因

③ 日光などによる自然環境的要因

④ 温度上昇による熱的要因

電線や電気機器の絶縁物として多く使用されているゴムやプラスチックなどの絶縁体はその種類や用途に応じ，熱的要因による絶縁劣化に対して，使用しうる最高の温度（許容最高温度）が決められている。これを**耐熱クラス**といい，**表1-12** のように9種類に区分されている。

表1-12 絶縁物の耐熱クラス

種別	耐熱クラス［℃］	絶縁物の種類	用途別
Y種	90	もめん，絹，紙など	低電圧の機器
A種	105	上記のものをワニスで含浸し，または油中に浸したもの	普通の回転機，変圧器
E種	120	ポリウレタン樹脂，エポキシ樹脂，メラミン樹脂系のものなど	大容量および普通の機器
B種	130	マイカ，ガラス繊維などで接着剤とともに用いたもの	高電圧の機器
F種	155	上記の材料とシリコンアルキド樹脂の接着剤を用いたもの	高電圧の機器
H種	180	上記の材料とけい素樹脂などの接着剤を用いたもの	乾式変圧器など
N種	200	生マイカ，磁器などを単独，または接着剤とともに用いたもの	特殊な機器
R種	220		
―	250		

（注） 指定文字は，必要がある場合，例えば，クラス180（H）のようにカッコを付けて表示することができる。

（JIS C4003を参考に作成）

第 2 編

高圧または特別高圧の電気設備に関する基礎知識

●第 2 編のポイント●

発電設備，送電設備，配電設備，事業用変電設備など，電気が需要家に届くまでの設備の基本的な知識を得るとともに，自家用受電設備とその機器類，電動機などの電気使用設備などについて学ぶ。また，保守・点検の基本的事項を理解する。

第1章 発電設備

わが国は，比較的山岳地帯が多いうえ，年間を通じての雨量も多く，水力資源に恵まれているため，水力発電を主とした電源開発が行われてきた。しかし，電力需要の急速な増加に呼応して，大容量の火力発電所，原子力発電所が次々に建設された。令和元年度末の電源構成は，火力発電が63％，原子力発電が12％，水力発電が19％の割合となっている（**図 2-1**）。

特に，近年では電力の長期安定供給の観点から，石油依存度の低減を図るため，石炭火力発電およびLNG火力発電の電源開発が積極的に推進されている。また，原子力発電は安全性の確保を前提に，引き続きベースロード電源として重要な役割を担うとされている。

そして最近，コスト面や出力の安定性で課題はあるものの，二酸化炭素を排出しない太陽光発電など，再生可能エネルギーによる発電も注目されている。

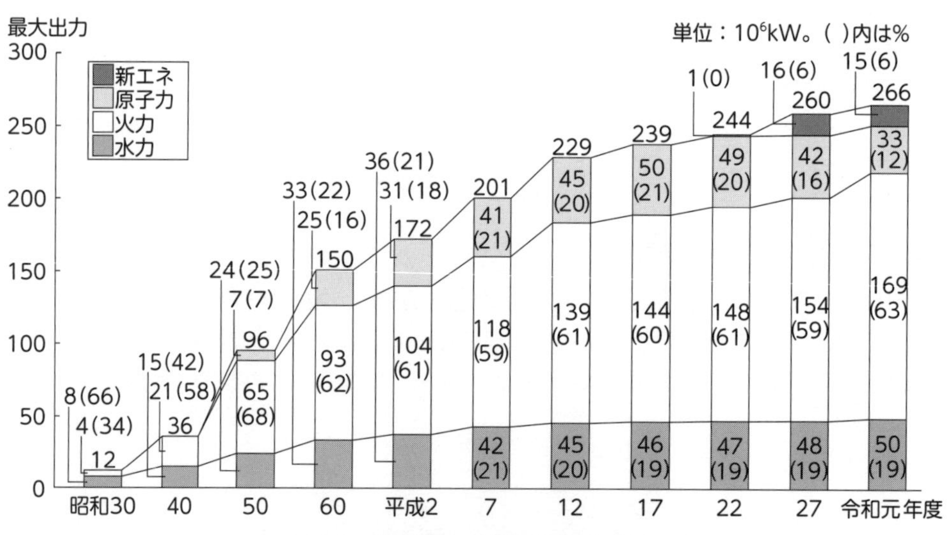

図 2-1　発電設備の推移（電気事業用）

（平成 27 年度までは，電気事業連合会「FEPC INFOBASE」より作成。
令和元年度は，資源エネルギー庁「電力調査統計」より作成。）

（注）1. 昭和 40 年度までは 9 電力計，昭和 50 ～平成 27 年度は 10 電力計。令和元年度は 10 エリア計。
2. 四捨五入のため合計値は必ずしも一致しない。
3. 平成 22 年度より，地熱は新エネに区分。

第2章 送電設備

一般に，発電所は需要箇所と離れた場所に建設されているので，発生電力は，その間を送電線路によって送電しなければならない。送電線路が長くなるので，大電力を小さい電力損失で送るために，高電圧とすることが必要になり，これが高電圧送電技術の発達へと至っている。

送電線路には，架空電線路（以下「架空送電線」という）と地中電線路（以下「地中送電線」という）があり，架空送電線は，電線，がいし，支持物などから構成され，地中送電線は，ケーブルとケーブルを収容する地下埋設施設からなっている。

大部分が架空送電線であるが，大都市では電力供給の信頼度や，都市空間の有効活用をはかるため，地中送電線が採用される例が多くなっている。

送電方式としては，交流送電と直流送電とがあり，電圧の変換が容易で取り扱いやすい交流送電がもっぱら採用され，直流送電はほとんど採用されていない。しかし，長距離大電力の送電に関連して，効率の良い直流送電が検討され，北海道・本州連系および本州・四国連系に採用されている。

送電線の電圧は，数種の標準電圧に統一することが機器製作の規格化および送電系統間の連絡を容易にするうえで必要であり，この目的で標準電圧が定められている（第1編第1章の**表 1-2** 参照）。

1 架空送電設備

(1) 電　　線

ア 電線の種類

架空送電設備（**図 2-2**）の概要を**図 2-3** に示す。

特別高圧架空送電線用の電線としては，一般に裸より線が使用されている。裸より線は同じ太さの素線を 7 ～ 91 本より合わせたものが使用され，材質お

図 2-2　架空送電設備

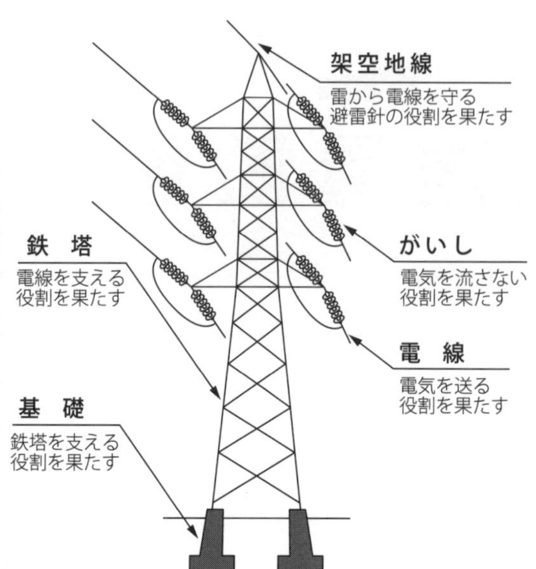

図 2-3　架空送電設備の概要

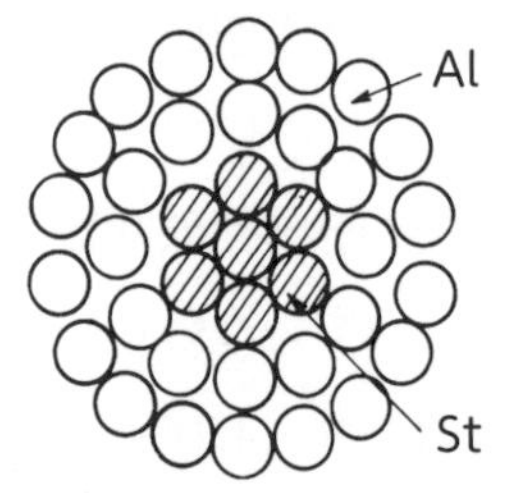

代表的鋼心アルミより線

図 2-4　より線の構造

よびその構成により多くの種類がある。現在最も多く使用されているものは，鋼心アルミより線（**図 2-4**），鋼心耐熱アルミ合金より線，硬銅より線などであり，送電容量，使用場所などにより，強度や経済性を勘案のうえ，使用する線種やサイズを決めている。

雷害対策用の架空地線には亜鉛めっき鋼より線，アルミ覆鋼より線などが使用されており，この架空地線を利用して情報伝送用の光ファイバーを付加したものも使用されている。

イ　導体方式

従来の送電線の1相あたりの電線には，送電容量と送電電圧に見合った外径の電線1条を用いた単導体方式がもっぱら採用されていたが，超高圧電線では送電容量を大きくすることとコロナ損失（電線表面からのコロナ放電による電力損失）を少なくするため，1相あたり2条以上（2，3，4，6，8条）の電線を組み合わせた，多導体方式が採用されている。

ウ　電線の接続

電線の接続は，電気的に十分な導電性をもち，機械的には必要な強度と耐久性をもたなければならない。普通，用いられる接続方法には**図 2-5**のようなものがある。

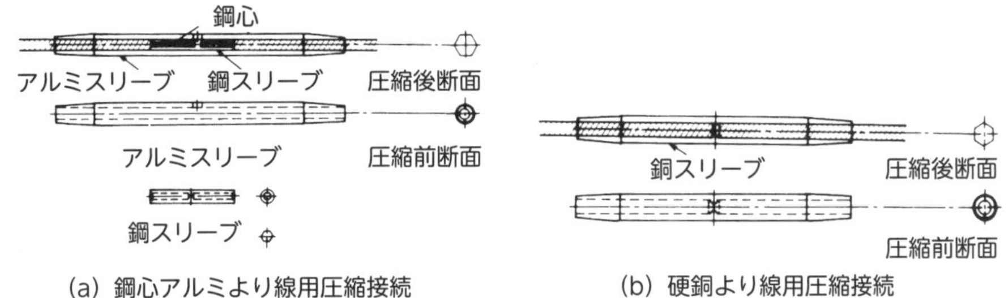

(a) 鋼心アルミより線用圧縮接続　(b) 硬銅より線用圧縮接続

図 2-5　電線の接続方法

(2) が　い　し

ア　送電線用のがいしの種類

送電線用がいしは，その構造，用途などによって，懸垂がいし，耐塩用がいし，ラインポスト (LP) がいし，長幹がいしおよび支持がいしがある (**図 2-6**)。

このうち懸垂がいしは直径 250mm のものが最も広く用いられているが，多導体送電線など高強度を必要とする線路には，直径 280mm ～ 380mm 程度の大型のものが使用されている。また，LP がいしは 33kV 以下の送電線に主として使用される。

イ　がいしの個数

送電線のがいし個数は，線路に発生する開閉サージや 1 線地絡時の持続性異

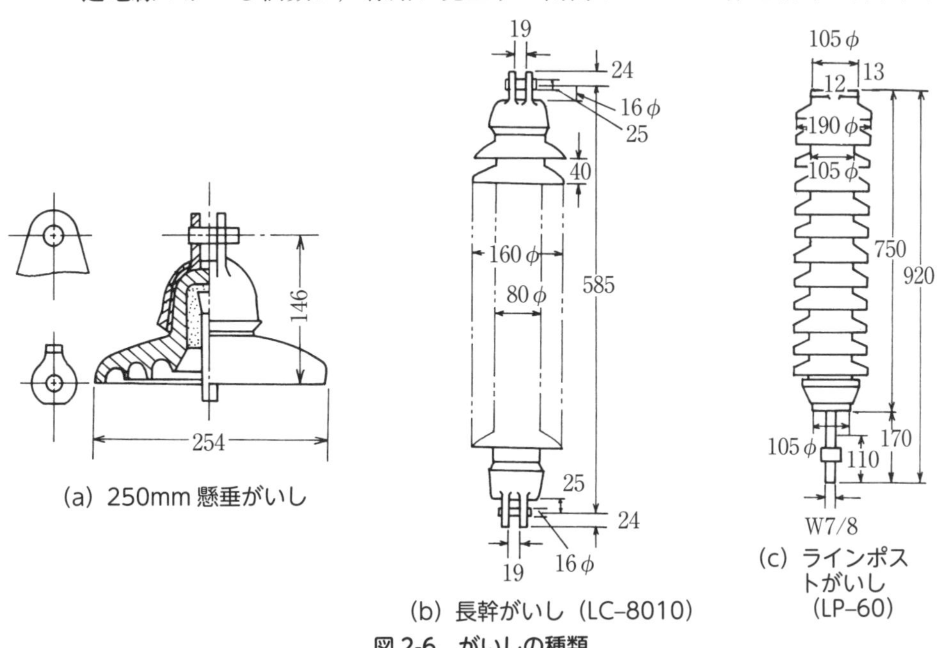

(a) 250mm 懸垂がいし　(b) 長幹がいし (LC–8010)　(c) ラインポストがいし (LP–60)

図 2-6　がいしの種類

表 2-1　開閉サージに対する所要がいし個数の例

公称電圧 (kV)	66	77	110	154	187	220	275		500	
最高許容電圧 (kV)	72	84	120	168	204	240	300		525	550
開閉サージ電圧 (kV)	194	226	324	452	468	549	686		858	898
がいし種類 (mm)	250							280	320	
所要がいし個数	5	5	7	10	10	12	15	14	16	17
商用周波注水耐電圧 (kV)	170	170	235	330	330	390	480	465	575	610

(注)　所要がいし個数には，保守上の増結 (1 個) 分を見込んでいる。

(電気学会技術報告第 220 号)

常電圧などの内部異常電圧に対し十分耐えるものとして，それに保守を考慮した 1 個を加えて決める (**表 2-1**)。

なお，実際の設計にあたっては，塩害，じんあい，汚損によるがいし連の絶縁耐力の低下を考慮した汚損設計により，がいし個数が決定される場合が多い。

ウ　がいし装置

がいし装置には，耐張がいし装置，懸垂がいし装置，支持がいし装置などがあり，がいしと各種の架線金具を組み合わせて使用する。なお雷害対策としてアークホーンが組み込まれている (**図 2-7**)。

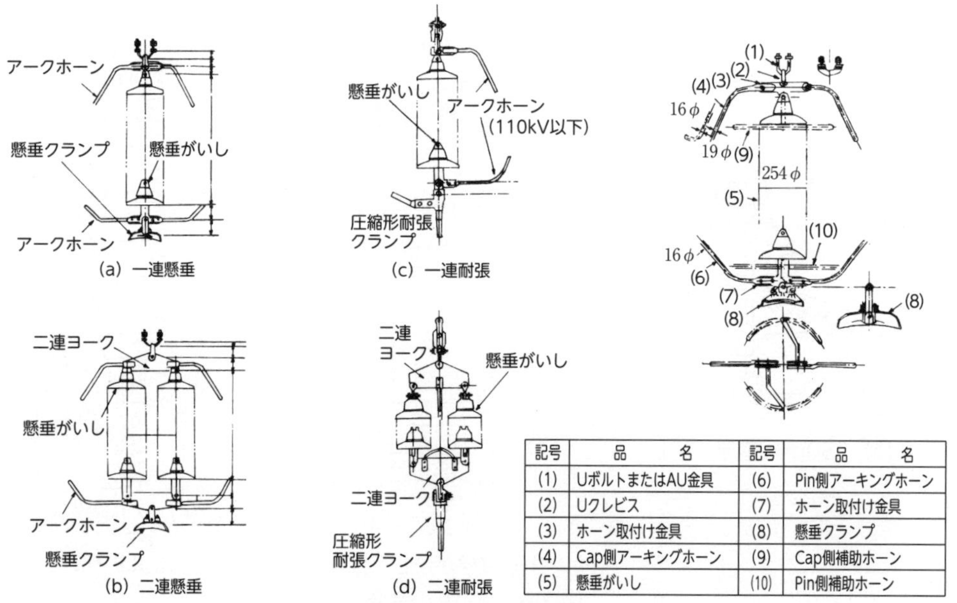

記号	品　名	記号	品　名
(1)	UボルトまたはAU金具	(6)	Pin側アーキングホーン
(2)	Uクレビス	(7)	ホーン取付け金具
(3)	ホーン取付け金具	(8)	懸垂クランプ
(4)	Cap側アーキングホーン	(9)	Cap側補助ホーン
(5)	懸垂がいし	(10)	Pin側補助ホーン

図 2-7　がいし装置図

(3) 支　持　物

電線およびがいしを支持して送電線路を形成する支持物は，地震，暴風雨，雪，雷などの自然の障害に対して堅固であることが必要である。支持物には，鉄塔，鉄柱，鉄筋コンクリート柱および木柱がある。これらの選定には，線路の重要度，経過地の地勢，径間長などを考慮するが，だいたい66kV，77kV級以上の線路には鉄塔，それ以下の比較的重要度の低い線路で山間部や田畑を通過している場合には，鉄柱や鉄筋コンクリート柱が使用されている。

また，比較的古い時代に建設された設備には，木柱などが使用されている場合がある。

ア　鉄塔の種類

鉄塔の構成材料には，亜鉛めっきした等辺山形鋼が一般には使用されているが，近年の大型送電設備では鋼管が使用されている。

また，形態上では四角鉄塔，矩形鉄塔，えぼし鉄塔，門形鉄塔などの各種があるが，一般には四角鉄塔が使用されている（**図 2-8**）。

また，使用目的により次のように分類される。

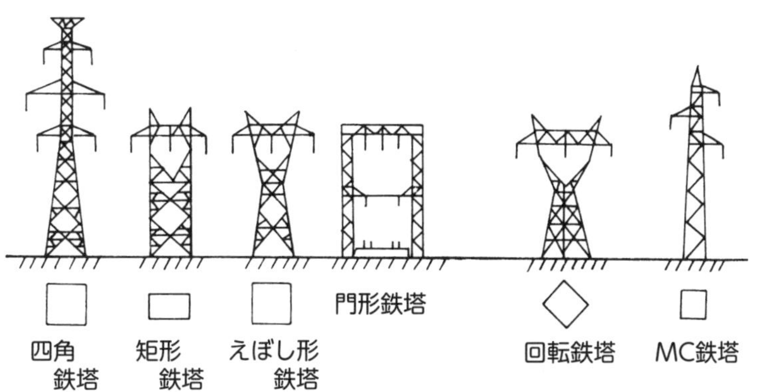

図 2-8　鉄塔の形

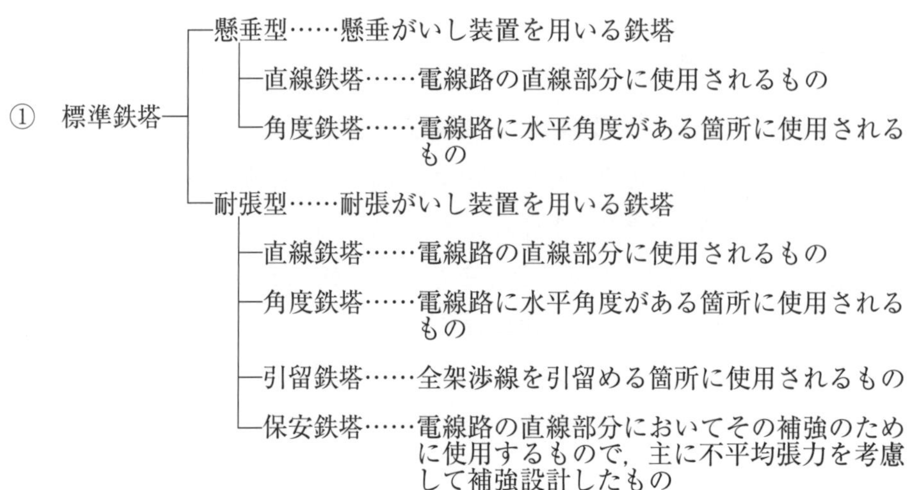

② 特殊鉄塔—分岐鉄塔，ねん架鉄塔など

イ 支持物の径間

送電線路の径間は，最も経済的なものを選定することが望ましいが，送電線路の電圧が高くなるに従い，地上高や離隔距離を大きくしなければならないことから，鉄塔の高さが増し，径間の距離が大きくなる傾向にある。通常，鉄塔送電線路では 150 ～ 400m 程度，鉄柱または鉄筋コンクリート柱線路では 100 ～ 150m，木柱線路では 50 ～ 100m にとられている。

2 地中送電設備

(1) 地中送電線の敷設方式

敷設方式は，主としてケーブル敷設条数，将来の新増設計画，送電容量などから考えた総合的な経済性，保守点検面，工事条件面などを勘案し選定する。一般的な敷設方式として，直接埋設式，管路式，暗きょ式がある（**図 2-9**，**表 2-2**）。

(2) ケーブルの種類および構造

一般に地中送電線として使用されるケーブルおよびケーブルの金属シース，防食層は**表 2-3** に示すとおりである。このうち，わが国で現在多く使用されているケーブルについてその概要を記す。

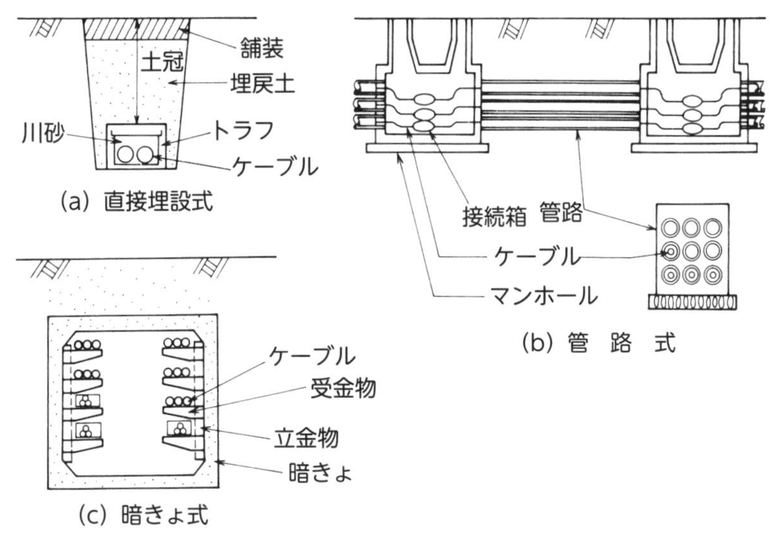

図 2-9　地中送電線の敷設方式

表 2-2　各種敷設方式の比較

敷設方式	長　所	短　所
直接埋設式	(1) 敷設工事費が少ない (2) 多少の屈曲部は敷設に支障なし (3) 工事期間が短い	(1) 外傷を受ける機会が多い (2) 保守点検，漏油検出に不便 (3) 増設，撤去に不利
管路式	(1) 増設，撤去に便利 (2) 外傷が比較的少ない (3) 保守点検，漏油検出に便利	(1) 管路工事費が大 (2) 条数が多いと送電容量が制限される (3) 伸縮，震動によるケーブルの金属シースの疲労 (4) 管路の湾曲が制限される (5) 急斜面でケーブルが移動する
暗きょ式	(1) 熱放散良好 (2) 多条数の敷設に便利 (3) 自由度が大（保守点検，漏油検出に便利）	(1) 工事費が非常に大 (2) 工期が長い

ア　OF ケーブル (Oil filled cable)

OF ケーブルは**図 2-10** に示すようにシース（外被覆）内部に油通路を設け，低粘度の絶縁油を充填して，外部に設置した油槽によって常時大気圧以上の圧力を加え，絶縁紙を常に完全浸油状態に保持させるものである。このためソリッド紙ケーブルの根本的な欠陥である絶縁体中のギャップ（ボイド）が発生せず，高い電位傾度をとることができるので，絶縁厚は薄く，仕上り外径も小さく，電流容量も大きくとれる。

また，シースの異常は，油量または油圧を常時監視することにより検知でき

表2-3　ケーブルの種類

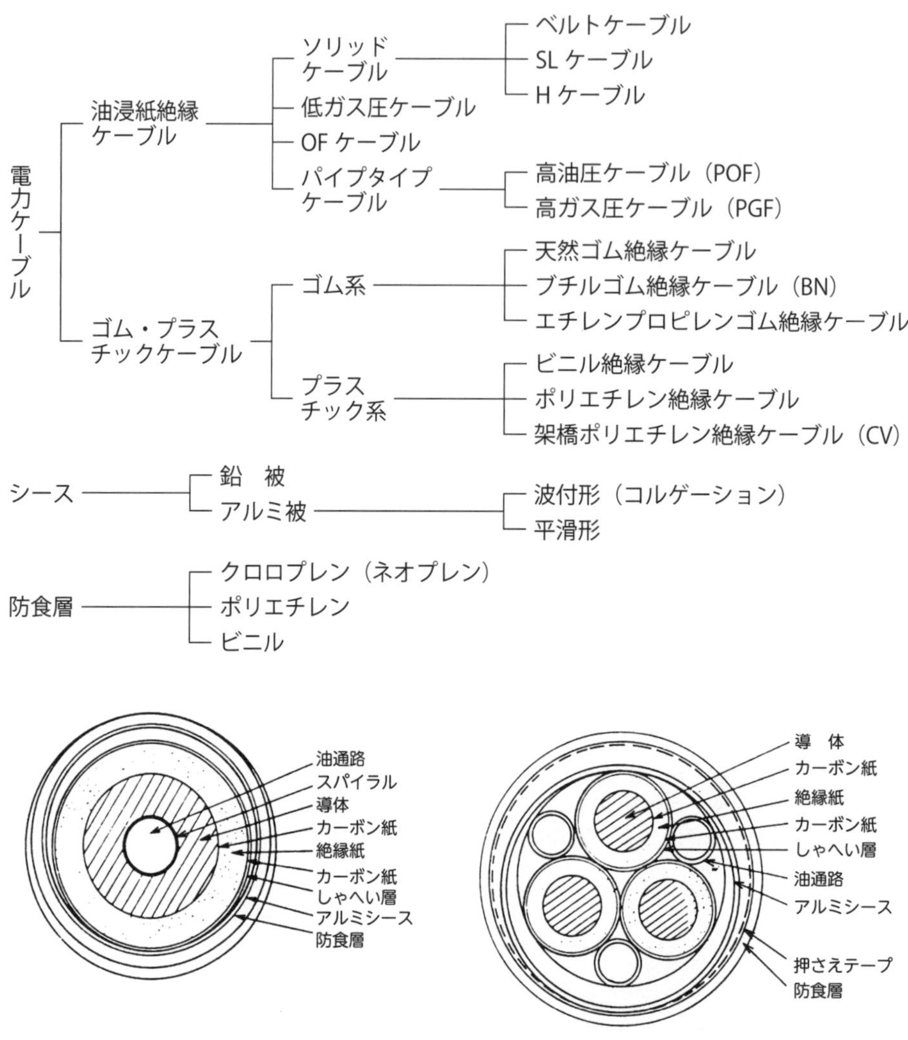

(a) 単心ケーブル　　(b) 3心ケーブル

図2-10　OF ケーブル

る利点もあるが，油槽が必要となるため，亘長（電線路の，ある区間における水平距離の累積）が短い場合は工事費が割高となり，長距離線路では中間に給油点が必要となるなどの欠点もある。

OF ケーブルは 66kV から 500kV まで広く使われているが，新たに敷設するケーブルとしては，CV ケーブルが圧倒的に多い。

イ　CV ケーブル (Cross-linked polyethylene insulated polyvinyl-chloride sheathed cable)

このケーブルは，架橋ポリエチレンを絶縁体として，ポリエチレンの欠点である熱軟化性を改善したもので，その構造を**図 2-11** に示す。

CV ケーブルは，当初配電ケーブルとして採用されたが，製造，管理技術の進歩とともに電気特性も大幅に向上し，現在では 66kV から 275kV 級の電圧で OF ケーブルに代わり広く採用されており，500kV 地中送電線への適用も実現されている。

主な特長は次のとおりである。

① 電気特性が優れている。

② 導体の許容温度を高く（90℃）とれるため，電流容量が大きい。

③ 軽量のため取り扱いやすく，敷設が容易である。

④ 固体絶縁であるため，高低差の大きい場所でも敷設が容易である。

また，CV ケーブルでは，単心ケーブル 3 条をより合わせた，いわゆるトリプレックス形ケーブルが使用されている。これは，トリプレックス形ケーブルが次のような利点をもっているためである。

① 3 心ケーブルと比較して電流容量が約 10 ～ 15%大きい。

② ケーブルが曲げやすく，許容曲げ半径も小さくなる。

③ 端末や直接接続が容易である。

④ ケーブルのマンホールへの伸び出しがなく，マンホール寸法を小さくできる。

(3) ケーブルの接続

ケーブルの接続は，終端接続と中間接続に分けられ，中間接続はさらに直線接続と分岐接続に分けられる。終端接続は架空線や変電所の母線に接続するために

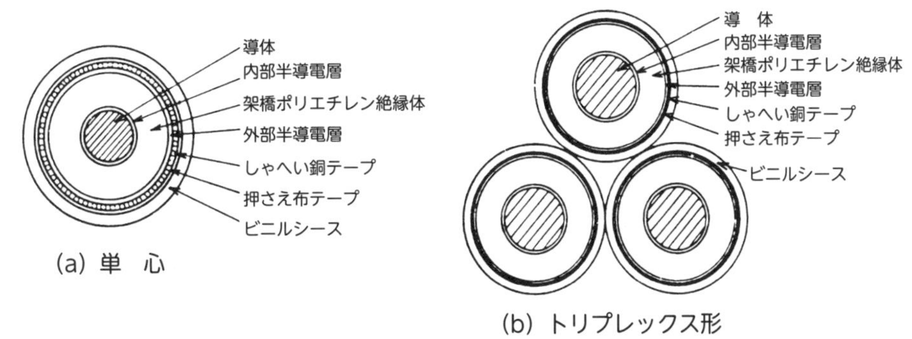

図 2-11　CV ケーブル

用いられ，気中終端，ガス中終端，油中終端などに分けられる。

ケーブルを接続する場合は，接続箱を使用し，次の構造および特性を有するものとしている。

① 導体の電気抵抗を増加させないこと。

② ケーブルと同等以上の絶縁耐力を有すること。

③ 必要な機械的強度を有すること。

④ 腐食しない構造であること。

(4) 気中終端接続箱

特別高圧地中電線路に使用する終端接続箱は，ケーブルの種別や敷設場所（屋内，屋外），電圧などにより，種々多様であるが，一例として**図 2-12** に 66kV CV ケーブルの気中終端接続箱を示す。なお，気中終端接続箱の相間隔および対地間隔は，**表 2-4** によることが望ましいとされている。

(5) ケーブルの接地

ケーブルの接地は一般に両端の終端接続箱および中間接続箱で行われ，線路の終端に事故区間判別などのため変流器を取り付ける場合は，系統故障（電力系統における地絡などの故障）時のシース電流（シースに流れる故障電流）が変流器

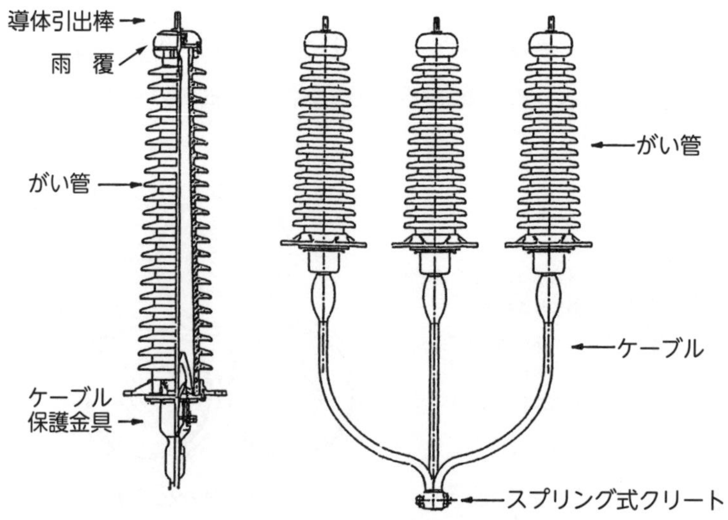

図 2-12　66kV CV ケーブル気中終端接続箱

表 2-4 気中終端接続箱の絶縁間隔

公称電圧 (kV)	LIWV (kV)	対地絶縁間隔 (cm)			相間絶縁間隔 (cm)		
		最 小	標準(屋外)	標準(屋内)	最 小	標準(屋外)	標準(屋内)
11	90	15	30	18	19	60	30
22	150	25	40	30	35	70	45
33	200	35	50	42	48	90	58
66	350	65	85	73	85	150	100
77	400	76	100	—	100	170	—
110	550	108	140	—	140	230	—
154	750	150	190	—	190	300	—
187	750	150	190	—	190	300	—
220	900	180	230	—	230	360	—
275	1,050	210	270	—	270	420	—
500	1,550	500	800	—	570	800	—
500	1,800	500	800	—	580	800	—

((一社) 日本電気協会「地中送電規程 JEAC6021-2018」)

に影響を与えないよう大地から絶縁し，接地線は変流器内を通してから接地することが必要である。

(6) ケーブル支持その他

ケーブルおよび接続箱は洞道，マンホールなどでは立金物，受金物，ケーブル受枕または受棚などにより，終端接続箱は鉄構などの架台で，垂直敷設ケーブルはクリートなどにより支持される。いずれも伸縮，振動などから金属シースが疲労しないよう設計される（**図 2-13**，**図 2-14**）。

図 2-13 ケーブルおよび接続箱支持状況

図 2-14 終端接続箱および架台

図 2-15　油槽および油槽台

そのほかマンホールには鉄蓋，水溜ますが必要であり，管路口とかビルなどにおけるケーブル出入孔には防水装置が用いられ，OF ケーブルなどでは油槽室や油槽台を必要とすることもある（**図 2-15**）。

第3章 配電設備

配電設備を大別すれば，変電所から需要地点まで電気を配電する高圧配電線（一部，22kV，33kV 特別高圧配電線の場合もある）と，需要地点で電気を低圧に変換する変圧器，低圧に変圧された電気を各需要家に配電する低圧配電線，および引込線から構成される（**図 2-16**）。

また，これを形態から分類すると，架空配電線路（以下「架空配電線」という）と地中配電線路（以下「地中配電線」という）となる。

1 配電方式

(1) 高圧架空配電方式

高圧架空配電線は，一般的に樹枝状方式であるが，都市部などでは，停電事故や作業停電の際に停電範囲を極力縮小することを目的として，**図 2-17** のように，隣接する高圧配電線との間に連系用の開閉器を敷設して系統を連系するのが普通である。

また，区分開閉器を自動開閉器として，時限式事故捜査器と呼ばれる装置と組み合わせ，故障が発生した場合に故障点以降を自動的に切り離して，健全電源側

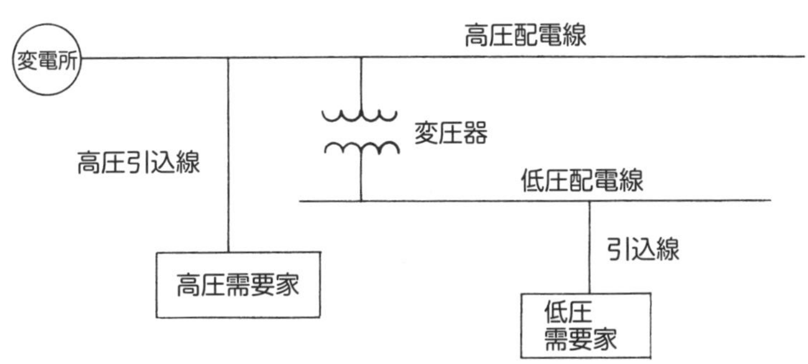

図 2-16 配電設備の構成

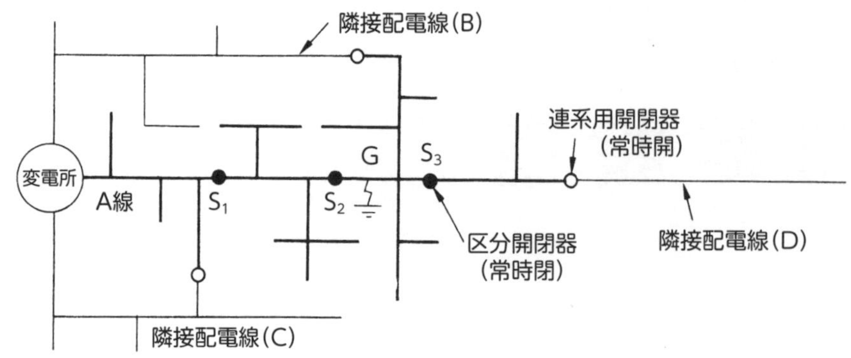

図 2-17　高圧架空配電線路

の送電を確保する方法が広く行われている。

いま**図 2-17** において，区分開閉器 S_2 と S_3 の間 G 点に故障が発生したものとすれば，次の手順で健全区間が送電される。

① 配電用変電所において，事故が発生した高圧配電線の引出口遮断器が遮断し，自動開閉器 S_1，S_2，S_3 が開放する。

② 引出口遮断器が再閉路されると（通常事故遮断して 1 分後），S_1 が所定の時限（例えば 7 秒）をもって自動的に投入される。

③ S_1 が投入されると，次に S_2 が所定の時限後に投入されるが，故障点に送電されるため，配電用変電所の引出口遮断器が再び遮断する。なお，このとき，故障点の両端にある S_2 と S_3 は開放し，そのままロックされる。

④ さらに，配電用変電所の引出口遮断器が再々閉路されると，②と同様の要領により S_1 が投入され，故障区間より電源側の健全な区間に送電が行われる。なお，この場合，S_2 は開放，ロックされているので投入されない。

(2) 高圧地中配電方式

高圧地中配電線には，線路の全部が地中線の場合や，架空線路の一部分を地中線とする方式があり，機器類やその系統構成の方法は，各一般送配電事業者によって多種多様である。

ここでは，一例としてある一般送配電事業者における全地中配電線の標準的な方式を紹介する。

都心部などで地中線で供給される地域の標準的な系統構成は**図 2-18** のとおりである。

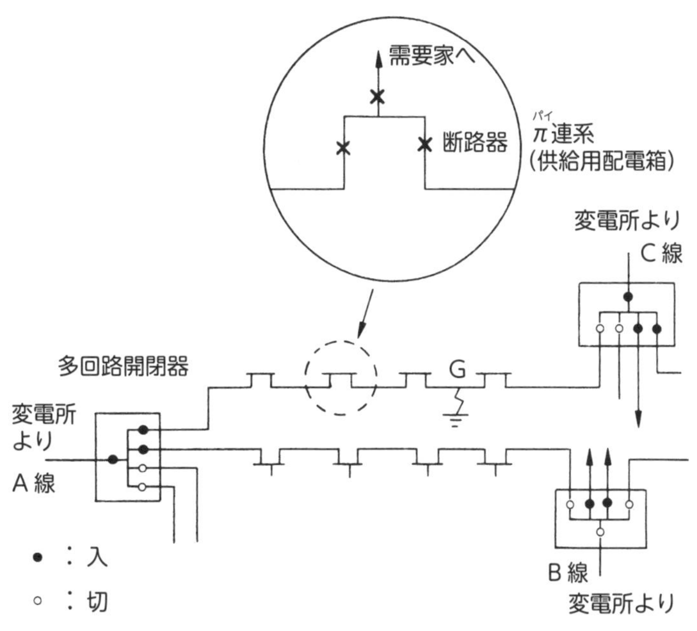

図 2-18　高圧地中配電線の標準的な系統構成

図 2-18 における，A 線の多回路開閉器から B または C 線の多回路開閉器への系統を，一般的にパイ（π）系統と呼んでいる。

地中配電線は，道路を掘さくする手続きや工事に長い時間を要するため，ケーブルが故障した場合には，それを復旧するまでの間，他の線路から送電して，長時間停電を防止するようにしている。

例えば，**図 2-18** で，G 点でケーブルが故障したとすれば，その両端にあるπ（パイ）連系の断路器を開放し，A と C の多回路開閉器から送電する。

(3) 低圧配電方式

低圧配電線は，**図 2-19** のように単相 2 線式（100V または 200V），単相 3 線式（100V および 200V）および三相 3 線式（200V）がほとんどであるが，都市部や，地中化地域では，電灯と動力を併用した三相 4 線式（415V および 240V）が採用されている。

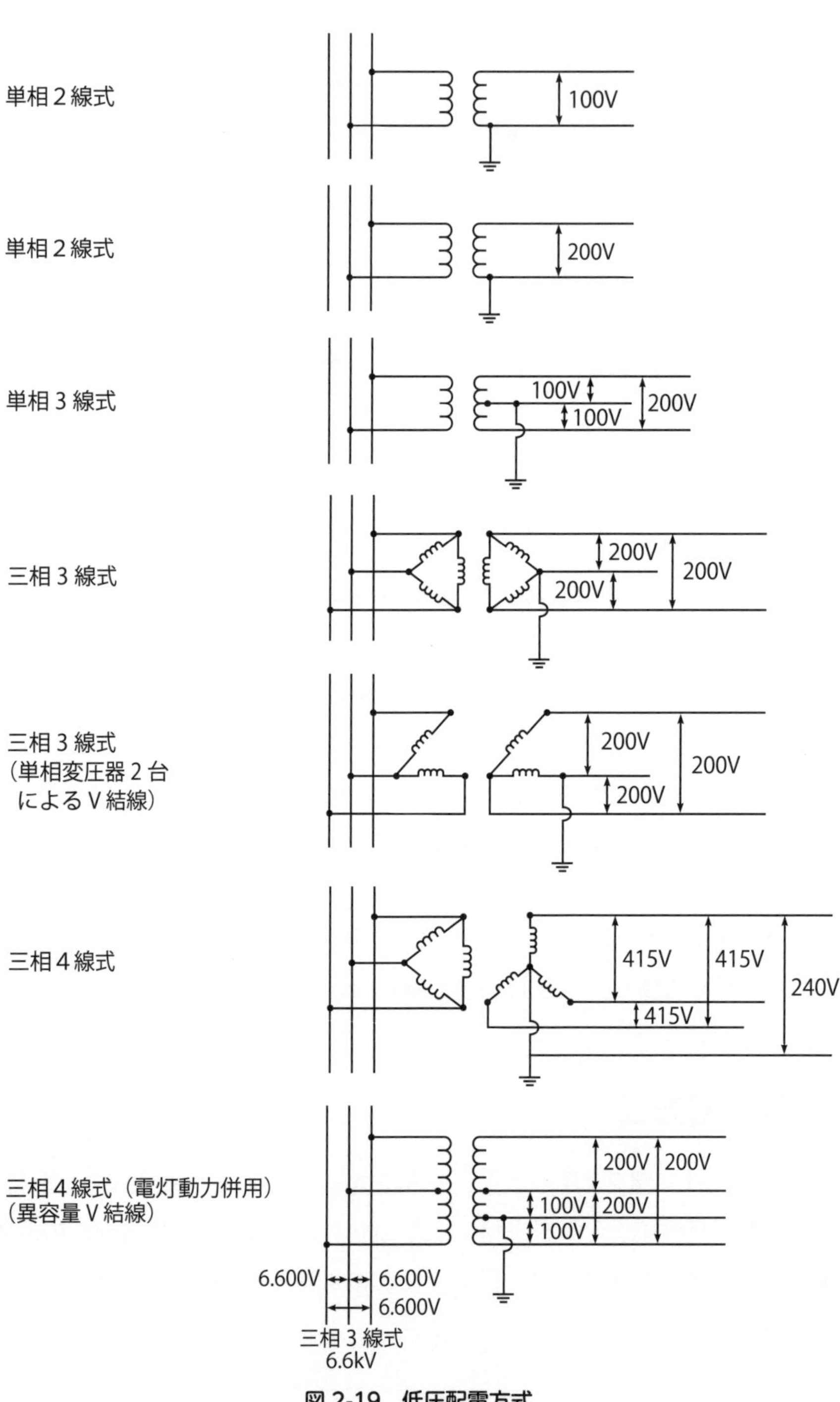

図 2-19　低圧配電方式
（一次側が三相3線 6,600V の例）

(4) ネットワーク方式

ネットワーク方式は，配電用変電所の同一母線から引き出された2回線以上の配電線（主として22kVまたは33kV，一部6.6kVの場合もある）に接続されている変圧器の二次側を相互に連系した方式であり，一部の配電線または変圧器が停止したときは，健全な配電線および変圧器により，その系統内の需要家全部に停電することなく供給を継続するようにした方式である。

したがって，この方式は，きわめて高い供給信頼度が要求される地域または需要家に適応した方式である。

ネットワーク方式には，**図2-20**に示すように，ある特定の需要家の構内で構成したスポット・ネットワーク方式と，一般の低圧需要家群に対してこれを適用したレギュラー・ネットワーク方式の2種類がある。

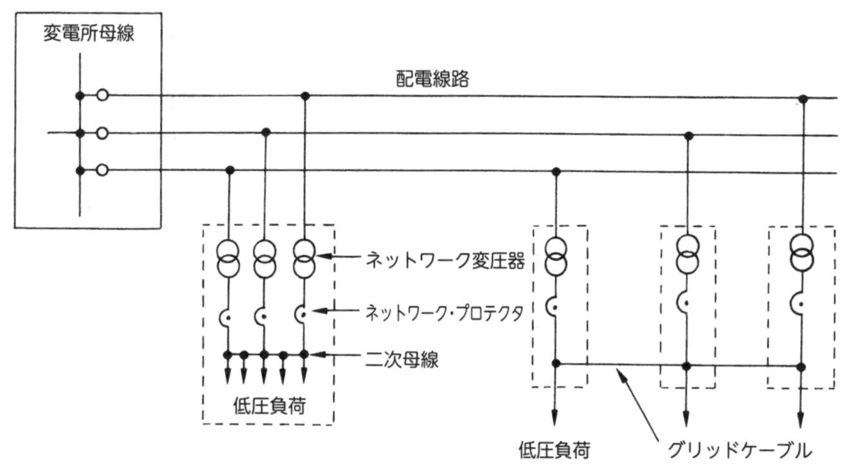

図2-20 ネットワーク方式の例

2 架空配電設備

(1) 電　　柱

ア　電柱の強度

木柱にあっては，安全率が低圧線路で1.2，高圧線路で1.3，コンクリート柱にあっては，風圧荷重に耐えるよう計算して使用する。

イ　電柱の長さ

道路状況，建造物との接近，交差，添架する他の工作物などを考慮して決める。電柱の長さは，10～16m程度のものが多く使われている。

電柱の根入れは，全長が15m以下の場合は全長の6分の1以上とし，全長が15mを超える場合は根入れを2.5m以上とする。

ウ　電柱の径間

建造物，需要家設備，道路などによって選定するが，一般的には，市街地は20～40m，町村その他は35～50m程度を標準とし，径間が不均衡にならないようにする。

エ　電柱の種類

架空配電線に用いられる電柱には**表2-5**に示すような種類があるが，このうち，鉄筋コンクリート柱（工場打）が一般に用いられる。

なお，パンザマストは，鋼板組立柱の一種であり，厚さ1～2mmの高張力鋼板を特殊な接合によって，長さ2m程度のテーパを有する鋼管に仕上げ，これを適当数継ぎ合わせて使用するものである。

表2-5　配電線路に使用する支持物の種類

種類		(参　考) 標準的な耐用年数
木柱	不注入柱	7
	クレオソート注入柱	20
	マレニット注入柱	14
	タンパン注入柱	（14）
鉄筋コンクリート柱	工場打	42
	現場打	（42）
鉄柱・鉄塔		50

(2) がいし

配電線に用いられるがいしには，**表 2-6** に示すようなものがある。このうち高圧がいしを例示すると**図 2-21** のとおりである。

表 2-6　配電線に用いられるがいし

区分	種類	用途
高圧がいし	高圧ピンがいし	引通し電線の支持，変圧器に至るリード線の支持，耐塩型がある
	高圧中実がいし	（同上）
	高圧耐張がいし	引留め箇所の支持（塩じん害，雷害対策の場合は 2 個連）
低圧がいし	低圧ピンがいし	引通し電線の支持
	低圧引留めがいし	引留め箇所の支持
	低圧多溝がいし	DV 引込み線の支持（14mm² 以上）
	DV がいし	DV 引込み線の支持（3.2mm 以下）

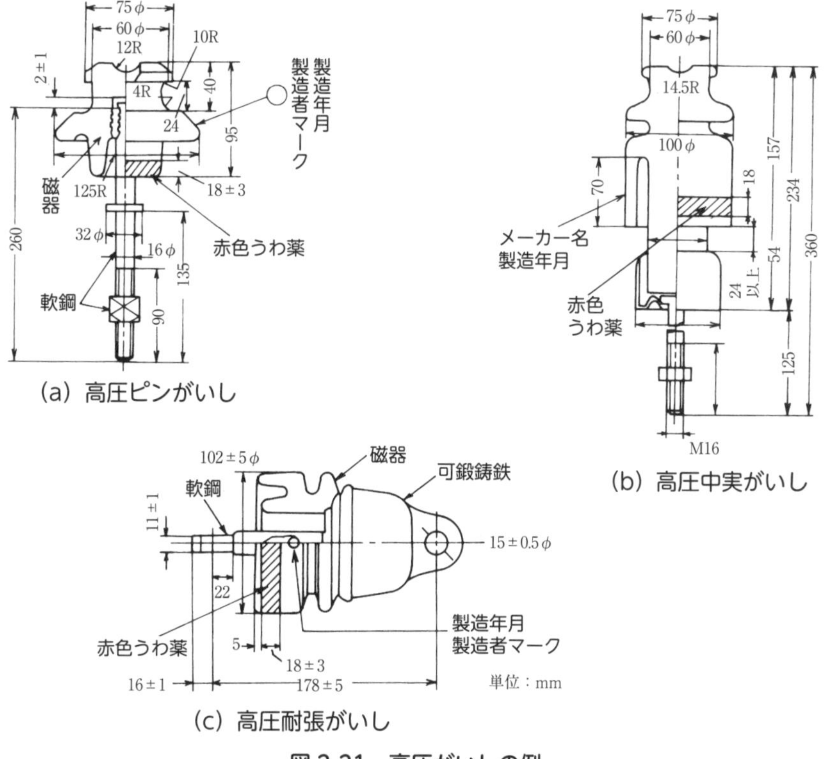

図 2-21　高圧がいしの例

(3) 電　　線

ア　電線の強度

強度は機械的，電気的に耐えるよう選定するとともに，電線施設時の安全率は，硬銅線または耐熱銅合金線では2.2以上，その他の電線は2.5以上とする。なお，架空線のたるみは，径間の1～2%程度をとる。

イ　電線の太さ

銅線については，単線2.0～5.0mm，より線8～150mm^{2}程度，硬アルミ線については，110～240mm^{2}のものが一般的である。

ただし，高圧線または300Vを超える低圧線では，市街地で5mm以上，市街地外で4mm以上でなければならない（銅覆鋼線を用いる場合は3.2mmでよい）。

ウ　電線の種類

配電線は，電気設備技術基準により，裸電線の使用が禁止され，絶縁電線の使用が義務づけられている（B種接地工事の施された低圧架空電線の中性線等については，平成10年の改正により，裸電線の使用が認められた）。

配電線に用いられる絶縁電線の種類を示すと**表2-7**のとおりである。

また，最近では，雪害対策として，**図2-22**の連続突起つきの難着雪電線，電線内部応力を緩和した導体圧縮形絶縁電線が使用されている。

表2-7　配電線に用いられる絶縁電線

種　　類	絶縁物（例）	備　　考
高圧絶縁電線	ポリエチレン	これ以外のものは高圧線には使用できない。
引下用高圧絶縁電線（PD）	ポリエチレン	（同上）
屋外用ビニル絶縁電線（OW）	ビニル	
引込み用ビニル絶縁電線（DV）	ビニル	○300Vを超える低圧線にはDV線を使用してはならない。
600Vビニル絶縁電線	ビニル	
SVケーブル	ビニル	○変圧器二次側立上げ用，引込み用

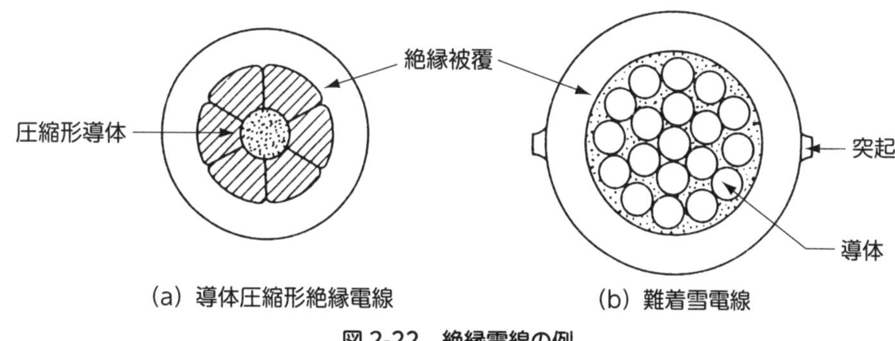

図 2-22　絶縁電線の例

(4) 変　圧　器

架空配電線では主として柱上に設置され，柱上変圧器とも呼ばれ，負荷の中心点に施設され，おもに単相のものが使用されるが，ときには三相のものも使用される。

単相変圧器は，単相 2 線式または単相 3 線式に使用するほか，2 個を用いて V 結線，3 個用いてデルタ結線とし三相に用いる（**図 2-23**）。

柱上変圧器には，通常油入自冷変圧器が用いられ，巻鉄心変圧器が多くなっている。柱上に変圧器を施設する場合は，変台またはハンガーつりにより，市街地では地表上 4.5m 以上，市街地外では 4m 以上の高さとする必要がある。ただし，人がふれるおそれのないように，十分な柵（柵の高さと柵から充電部までの距離との和が 5m 以上かつ柵の高さが 1.5m 以上とする。）を設けた場合は，地表上の

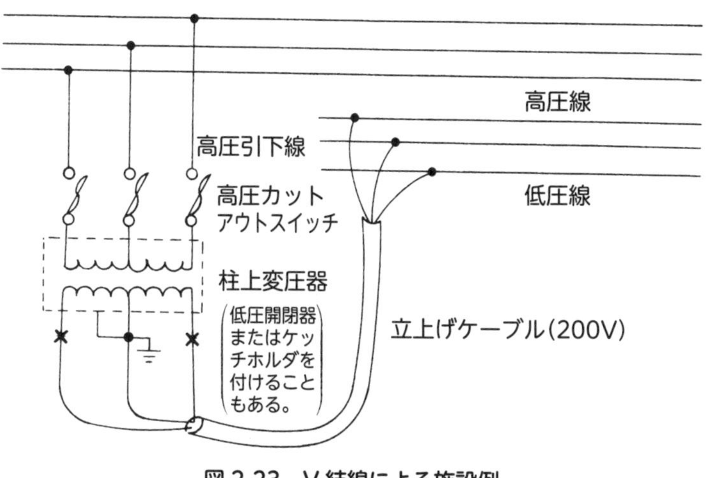

図 2-23　V 結線による施設例

高さの制限はない。

また，地域の環境美化などに対応し，1台で電灯と動力の両方をまかなう三相4線式の変圧器や優れた耐雷効果をもつ酸化亜鉛素子内蔵の変圧器も採用されている。

(5) 開閉器および保護装置

ア 線路区分開閉器

線路区分開閉器は，主として高圧配電線に事故が発生した場合の事故捜査用と，工事をする場合に線路を開閉するのに用いるものとがある。また，線路区分開閉器には，手動で操作するものと遠方制御または自動制御によって操作するものとの2種類がある。

従来は油入開閉器が多く使用されていたが，電気設備の技術基準の改正でこれが使用できなくなっており，現在では真空開閉器または気中開閉器が一般的に用いられている（**図 2-24**）。

イ 高圧カットアウトおよびカットアウト・ヒューズ

高圧カットアウトは，変圧器の一次側に施設して，その開閉を行うほか，変圧器に過電流が流れたときに，これに取り付けてあるカットアウト・ヒューズを溶断させて線路から切り離すために用いるものである。

定格電流は30～100Aのものが一般的に用いられている。

また，高圧カットアウトには，箱形のものと，筒形のものとがあり，後者は主として塩害などの汚損地域に用いられている（**図 2-25**）。

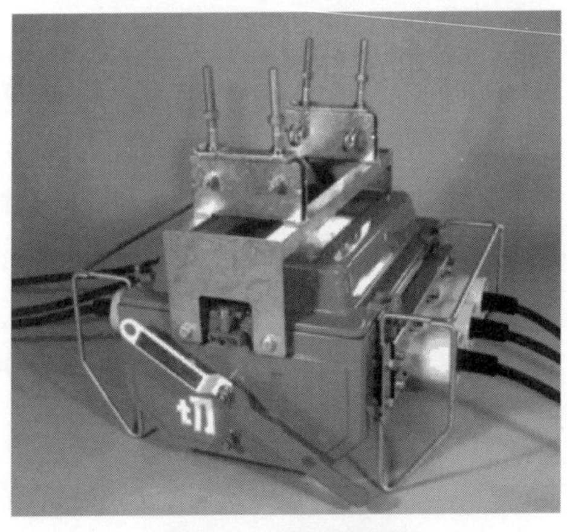

図 2-24　気中開閉器

図 2-25　高圧カットアウト（左：箱形，右：筒形）

(6) 避雷器（アレスター）

配電線およびこれに接続される機器を雷電圧から保護するため，必要な箇所に避雷器を設置して，雷電圧を低減し，機器などの絶縁破壊を防止する。

配電線用の避雷器としては，放電ギャップと特性要素を組み合わせたものが主流で，続流※を遮断するなどの特性をもっている。

なお，特性要素としては，電圧，電流非直線特性の極めて優れた酸化亜鉛素子（ZnO 素子）が主に使用されている。

避雷器取付け箇所は，次のとおりである（電技解釈第 37 条）。

① 発電所や変電所の架空電線の引込口と引出口

② 架空電線路に接続する配電用変圧器の高圧側

③ 高圧の架空電線路で供給を受ける 500kW 以上の引込口

(7) 引　込　線

配電線から分岐して，需要場所の引込口にいたる電線を引込線といい，電圧によって高圧引込線および低圧引込線とに分けられる。

※　避雷器が作動して雷電流が消滅した後も，回路の常規電圧により放電が継続して流れる電流。

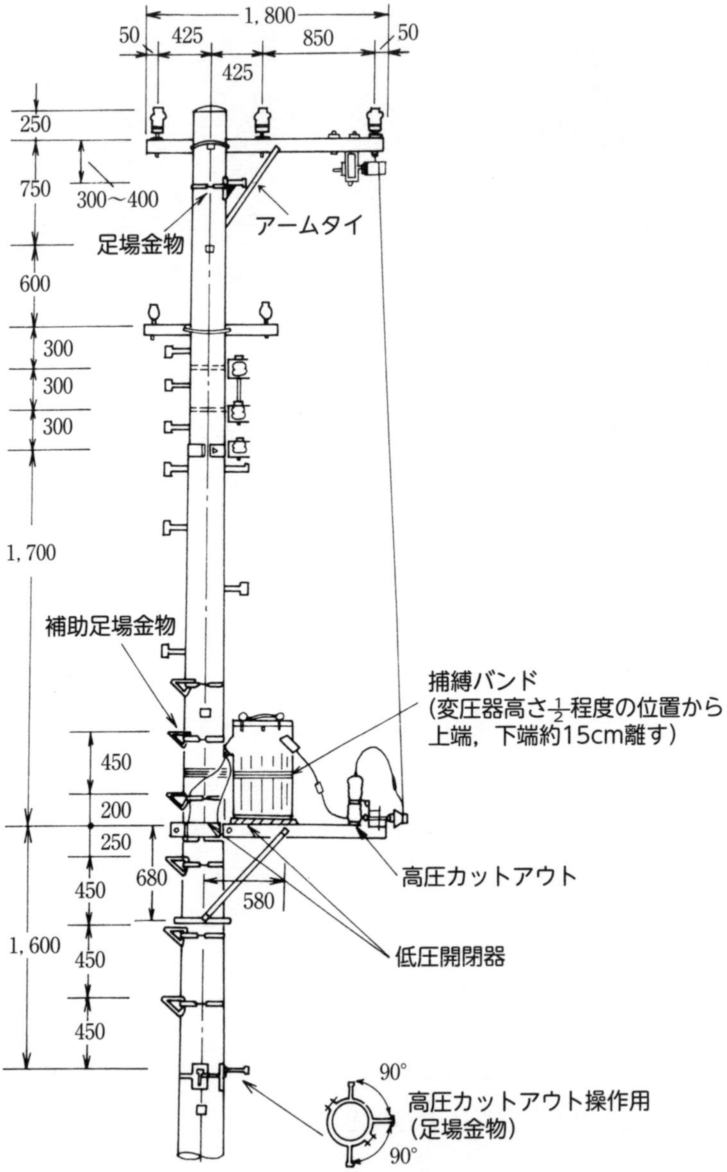

図 2-26　装柱図（50kVA 以下変圧器）

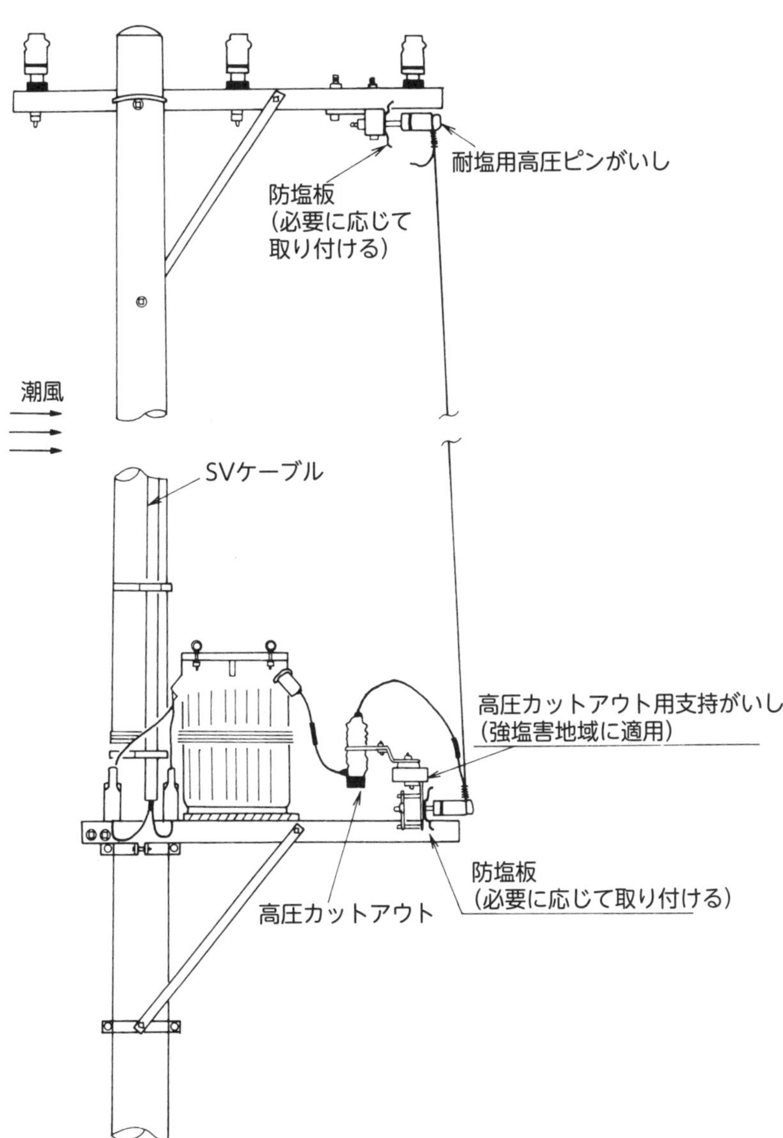

図 2-27　塩害地区の装柱例

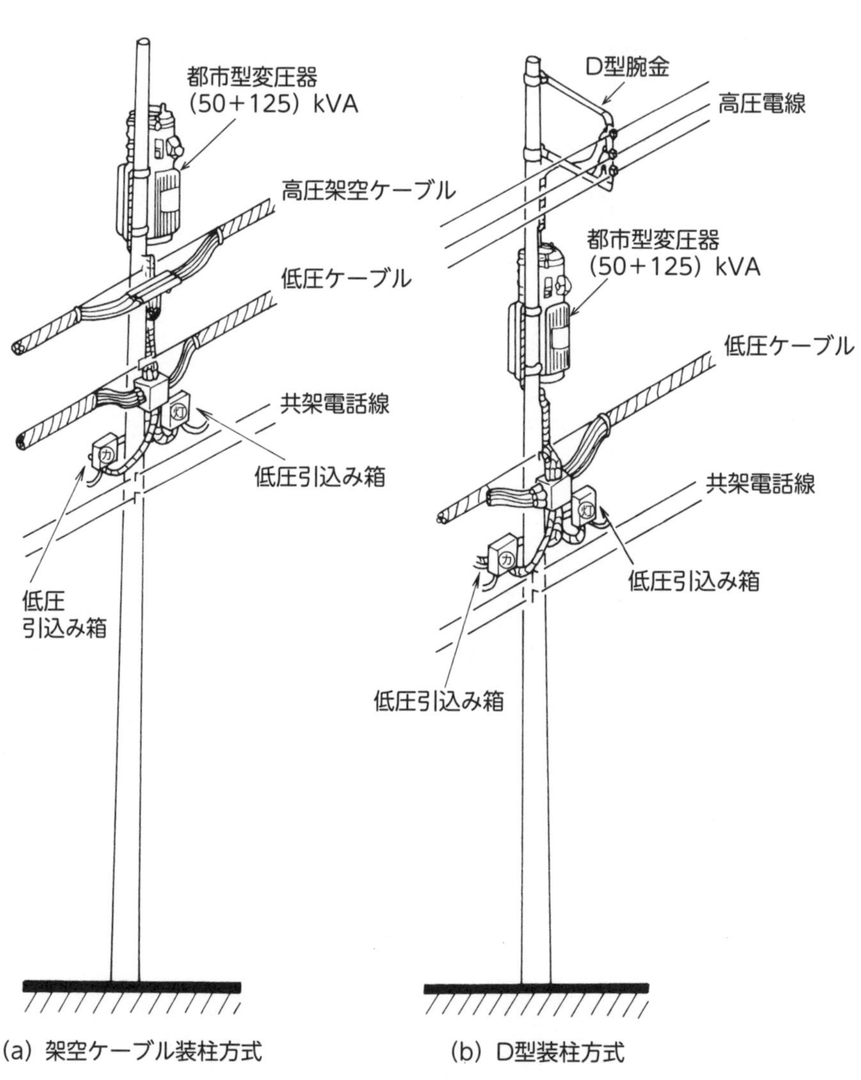

図 2-28　都市形装柱の例

(8) 装　　柱

配電線の装柱は，地域の環境，建物や樹木との離隔，変圧器の容量などの諸条件によって異なる。

① 高圧線
- 水平配列……一般に適用
- 垂直配列……建物や樹木との離隔確保等
- 架空ケーブル……同上および都市型装柱に適用

② 低圧線
- 水平配列 ｝一般に適用
- 垂直配列 ｝一般に適用
- 架空ケーブル……離隔確保および都市型装柱

③ 変圧器
- ハンガー
- 変　台
- 都市型装柱

これらの装柱のうちの主なものを**図 2-26** ～**図 2-28** に示す。

3 地中配電設備

現在の配電設備は，大部分が架空配電線となっていて，地中配電線は，特にこれが必要な特殊な場合に用いられている。近年は，都市化の進展や，既設工作物との関係などによって，地中配電線が増加している。

(1) ケーブル

配電用の電力ケーブルは，鋼帯がい装ベルト紙ケーブルが，長年使われてきたが，最近は，優れた絶縁性能を有し，端末処理および接続作業が容易なCV ケーブルが使用されている。

CV ケーブルは，架橋ポリエチレンで絶縁し，ビニルをシースとした構造のケーブルであり（**図 2-29**），3 心一

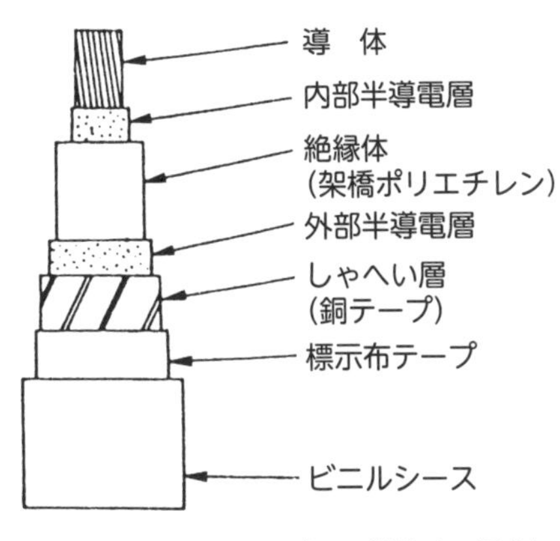

図 2-29　CVT ケーブルの構造（一相分）

括シース形（CV ケーブル）と，各相をより合わせたトリプレックス形（CVT ケーブル）があるが，最近では大部分がトリプレックス形である。

(2) ケーブルの敷設方法

ケーブルの敷設方法には，地中送電線と同様に直接埋設式，管路式，暗きょ式がある（55 頁 , **図 2-9** 参照）。

また，最近では地中化が国の施策として，道路管理者，電線管理者，地元関係者等の協力関係のもと計画的に進められている。現在は主に歩道において電線共同溝による整備が行われている（**図 2-30**）。電線共同溝は，道路管理者が整備する管路および特殊部・桝類と，電線管理者が整備するケーブル・地上機器類等からなる。

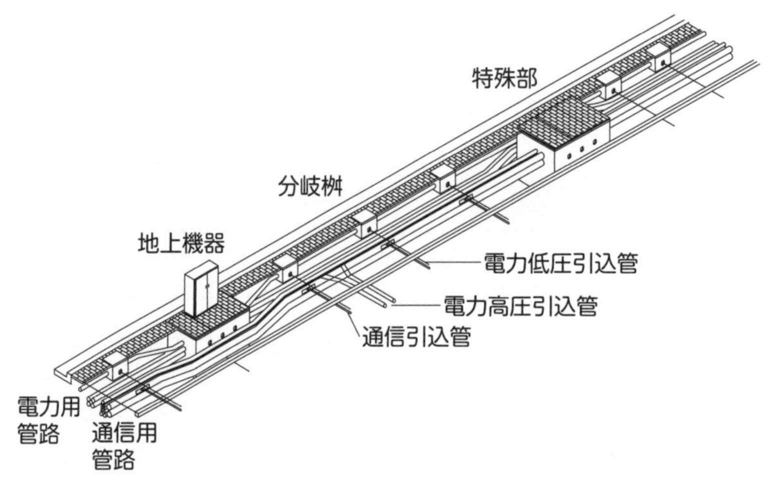

図 2-30　電線共同溝の構造

(3) 地中配電線の機器（ある一般送配電事業者の例）

ア　多回路開閉器

多回路開閉器は，**図 2-18**（63 頁参照）の系統構成にみられるように，変電所からのフィーダーポイントとなるもので，一般的には歩道上などに交通の支障とならないように設置される（**図 2-31**）。

この多回路開閉器には，負荷の開閉が可能なモールド開閉器が 5 回路（例：600A 1 回路，400A 4 回路）装備されている（**図 2-32**）。

図 2-31 気中多回路開閉器（外観）

図 2-32 気中多回路開閉器（内部）

図 2-33 供給用配電箱の内部（自立型）

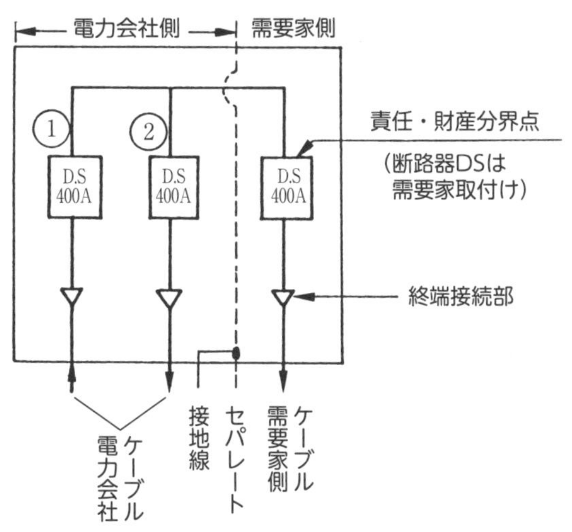

図 2-34 供給用配電箱の結線

イ　供給用配電箱

供給用配電箱は，高圧需要家の構内，地下室などに高圧引込線の受電，分岐装置として設けられる。これは，鉄板製で，内部に断路器，ケーブルヘッドなどが収められ，A 種接地工事が施される。

なお，最近は，内部の断路器をモールド形としたものも使用されている（**図 2-33**，**図 2-34**）。

ウ　地上変圧器

低圧需要家群を地中化する場合の変圧器には，歩道上などに設置される地上変圧器や，道路に設けられた地下孔や，ハンドホールの中に設置される直埋変圧器など，地域によってさまざまな変圧器が施設されている。

一例として，地上用変圧器（薄型）を**図 2-35**，**図 2-36** に示す。

図 2-35　地上用変圧器（薄型）の外観

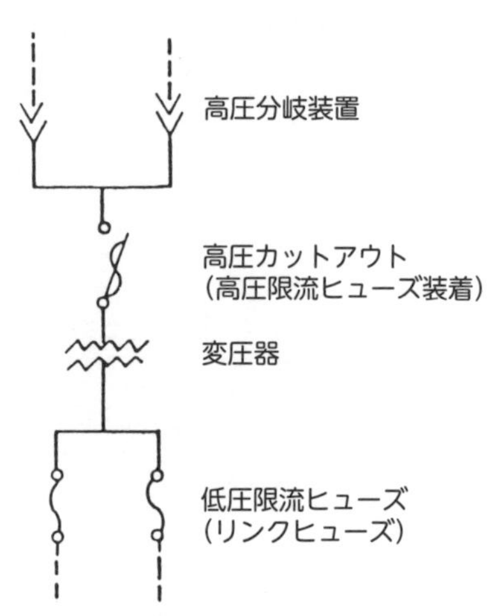

図 2-36　地上用変圧器（薄型）の結線図

第4章 事業用変電設備

変電所は，電力系統の拠点に設置され，発電所で発電した電気を送電電圧に昇圧したり，逆に高電圧の送電電圧から低電圧の送電電圧，配電電圧に降圧するなど，電圧の変成や系統の連系，配分を行うほか，電気の品質を確保するため，電圧調整，電力潮流制御および電力系統の保護の機能を有している（**図 2-37**）。

1 変圧器

変圧器の種類は多種多様にわたり，相数は単相形と三相形があり，巻線数では単巻線，二巻線および三巻線がある。変電所の主要変圧器は，一般に二巻線方式と三巻線方式が使用されるが，直接接地系の連系用では単巻線方式の変圧器も使用されている（**図 2-38**）。

三相回路の変圧器の結線は，単相変圧器を組み合せて使用する場合と，三相変圧

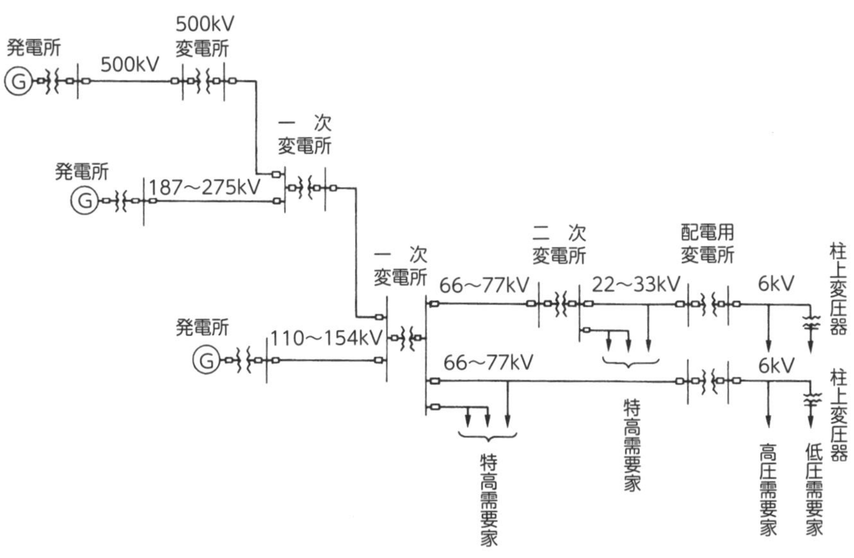

図 2-37 電力系統の例

器を使用する場合とがあるが，主として，Δ（デルタ）形およびY（スター）形が用いられ，その組合せとして，Δ－Δ，Y－Δ，Y－Y－Δがある。

なお，単相変圧器をV－V（V結線）に組み合わせて使用する方法もあるが，利用率が低下し，電圧も不平衡になるので，故障時の応急処置などの特殊な条件でしか使用されない。

変圧器のタップは，負荷によって変動する電圧を一定に保持するなど電圧調整のために設けられるものであり，変圧器に負荷時タップ切替装置を組み込んだ負荷時タップ切替変圧器（**図2-39**，**図2-40**）等が使用されている。

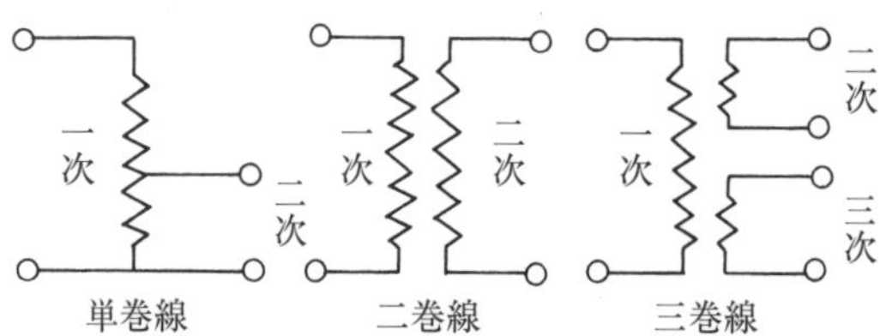

図2-38　変圧器の巻線

図2-39　単相変圧器

図2-40　三相変圧器

2 開閉設備，母線

(1) 遮　断　器

遮断器は，電力回路の短絡，地絡状態における電路を遮断（開放）する装置であるが，常時は電路の開閉操作にも用いられる。遮断器には，遮断時に発生するアークを安全に消す（消弧する）ための方式により，油遮断器，空気遮断器，磁気遮断器，ガス遮断器，真空遮断器などの種類があり，それぞれの特長に応じて使用される。

ア　油遮断器

油遮断器は，消弧媒体に電気絶縁油を用いるもので，古い伝統と経験から幾多の改良を重ね，各種の電圧回路に広く用いられたが，絶縁性能，消弧性能に優れたガス遮断器に置き替わりつつある。

イ　空気遮断器

空気遮断器は，圧縮空気が絶縁性を有することを利用し，0.5 ～ 6MPa 程度の圧縮空気を開極時のアークに吹き付け，電流遮断を行うものであるが，操作時の騒音が大きいので，使用場所により対策を考慮する必要がある。

ウ　磁気遮断器

磁気遮断器は，遮断電流で作られた磁界によってアークを駆動し，狭いみぞのアークシュートの中にアークを押し込めて，電流遮断を行うもので，遮断時間，遮断容量などの問題から高電圧には適さず，15kV のものまで実用化され

図 2-41　6.9kV 遮断器他を収納したキュービクル

図 2-42　ガス遮断器 (66kV)

ているが，一般的には配電線用の 6kV 程度で使用されている。

エ　ガス遮断器

ガス遮断器は，SF_6（六フッ化硫黄）ガスを消弧媒体とする遮断器で，1954 年ウェスチングハウス社で開発され，近年遮断器の小型高性能化や低騒音化などの時代的要求により，従来の遮断器にかわり広範囲に普及している（**図 2-42**）。

SF_6 ガスは，絶縁耐力が大きいほか，気中の電離した電子を吸着しやすい性質をもつため，消弧性能もよいなど，油や空気などに比べ非常に優れた電気特性を持っている。

オ　真空遮断器

真空遮断器は，消弧室を真空状態にして電流を遮断するものであり，構造が簡単であるため，主に 77kV 以下の電路で普及している。

(2) 断　路　器

断路器は，電線路，機器などの点検修理を行うため，電路からそれらを切り離す場合や電路への接続変更をするときに，無電圧または定格電圧以下で単に充電された電路を開閉するために用いられる装置である（**図 2-43** 参照）。

なお，断路器には，①変圧器の励磁電流，②線路または母線などの充電電流，③線路または母線のループ電流，などを開閉できる構造のものもあり，断路器規格（(一社) 電気学会　電気規格調査会規格 (JEC)）で操作方法，配置などの条件を，開閉能力の目安として示している。

図 2-43　断路器（66kV）

表 2-8　断路器の分類

分類項目	種類
使用場所	屋内形，屋外形
極数	単極，2極，3極，多極
使用回路数	単投，多投
接続方式	表面接続，裏面接続
取付け方式	水平上向取付け，水平下向取付け，垂直取付け，斜め取付け
断路方式	水平切，垂直切，パンタグラフ形，直線切
断路部数	1点切，2点切
操作方式	フック棒操作，手動操作，遠方操作 （遠方操作方式には，空気操作，ソレノイド操作，電運操作，バネ操作がある。）

断路器を，その構造，操作方式，接続方式などによって分類すると**表 2-8**のようになる。

(3) 母　線

母線の結線方式は，基本的に単母線方式，複母線方式および環状母線方式に分類される（**図 2-44** 参照）。

母線導体には，銅帯，銅パイプ，アルミパイプ，銅より線，アルミより線などが使用され，架設方法については，導体をがいしなどで鉄構に引き留める引留め式母線や剛体の導体をポストがいしなどで支持する固定式母線のほか，導体を接地した金属ケースに収納し，SF_6 ガスやエポキシ樹脂などで絶縁した密閉母線が

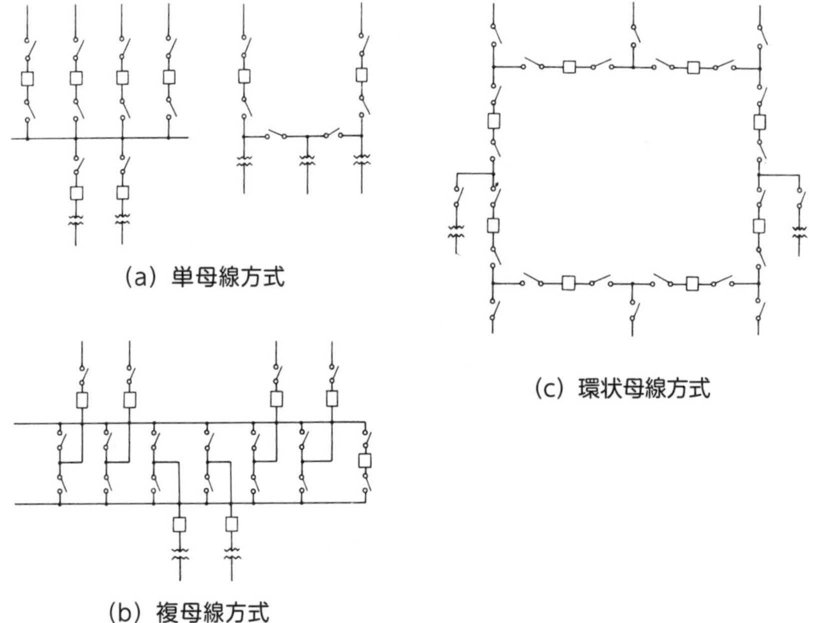

図 2-44　母線の結線方式の例

ある。なお，母線間の連絡には，上記導体のほか，電力ケーブルなどが用いられることもある。

(4) 縮小形開閉装置

縮小形開閉装置は，高い絶縁耐力をもつ絶縁材料を母線および開閉設備に適用して縮小化を図ったものである。絶縁材料としては，SF_6 ガスあるいはエポキシ樹脂が一般的で，いずれも母線導体や開閉設備の充電部を完全に密閉絶縁して，接地された金属箱に収納している。

縮小形開閉装置は，従来からの気中絶縁を利用した設備に比較し，超小型化のメリットが顕著なほか，充電部が完全にいんぺいされているため安全であること，外部の環境（塩，風，雪など）条件に左右されないため信頼度が高く保守面での省力化が図れること，現地据付け工事の工期が短いことなど利点が多い。

代表的な縮小形開閉装置としては，SF_6 ガス絶縁縮小形開閉装置（GIS）がある。GIS は，SF_6 ガスの絶縁性能と消弧性能を高度に利用し，母線，断路器，遮断器および接地装置などが一体構成されており，66kV から 500kV までの電圧で普及している（**図 2-45**，**図 2-46**）。

3 保護装置

高圧または特別高圧の電気設備の保護装置としては，避雷器と遮へい装置（架空地線など）のほか，保護ギャップ，保護コンデンサなどがある。また，電力系統の保護には中性点の接地があり，種々の方式が採用されている。

(1) 避雷器（アレスター）

避雷器は，電気設備に襲来する雷や回路の開閉で発生する過電圧に対し，その端子電圧を所定以下に低減するよう雷電流を大地へ流し，機器類の絶縁破壊を防止し，加えて，放電によって生じる続流を急速に遮断し，原状に復帰させる装置である。

図 2-45　縮小形開閉装置（GIS）

図 2-46　配電用変電所（77kV ／ 6.9kV　20MVA）
（左より，主要変圧器，84kV GIS，配電盤室）

図 2-47　酸化亜鉛形避雷器（定格 66kV）

避雷器の構造は，従来は炭化ケイ素（SiC）を主体とした特性要素とギャップにより構成された「直列ギャップを有する避雷器」が主流であったが，現在では酸化亜鉛（ZnO）を主成分とする「直列ギャップを有しない避雷器」が普及し，信頼度，保護能力などの面で格段の向上が図られている（**図 2-47**）。

避雷器は，変電所の主回路に設置されるほか，中性点用，直列機器用，送電線用などにも適用されている。

(2) 架空地線

架空地線は，発変電所および架空送電線路に対する雷の直撃を遮へいするものであるが，さらに雷侵入波の波高値を低減する効果もあり，発変電所の屋外鉄構上や架空送電線に設けられる。

架空地線の接地抵抗（導体抵抗を含む）はできるだけ小さい値とし，雷電流が送電線に逆に放電（逆閃絡）しないようにする。

架空地線は，一般に亜鉛めっき鋼より線，硬銅線，鋼心アルミより線などが使用される。また，架空地線は，断線すると母線短絡などの重大事故に直結するので，十分な機械的電気的強度を有する必要がある。

(3) 中性点接地方式

送電系統の中性点接地は，一般に次のような目的で設置される。

①　地絡事故時に健全相の対地電圧の上昇を制限し，送電および機器の絶縁レ

ベルを軽減する。

② 地絡事故時の地絡継電器の動作を確実にする。

③ 消弧リアクトル接地方式において，1線地絡時のアークを自然消滅させる。

中性点接地方式としては，①直接接地，②抵抗接地，③消弧リアクトル接地などが主として採用される。なお，非接地方式もあるが，これは，おもに高圧以下に採用される。

ア　直接接地方式

送電線に接続される変圧器の中性点を直接接地する方式で，主として，超高圧送電系統（187～500kV）に採用される。この方式を用いると，1線地絡時に健全相の電圧上昇がほとんどなく，開閉異常電圧も抵抗接地方式に比べると小さいので，絶縁設計が容易になる。しかし，反面地絡電流が大きいので，誘導障害※の防止方法が重要な問題となる。

イ　抵抗接地方式

わが国では古くから採用されている方式で，100～1,000Ω程度の抵抗を通じて変圧器などの中性点を接地し，地絡事故時の電流を数百A程度に抑制して，誘導障害をおさえている。この方式は，主として154kV以下の系統で採用されている（**図2-48**参照）。

図2-48　中性点抵抗器（抵抗接地方式）

※　地絡電流により通信線等に生じる誘導電圧による障害

ウ　消弧リアクトル接地方式

この方式は，ドイツのペテルゼンによって発明されたもので，略称ペコまたはPCと呼んでいる。この方式は，送電線の対地静電容量とリアクトルとを共振させるために，ギャップのある鉄心リアクトルで中性点を接地し，送電線が1線地絡を起こしたとき，地絡点のアークを自動的に消滅させようとする方式である。中性点接地方式の特長を**表2-9**に示す。

表2-9　各種中性点接地方式の比較

比較項目	直接接地	抵抗接地	消弧リアクトル接地	非接地
地絡電流の大きさ	大きい。	中程度（抵抗値による）。	小さい。共振条件では残留電流だけとなる。	長距離送電線では相当大きくなる。
通信線への誘導	基本周波数の大きい誘導電圧が現れる多重接地は常時第3調波の誘導のおそれがある。	抵抗値を増大し，または多重接地式とするなどの方法により誘導電圧を制限しうる。	設置箇所の選択により，ことに多重コイル接地の場合には誘導障害を著しく減少しうる。	基本周波数の誘導は比較的少ないが，高周波誘導が大きい。
地絡により系統に与える動揺	大きい。1相短絡とほとんど同じ。	比較的小さい。	微小である。	異常電圧を生じることがある。
地絡時に健全相に現れる電圧	常時と大差がない。	抵抗値が大きいほど線間電圧に近づく。	非接地の場合よりやや低い。	異常電圧を除いて，故障点では線間電圧，遠い点では20～50%大きくなる。
地絡故障の除去	故障区間の選択遮断が容易。	小勢力接地継電器を使用すれば，選択遮断が容易である。	自然に消去する。ただし，永久地絡の選択除去は困難である。	接地継電器の適用困難で，多相故障になりやすい。
施設費	最少である。普通接地用断路器を施設する。	相当の施設費を要する。普通中性点電圧変成器を施設する。	施設費は最も大きい。	最少である。

4 その他

(1) 計器用変成器

高電圧および大電流を保護継電器，計測器などに使用しやすい電圧値および電流値に変成するものを計器用変成器と称し，次のように大別される。

ア　計器用変圧器

電圧を変成するものであり，巻線形（VT）とコンデンサ形（PD）がある（**図2-49**）。

イ　変流器（CT）

電流を変成するものであり，巻線形と貫通形（ブッシング形，棒形）がある（**図2-50**）。

図2-49　コンデンサ形計器用変圧器（275kV級）

図2-50　変流器（275kV級）

なお，計器用変成器の二次回路は，必ず中性線または1線を接地する。これは，絶縁破壊により一次側電圧が侵入する場合や雷撃などにより衝撃電圧が浸入する場合などの異常電圧に対し，人身の安全を確保するためである。

また，変流器の二次側を開放すると，異常電圧が発生するので，留意する必要がある。

(2) 調相設備

現在の電力系統は，負荷の変動に対して，受電端電圧を一定に保つ定電圧送電方式が採用されている。

このため，電力系統上の重要な変電所では，電圧調整と力率改善のため調相設備を設置して，効率的な電力運用を図っている。

なお，調相設備には，主に電力用コンデンサ※1および分路リアクトル※2が使用されている（**図 2-51**，**2-52**）。

図 2-51　電力用コンデンサ (66kV)

図 2-52　分路リアクトル (66kV)

※1　電力用コンデンサは，重負荷により系統電圧が低下する際に，進み無効電力を与えることで電圧を上昇させるために使用される。

※2　分路リアクトルは，軽負荷により系統電圧が上昇する際に，遅れ無効電力を与えることで電圧を低下させるために使用される。

第5章 自家用受電設備

1 受電設備

一般に構外から送られてきた電気の電圧を変圧器などで変成して，さらに構外に送り出すところを変電所といい，変電所から送られてきた電力を工場やビルなど構内で使用するために受電し，変成する設備を受電設備（受変電設備）という。

受電設備に設置される主要設備には，断路器，遮断器，変圧器，母線などがあり，電力を安定して受・配電するために計器用変成器，避雷器，配電盤，蓄電池など各種の電力機器が設置されている（特別高圧で受電するものについては，本編第4章を参照すること）。

本章において用いる主な用語の意味は，次による。

① 受電設備とは，高圧受電のために施設する電気工作物（高圧引込施設を含む）をいう。なお，変電設備とは，電圧を変成する設備で，遮断器，変圧器，コンデンサ等の電気機器により構成されるものをいうが，本章の受電設備は，変電設備を含む。

② 受電室とは，受電設備に使用する高圧の遮断器，開閉器，変圧器，電線（高圧引込施設を除く）およびその他の器具（以下「変圧器など」という）を施設する屋内の場所をいう（受電室は，電気室または変電室と呼称されることもある）。

③ 屋内式とは，受電設備を屋内に施設する方式をいう。ただし，キュービクル式を除く。

④ 屋上式とは，受電設備を建物の屋上に施設する方式をいう。ただし，キュービクル式を除く。

⑤ 地上式とは，受電設備を地表上に施設する方式をいう。ただし，キュービクル式を除く。

⑥　柱上式とは，変圧器などを木柱，鉄柱または鉄筋コンクリート柱を用いるH柱などに施設する方式をいう。ただし，キュービクル式を除く。

⑦　キュービクル式とは，変圧器などを金属箱に収めて施設する方式をいう。

⑧　主遮断装置とは，受電設備の受電用遮断装置として用いられるもので，電路に過負荷，短絡事故などが生じたときに，自動的に電路を遮断する能力をもつものをいう。

⑨　受電設備容量とは，受電電圧で使用する変圧器，電動機などの機器容量（kVA）の合計をいう。ただし，高圧電動機は，定格出力（kW）をもって機器容量（kVA）と見なし，高圧進相コンデンサ（以下「コンデンサ」という）は，受電設備容量には含めない。

⑩　PF･S形とは，主遮断装置として，高圧限流ヒューズ（PF）と高圧交流負荷開閉器（LBS）（以下「負荷開閉器」という）とを組み合わせて用いる形式をいう。ただし，屋外に施設するものについては，高圧非限流ヒューズを用いるものを含む（**図2-53**，**図2-54**）。

⑪　CB形とは，主遮断装置として，高圧交流遮断器（CB）（以下「遮断器」という）を用いる形式をいう（**図2-53**，**図2-55**）。

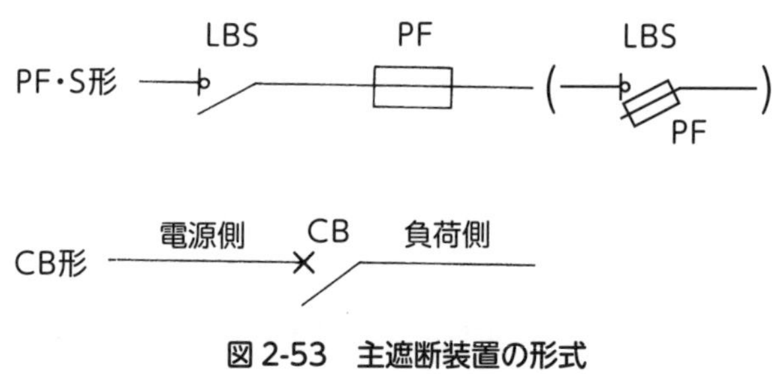

図2-53　主遮断装置の形式

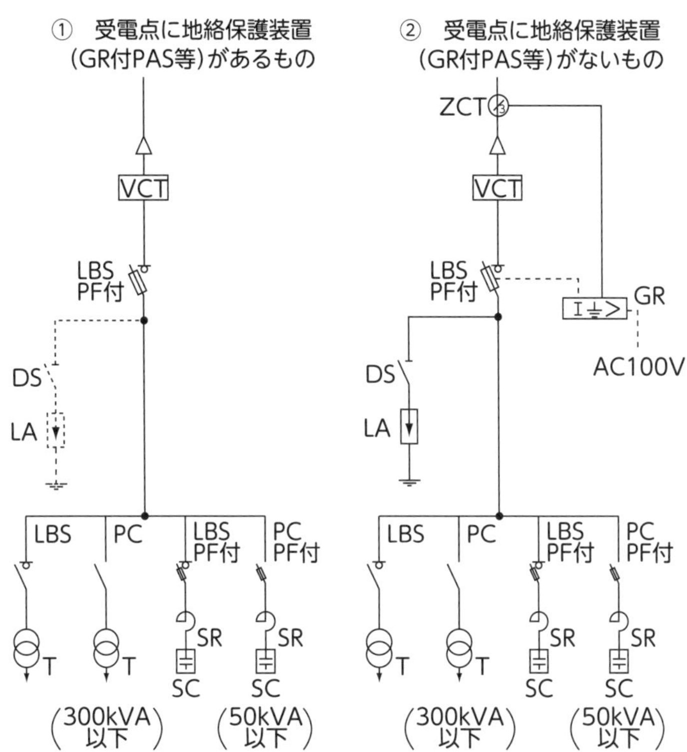

〔備考1〕点線の避雷器(LA)は，引込みケーブルが比較的長い場合に付加する。
〔備考2〕点線のAC100Vは，変圧器二次側から電源を取る場合を示す。
〔備考3〕母線以降負荷に至る結線は，一例を示す。

図 2-54　PF・S 形標準結線図※1
((一社) 日本電気協会「高圧受電設備規程　JEAC8011-2020」より作成)

※1，※2　VCT：電力需給用計器用変成器　DS：断路器　PF：高圧限流ヒューズ　VT：計器用変圧器　CB：高圧交流遮断器　LA：避雷器　CT：変流器　OCR：過電流継電器　LBS：高圧交流負荷開閉器　PC：高圧カットアウト　T：変圧器　SR：直列リアクトル　SC：高圧進相コンデンサ

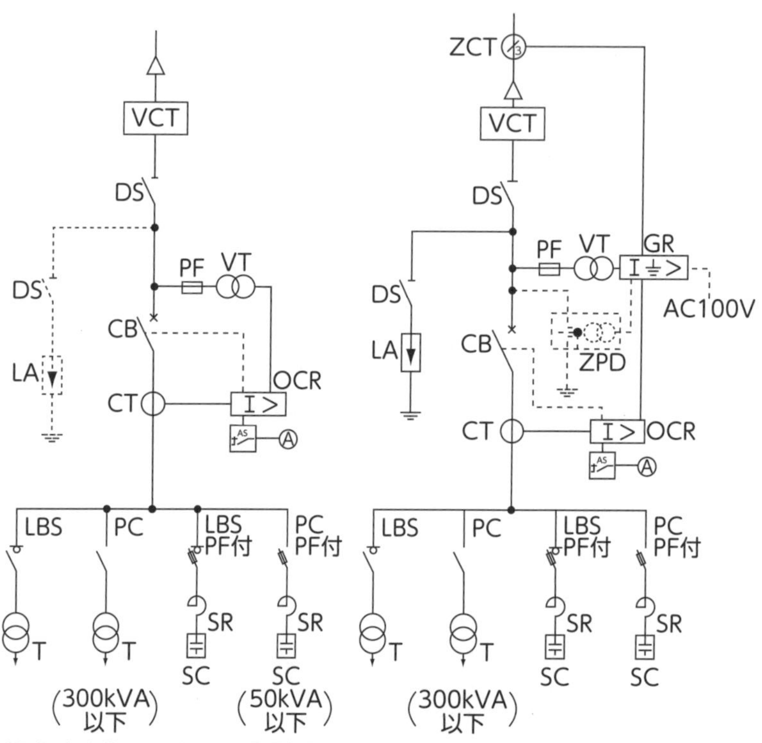

〔備考1〕点線の零相基準入力装置(ZPD)は，DGRの場合に付加する。
〔備考2〕点線の避雷器(LA)は，引込みケーブルが比較的長い場合に付加する。
〔備考3〕点線のAC100Vは，変圧器二次側から電源を取る場合を示す。

図 2-55　CB 形標準結線図※2
((一社) 日本電気協会「高圧受電設備規程　JEAC8011-2020」より作成)

 受電設備の方式

(1) 受電設備容量の制限

受電設備容量は，主遮断装置の形式および受電設備の方式により，**表 2-10** のそれぞれに該当する欄に示す値を超えないものとする。

表 2-10　主遮断装置の形式と受電設備の方式並びに設備容量

受電設備方式 ＼ 主遮断装置の形式			CB形〔kVA〕	PF・S形〔kVA〕
箱に収めないもの	屋　外　式	屋上式	制限なし	150
		柱上式	−	100
		地上式	制限なし	150
	屋　内　式		制限なし	300
箱に収めるもの	キュービクル (JIS C 4620 (2018)「キュービクル式高圧受電設備」に適合するもの。)		4,000	300
	上記以外のもの (JIS C 4620 (2018)「キュービクル式高圧受電設備」に準ずるもの又は JEM 1425 (2011)「金属閉鎖形スイッチギヤ及びコントロールギヤ」に適合するもの)		制限なし	300

〔備考 1〕表の欄に－印が記入されている方式は，使用しないことを示す。柱上式の制限は，受電設備方式の制限〔編注：下記 (2)〕を参照のこと。

〔備考 2〕「箱に収めないもの」は，施設場所において組み立てられる受電設備を指し，一般的にパイプフレームに機器を固定するもの（屋上式，地上式，屋内式）や，H柱を用いた架台に機器を固定するもの（柱上式）がある。

〔備考 3〕箱に収めるものは，金属箱内に機器を固定するものであり，「JIS C 4620 (2018)」「キュービクル式高圧受電設備」に適合するもの」及び「JIS C 4620 (2018)」「キュービクル式高圧受電設備」に準ずるもの又は JEM 1425 (2011)「金属閉鎖形スイッチギヤ及びコントロールギヤ」に適合するもの」がある。

〔備考 4〕JIS C 4620 (2018)「キュービクル式高圧受電設備」は，受電設備容量 4,000kVA 以下が適用範囲となっている。

（（一社）日本電気協会「高圧受電設備規程　JEAC8011-2020」）

(2) 受電設備方式の制限

① 柱上式は，保守点検に不便であるから，地域の状況および使用目的を考慮し，他の方式を使用することが困難な場合に限り，使用する。

② PF･S 形は，負荷設備に高圧電動機を有しないものとする。

(3) 受電設備に使用する配電盤などの最小保有距離

受電設備に使用する配電盤ならびにキュービクルなどの最小保有距離※は，**表 2-11** および**図 2-56** のとおりである。

※　保守点検に必要な空間および防火上有効な空間を保持するため保有する距離。

表 2-11　受電設備に使用する配電盤などの最小保有距離　(単位：m)

機器別＼部位別	前面又は操作面	背面又は点検面	列相互間（点検を行う面）※1	その他の面※2
高圧配電盤	1.0	0.6	1.2	−
低圧配電盤	1.0	0.6	1.2	−
変圧器など	0.6	0.6	1.2	0.2

〔備考〕※1は，機器類を2列以上設ける場合をいう。
※2は，操作面・点検面を除いた面をいう。

（(一社) 日本電気協会「高圧受電設備規程　JEAC8011-2020」）

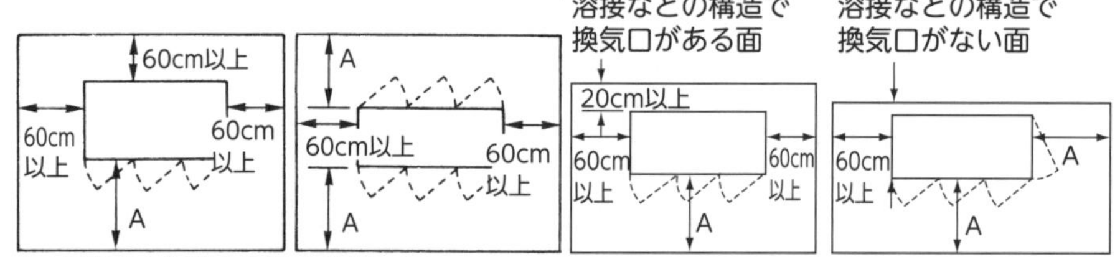

(注1)　※は，扉幅が1m未満の場合は1mとする。
(注2)　保安上有効な距離とは，人の移動に支障をきたさない距離をいう。

図 2-56　キュービクル式等の保有距離
（(一社) 日本電気協会「高圧受電設備規程　JEAC8011-2020」より作成）

(4) 屋内式受電設備

屋内式受電設備の広さ，高さおよび機器の離隔距離は，電技解釈などに**図 2-57**のとおり定められている。なお，露出した充電部からの保有距離が0.6 m以下で感電の危険が生じるおそれのあるときは，充電部に絶縁用防具を装着するか絶縁用保護具を着用する必要がある。

(5) 屋外式受電設備

屋外式受電設備の機器の充電部分とさくなどとの離隔距離は，電技解釈に定められている（**図 2-58**）。

(6) 柱上式受電設備

柱上式受電設備の装置は，電技解釈に定められている（**図 2-59**）。

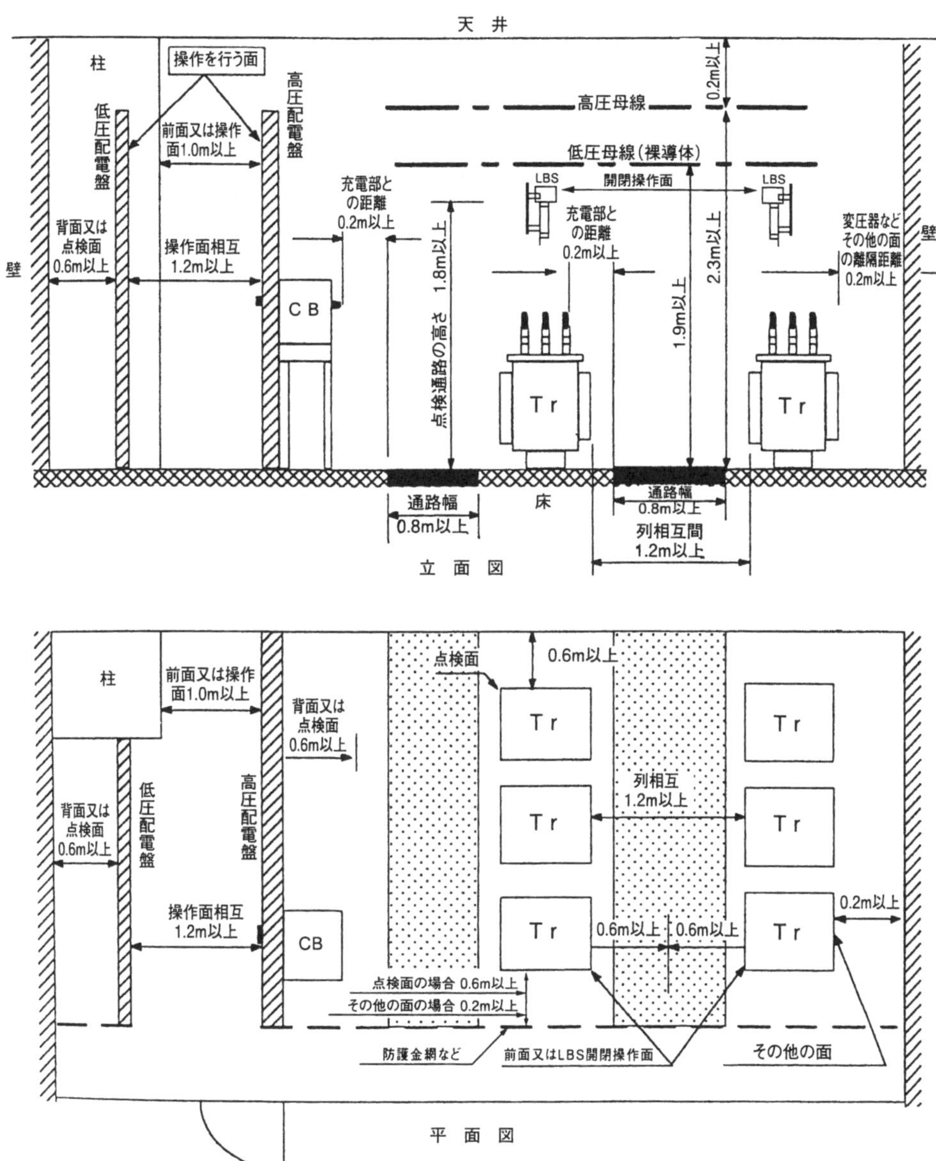

［備考 1］絶縁防護板を 1.8m の高さに設置する場合は，高低圧母線の高さをその範囲内まで下げることができる。

［備考 2］図示以外の露出充電部の高さは，2m 以上とする。

［備考 3］通路と充電部との離隔距離 0.2m 以上は，労働安全衛生規則第 344 条で規定されている特別高圧活線作業における充電部に対する接近限界距離を参考に規定したものである。なお，露出した充電部からの保有距離が 0.6m 以下で感電の危険が生じるおそれのあるときは，充電部に絶縁用防具を装着するか絶縁用保護具を着用する必要がある。

図 2-57 受電室内における機器，配線等の離隔（参考図）

（(一社) 日本電気協会「高圧受電設備規程 JEAC8011-2020」）

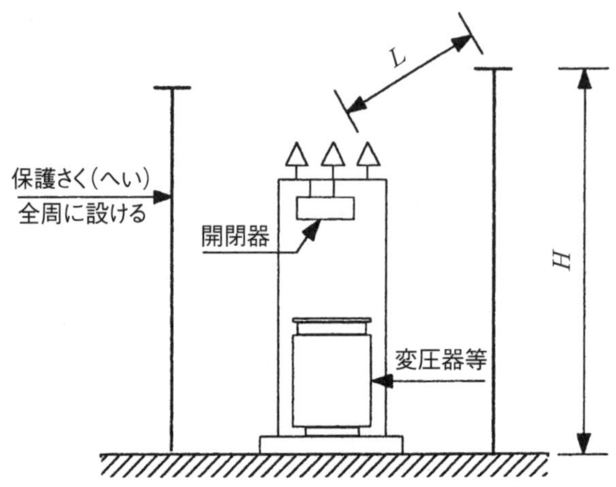

$H+L \geqq 5$ m かつ，$H \geqq 1.5$ m とする。
高圧充電部分と保護さく（へい）との最小離隔距離≧0.5 m とする。

図 2-58　屋外における受電設備の保護さく例
（(一社) 日本電気協会「高圧受電設備規程　JEAC8011-2020」）

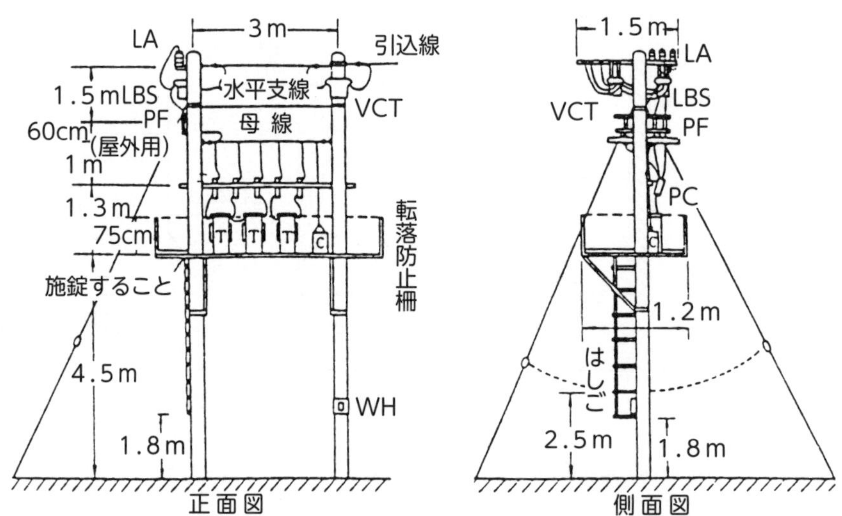

〔注〕 1. PF は，高圧非限流ヒューズを使用する場合もある。
2. 地表上の高さは，市街地に施設する場合は 4.5m 以上とし，市街地外に施設する場合は，4m 以上とすること。

図 2-59　柱上式の装置例

(7) キュービクル式高圧受電設備

図 2-60　キュービクル式高圧受電設備

キュービクル式高圧受電設備は，高圧の受電設備として使用する機器一式を極力整理簡素化して，これと配線とを接地した1つの金属箱内に簡潔に収めた高圧受電設備で，電力需給用計器用変成器，主遮断装置など主として受電用機器一式を収納した受電箱と，変圧器，コンデンサ，高圧配電盤，低圧配電盤などを収納した配電箱とからなっている（**図 2-60**）。

また，キュービクル式高圧受電設備は，一般の受電設備にくらべ次の特長がある。

① 所要床面積が少なくてすむこと

② 専用の部屋を必要とせず，地下室，階段室，屋上，構内の一部などに簡単に設置できること

③ 内部機器，装置の簡素化によって保守点検の手数が省け，かつ，信頼性が高いこと

ただし，キュービクル式高圧受電設備においては，保安上，次の事項に留意する。

① ゲタ基礎の場合，その両端に遮へい板を設ける等，底面からの風雨・雪等の浸入防止措置を講じる。

② チャンネルベース内部やゲタ基礎内側に雨水が溜まるおそれがある場合，その蒸発による結露防止のため，排水口およびスペースヒータを設置する。

③ 小動物の侵入のおそれがある場合，開口部に網などを設ける。

④ 暴風雨等による雨水浸入を防止するため，換気口の内側に水平水切板などの雨返しを設ける。

⑤ 降雨による洗浄作用がないため，収納機器へのじんあいの堆積および雨水の付着により地絡事故等のおそれがある。定期点検時に収納機器の清掃を行う。

なお，キュービクル式高圧受電設備については，日本産業規格（JIS）C 4620「キュービクル式高圧受電設備」が制定されているので，このJISに適合するものを使用する。

3 受電設備に用いられる機器など

(1) 機器および材料

受電設備に用いられる機器，材料などのJIS規格は，**表2-12**のとおりである。

(2) 機　器

ア　地絡継電装置付高圧交流負荷開閉器（GR付PAS）

地絡継電装置付高圧交流負荷開閉器は，自家用引込線の1号柱に，配電線と受電設備の区分開閉器として設置され，当開閉器の負荷側の地絡事故が配電線に波及するのを防止するものである（**図2-61**）。なお，地中引込方式用として，GR付PASと同様の働きをする地中線用負荷開閉器（UGS・UAS）がある。

イ　電力需給用計器用変成器（VCT）

電力需給用計器用変成器は，変流器と計器用変圧器とを1つにまとめ，金属箱に入れて結線したものである。電力量計とともに電気料金算定上必要なもので，ともに一般送配電事業者の所有であるが，その取付け場所，取付け方法などについては，一般送配電事業者の基準に従い，適正な計量ができ，かつ，検針，検査が容易な位置を両者協議の上決定する。

ウ　断路器（DS）

断路器は，一種の刃形開閉器で，回路を無電流の状態で開閉して，回路の区分，接続の変更，機器の点検，修理作業などを行うためのものである。断路器

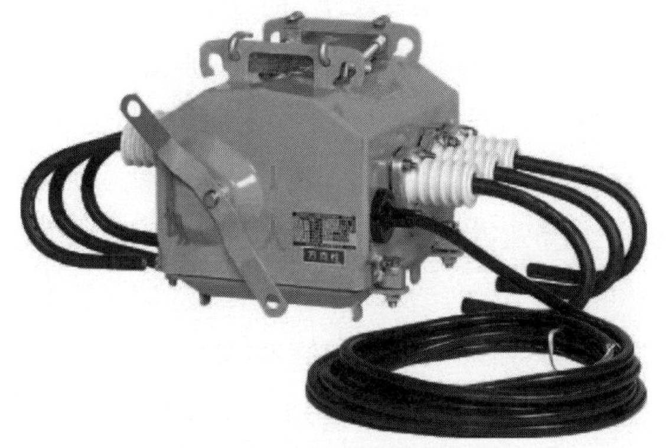

図2-61　地絡継電装置付高圧交流負荷開閉器（GR付PAS）

表 2-12　機器および材料

機器および材料	規格番号	規格名称
断　路　器	JIS C 4606	屋内用高圧断路器
避　雷　器	JIS C 4608	6.6kV キュービクル用高圧避雷器
遮　断　器	JIS C 4603	高圧交流遮断器
限流ヒューズ	JIS C 4604	高圧限流ヒューズ
高圧交流負荷開閉器	JIS C 4605 JIS C 4607 JIS C 4611	高圧交流負荷開閉器 引外し形高圧交流負荷開閉器 限流ヒューズ付高圧交流負荷開閉器
変　流　器	JIS C 1731-1 附属書 1	計器用変成器（標準用及び一般計測用） 第 1 部：変流器 変流器
計器用変圧器	JIS C 1731-2	計器用変成器（標準用及び一般計測用） 第 2 部：計器用変圧器
過電流継電器	JIS C 4602	高圧受電用過電流継電器
地絡継電装置	JIS C 4601 JIS C 4609	高圧受電用地絡継電装置 高圧受電用地絡方向継電装置
高圧カットアウト	JIS C 4620 附属書 2	キュービクル式高圧受電設備 高圧カットアウト
変　圧　器	JIS C 4304 JIS C 4306	配電用 6kV 油入変圧器 配電用 6kV モールド変圧器
高圧進相コンデンサ	JIS C 4902	高圧及び特別高圧進相コンデンサ並びに附属機器
低圧進相コンデンサ	JIS C 4901	低圧進相コンデンサ（屋内用）
支持がいし	JIS C 3814 JIS C 3851	屋内ポストがいし 屋内用樹脂製ポストがいし
電線支持物	JIS C 4620 附属書 3	キュービクル式高圧受電設備 電線支持物
高圧用絶縁電線	JIS C 3611	高圧機器内配線用電線
指示電気計器	JIS C 1102	直動式指示電気計器
低圧用絶縁電線	JIS C 3307 JIS C 3315 JIS C 3316 JIS C 3317	600V ビニル絶縁電線（IV） 口出用ゴム絶縁電線 電気機器用ビニル絶縁電線 600V 二種ビニル絶縁電線（HIV）
配線用遮断器	JIS C 8201-2-1	低圧開閉装置及び制御装置 第 2-1 部：回路遮断器（配線用遮断器及びその他の遮断器）
交流電磁開閉器	JIS C 8201-4-1	低圧開閉装置及び制御装置 第 4-1 部：接触器及びモータスタータ：電気機械式接触器及びモータスタータ
漏電遮断器	JIS C 8201-2-2	低圧開閉装置及び制御装置 第 2-2 部：漏電遮断器
漏電継電器	JIS C 8374	漏電継電器
低圧ヒューズ	JIS C 8314 JIS C 8319 JIS C 8352	配線用筒形ヒューズ 配線用栓形ヒューズ 配線用ヒューズ通則
フック棒	JIS C 4510	断路器操作用フック棒

図 2-62　断路器

図 2-63　真空遮断器

は，負荷電流の開閉はできず，単に回路を開閉する機能をもっているだけなので，誤って負荷電流を開閉すると大事故となるおそれがある。このため，必ず電流を開閉できる遮断器と直列に接続されていて，まず，その遮断器で負荷電流を遮断したのち，これを開き，開路を確実にするために使用する（**図 2-62**）。

エ　遮断器 (CB)

遮断器は，電流，電圧，周波数等の各種保護継電器との組み合わせによって，故障時に電路を安全に遮断して，電路および機器を保護するものである。故障時に流れる電流は，高圧回路の場合，平常時の数十倍に達するので，平常時に流れる電流，回路電圧などのほかに，故障時に遮断する電流の大小によって構造，機構，大きさなどが異なる。したがって，遮断器を取り付ける際は，定格電圧，定格周波数，定格電流などが回路の条件に適していなければならないことはもちろん，故障発生時に故障点に流れる電流を計算して，これを完全に遮断できるものを選定することが必要である。

高圧遮断器には，真空遮断器（VCB，**図 2-63**），気中遮断器（ACB），油遮断器（OCB），磁気遮断器（MCB），ガス遮断器（GCB）などがある。

オ　計器用変成器（VT，CT）等

計器用変成器は，高電圧，大電流を安全に計測，制御するために，主回路の電圧，電流に比例した小さい電気量に変成する機器であり，計器や保護継電器と組み合わせて用いられる。電圧用として計器用変圧器，電流用として変流器がある。

（ア）　計器用変圧器（VT）

計器用変圧器は，接続された電路の電圧を，それに比例した電圧に変成する機器であり，計器や継電器等で扱いやすい電圧（主に 110V）に変換するものである。計器用変圧器により，三相回路の線間電圧を測定するには，**図 2-64** のように VT 2 個を V 結線にして使用する。

通電中の計器用変成器二次端子を短絡させると，端子間に大電流が流れ，機器の損傷の原因となるため，短絡させないように注意をしなければならない（**図 2-65**）。

（イ）　変流器（CT）

変流器は，接続された電路の電流を，それに比例した電流に変成する機器であり，計器や継電器等で扱いやすい電流（主に 5A）に変換するものである。変流器により三相回路の線電流を測定するには，**図 2-66** のように変流器 2 個を用いる。

通電中の変流器二次端子を開放すると，二次巻線に高電圧を発生し，また，鉄心の磁気飽和による過熱により焼損事故を生ずるので注意しなければならない（**図 2-67**）。

（ウ）　零相変流器（ZCT）

零相変流器は，変流器の一種で，一次電流に比例した電流に変成する機器であることは同じだが，通常の変流器とは違い，1 相分の電線を通すのではなく 3 相分の電線を一括して通すことにより，各電線に流れる電流の差を検出する機器である。零相変流器の一次側の回路に地絡事故が発生して地絡電流が流れると二次側に電流が流れ，地絡継電器と組み合わせて地絡保護に用いられる（**図 2-68**）。

カ　高圧交流負荷開閉器（LBS）

高圧交流負荷開閉器は，通常状態の負荷電流であれば開閉ができるが，短絡

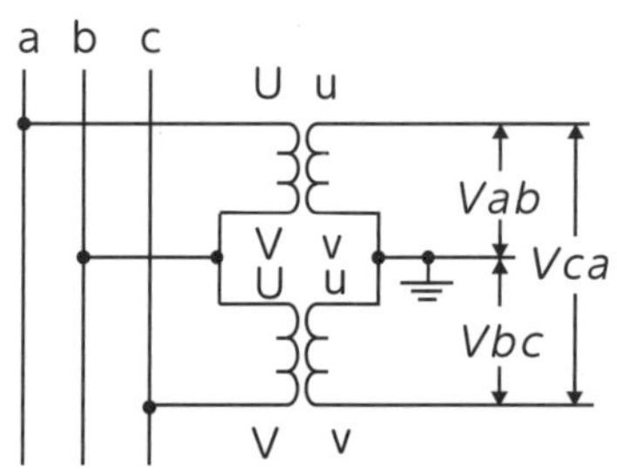

図 2-64　計器用変圧器の結線図

図 2-65　モールド形計器用変圧器

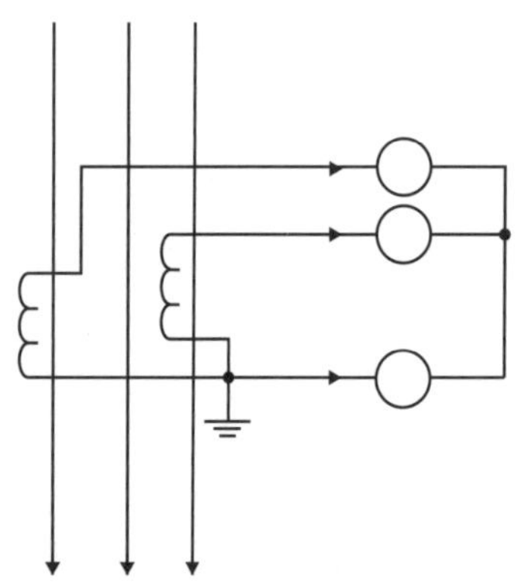

図 2-66　変流器の結線図

図 2-67　モールド形変流器

図 2-68　零相変流器

などの異常電流は遮断できないため，限流形ヒューズと組み合わせて使用する。

この高圧交流負荷開閉器を主遮断装置として使用する場合は，相間および両外側に絶縁バリヤを装着したものを使用する（**図 2-69**）。

キ　電力ヒューズ（PF）

電力ヒューズは，機器の一次側等に使用され，事故時の短絡電流の遮断を主目的に用いられる（**図 2-70**）。電力ヒューズの種類を消弧原理から大別すると，限流形および放出形ヒューズの２種類がある。

（ア）　限流形ヒューズ

磁器製のヒューズ筒内に銀製のヒューズエレメントを張り，エレメントの周囲に石英粉などの消弧剤を充塡し密封したもので，エレメントが溶断すると，その周りの消弧砂がアークエネルギーによって溶け，溶融高抵抗物質を形成して短絡電流が限流され，消弧するものである。

（イ）　非限流ヒューズ（放出形ヒューズ）

両端または一端を開放したファイバーまたはホウ酸の筒内にヒューズエレメントを張ったもので，ヒューズが溶断する際に発生するアークで，内壁が熱分解して消弧ガスを発生し，筒内の絶縁耐力を高めアークを消弧するものである。

ク　高圧カットアウト（PC）

高圧カットアウトには，機器用と断路用とがある。機器用は原則としてヒューズと組み合わせて使用するものをいい，断路用はヒューズなしで素通し※で使用するものをいう。**図 2-71** は，箱形の高圧カットアウトである。

構造は，磁器製の本体に固定接触部と電線端子を備え，磁器製の蓋にヒューズ筒を備えている。ヒューズが溶断すると，自動的に蓋が開いたり，ヒューズが落下して溶断を明示する。塩害の多いところでは箱形または円筒形（71 頁の**図 2-25**，右写真参照）の耐塩形高圧カットアウトが用いられる。

ケ　避雷器（LA）

避雷器は，母線と大地の間に接続し，雷その他による異常電圧を大地に放電し，変圧器などの機器を保護するものである。

受電設備に浸入する雷その他の異常電圧は，平常時の電圧の数倍ないし十数倍になることがあり，避雷器の性能としては，異常電圧を十分低減できること

※　ヒューズのかわりに素通し線（銅線）を使用する。

図 2-69　高圧交流負荷開閉器
（絶縁バリヤ付）

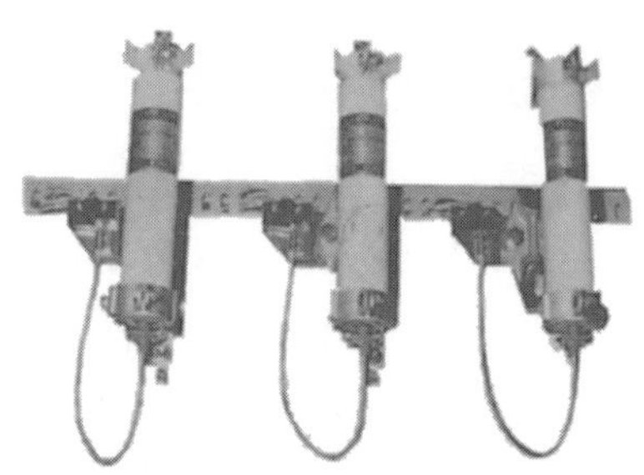
図 2-70　電力ヒューズ
（溶断表示付）

図 2-71　高圧カットアウト（箱形）

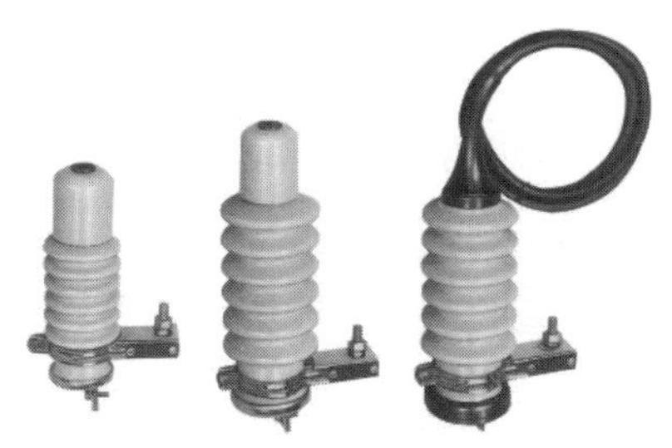
図 2-72　避雷器

および避雷器自身が放電しても損傷しないことが必要である（**図 2-72**）。

コ　変圧器（T）

変圧器は，受電設備の主体となるもので，受電した電圧を負荷に必要な電圧に変成する。変圧器の構造は，電源に結ばれる一次巻線と負荷側に結ばれる二次巻線を鉄心に巻いたものであり，鉄心はけい素鋼板を積み重ねて必要な寸法に組み立てたものである。巻線と鉄心は絶縁および冷却のため，一般に油を満たしたタンクに入れる。油の冷却方式によって，自冷式，風冷式，水冷式，送油自冷式，送油風冷式などがある。なお，油入変圧器以外に乾式変圧器（モールド形※など）などがある（**図 2-73**）。

※　モールドとは，金属部分を樹脂で覆うことをいう。

(a) 油入変圧器

(b) モールド変圧器

図 2-73　変圧器

図 2-74　高圧進相コンデンサ

図 2-75　配線用遮断器

図 2-76　漏電遮断器

サ　高圧進相コンデンサ（SC）

コンデンサは，負荷の力率を改善し無効電力を極力少なくしようとするものである（**図 2-74**）。

シ　直列リアクトル（SR）

直列リアクトルは，突入電流や高調波の抑制のために高圧進相コンデンサに直列に設置される。

ス　配線用遮断器（MCCB）

配線用遮断器は，充電部分を完全モールドした遮断器で，交流600V，直流250V以下の電路の過負荷および短絡保護を行うとともに，電路の開閉の機能をもっており，電磁式とバイメタル式とに大別できる（**図 2-75**）。配線用遮断器の特性は，**表 2-13** のとおりである。

表 2-13　配線用遮断器の特性

定格電流の区分	動作時間（分）の限度	
	定格電流の 1.25 倍の電流を通じた場合	定格電流の 2 倍の電流を通じた場合
30A 以下	60	2
30Aを超え　50A 以下	60	4
50A　〃　100A　〃	120	6
100A　〃　225A　〃	120	8
225A　〃　400A　〃	120	10
400A　〃　600A　〃	120	12
600A　〃　800A　〃	120	14
800A　〃　1,000A　〃	120	16
1,000A　〃　1,200A　〃	120	18
1,200A　〃　1,600A　〃	120	20
1,600A　〃　2,000A　〃	120	22
2,000A を超えるもの	120	24

表 2-14　定格感度電流と動作時間からみた漏電遮断器の種類

分類		定格感度電流（In）〔mA〕	動作時間
高感度形	高速形	5，6，10，15，30	In で 0.1 秒以内
	反限時形		In で 0.3 秒，2In で 0.15 秒，5In（または 250mA）で 0.04 秒，10In（または 500mA）で 0.04 秒
中感度形	高速形	50，100，200，300，500，1000	In で 0.1 秒以内
	定限時時延形		In で 0.1 秒を超え 2 秒以内
	反限時時延形＊		In で 0.5 秒，2In で 0.2 秒，5In で 0.15 秒，10In で 0.15 秒
低感度形	高速形	3000，5000，10000，20000，30000	In で 0.1 秒以内
	定限時時延形		In で 0.1 秒を超え 2 秒以内
	反限時時延形＊		In で 0.5 秒，2In で 0.2 秒，5In で 0.15 秒，10In で 0.15 秒

（注）　＊は，2In において 0.06 秒の慣性不動作時間を持つ時延形の動作特性を示す。その他の場合，製造業者の指定による。（JIS C8201-2-2：2011 を参考に分類）

セ　漏電遮断器（ELCB）

漏電遮断器は，配線用遮断器（MCCB）の機能に加え，電路に地絡が生じたときに自動的に電路を遮断する機能をもっている（**図 2-76**）。漏電遮断器の種類は，**表 2-14** のとおりである。

ソ　蓄電池

蓄電池は，表示灯，遮断器の操作用，非常照明，発電機の始動用などに使用されている。また，無停電電源装置にも組み込まれている。

(3) 保護装置

ア　保護継電方式

受電設備に異常が発生したときは，すみやかに異常地点に最も近い遮断器を自動遮断しなければならない。これは異常が発生した箇所を系統から切り離し，正常な部分に対する送電を継続するとともに，異常箇所の損傷をできるだけ少なくするためである。異常を検出して，遮断器に開放信号を送るものを保護継電器といい，VT，CT，遮断器，保護継電器などと組み合わせた保護方式を保護継電方式という。

イ　保護継電器の種類

保護継電器は，電気的または物理的な動作量に応動する装置で，ある定められた値以上（または以下）に動作量が変化した場合，すなわち，異常状態が起きた場合，これを迅速，かつ，正確に検出するものである。

保護継電器の種類には，次のようなものがある。

(ア)　過電流継電器 (OCR)

一定値以上の電流が流れたときに作動する継電器で，変圧器や電線路などの過負荷や短絡事故のときに作動し，遮断器を開放することなどに使用される。

(イ)　過電圧継電器 (OVR)

電圧が一定値以上に上昇すると作動する継電器である。

(ウ)　不足電圧継電器 (UVR)

電圧が一定値以下になると作動する継電器で停電の警報などに使用される。

(エ)　差動継電器 (DFR)

変圧器の内部事故のように機器の一次側と二次側の電流値の比率が異常値となった場合に作動する継電器で，変圧器の内部事故などの検出に使用される。

(オ) 地絡継電器 (GR)

機器の内部あるいは回路に地絡事故が生じた場合，零相変流器 (ZCT) により検出した電流を利用して作動する継電器で，警報装置または遮断器と組み合わせて使用される。6.6kV 配電線の充電電流が大きいために生じる受電設備の電源側の地絡事故による不必要動作を防止するため，電流要素のほかに電圧要素を組み合わせて検出するものに地絡方向継電器 (DGR) がある (**図 2-77**)。

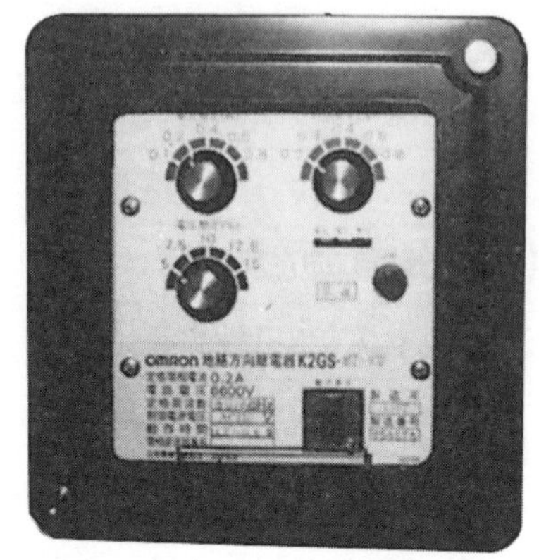

図 2-77　地絡方向継電器

(4) 計器等

受電設備に用いられる計器には，指示計器および記録計器として電圧計，電流計，電力計，力率計，周波数計などがあり，積算計器としては電力量計と無効電力量計がある。

計器は，配電盤に取り付けて用いられるため，構造が堅固で，目盛りも見やすくできている。また，計器用変成器と組み合わせて使用するため定格電流 5A，定格電圧 110V のものが多い。

(5) 配電盤 (監視盤，操作盤)

配電盤は，計器，継電器および遮断器や断路器の操作用スイッチ，表示灯などを取り付けたもので，回路の状態を明確にし，また，機器の操作を集中して行えるようにしており，形式はそれを使用する受電設備の規模や重要性，運転方式などによって多種多様のものがある (**図 2-78**)。

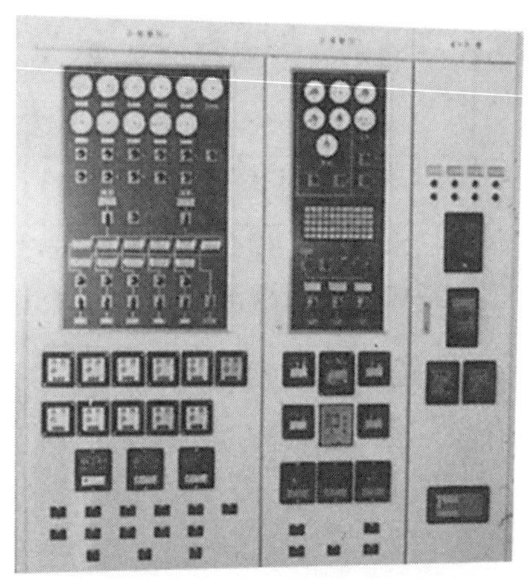

図 2-78　配電盤

(6)　照明設備

受電室には，監視および機器の操作を安全，かつ，確実に行うため必要な照明設備を施設しなければならない。照度は，JEAC5001の「発変電規程」((一社)日本電気協会)によれば主要配電盤の計器面において50lx(ルクス)以上，補助配電盤，箱内配電盤および機械室の計器面において20lx以上，フック棒で操作する断路器および近接する部分において5lx以上とされている。最近は，常時監視者のいる受電室では1,000lx程度のものがある。また，停電その他非常時の照明として適当な光源を準備しておかなければならない。

(7) 注意標識

受電設備に貼付する注意標識板は，**図2-79**のとおりである(JIS C 4620:2018に規定されている)。

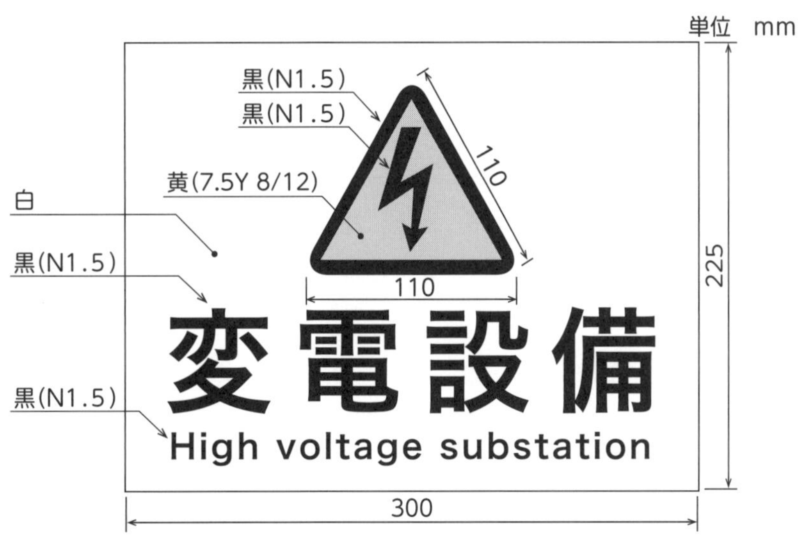

注記　寸法は最小を示す。取付け場所に応じ，相対的に大きくしてもよい。

図2-79　注意標識板

第6章 電気使用設備

1 配　線

配線とは，電気使用場所において，電気の使用を目的として，造営材に固定して施設する電線をいい，機械器具内（配・分電盤を含む）にその一部分として施設された電線，小勢力回路の電線などは含まない。

電気使用場所の部位により①屋外配線，②屋側配線，③屋内配線などに区分されている。高圧屋内配線についてはケーブル工事を原則とするが，これを含め各種の配線の施設についての基準は以下である。

なお，移動電線とは，電気使用場所に施設する電線のうち，造営材に固定しないで，移動用の機械器具に至る電線をいう。電球線，電気使用機械器具内の電線，ケーブルのころがし配線などは含まない。

また，高圧構内電線路については，参考資料 2 (2) を参照。

① 高圧屋外配線（電技解釈第 168 条，内線規程 2310，2315，2325，2400）

高圧屋外配線は，地中電線路，地上に施設する電線路，電線路専用橋などに施設する電線路，水上電線路，水底電線路ならびに橋に施設する電線路に準じて施設する。

② 高圧屋側配線（電技解釈第 168 条，内線規程 2300-2）

高圧屋側配線は，高圧屋側電線路に準じて施設する。

③ 高圧屋内配線（電技解釈第 168 条，内線規程 3810-1 ～ 3810-3）

電気使用場所における高圧屋内配線は，ケーブル工事を原則とするが，乾燥した展開場所で，低圧屋内配線と容易に識別ができ，かつ，人が容易にふれるおそれがないように施設するときは，がいし引き工事が認められている。

ケーブル工事でケーブルを収める管，ケーブルラックなどの金属体にはＡ種接地工事を施さなければならない。

④　高圧移動電線（屋内，屋側，屋外）（電技解釈第171条，内線規程3810-4）

高圧の移動電線は，高圧用の3種クロロプレンキャブタイヤケーブルまたは3種クロロスルホン化ポリエチレンキャブタイヤケーブルを使用し，移動電線と電気使用機器とは，ボルト締めその他の方法により堅ろうに接続する。

移動電線に電気を供給する電路（誘導電動機の二次側電路を除く）には，専用の開閉器および過電流遮断器を各極（過電流遮断器にあっては多線式電路の中性極を除く）に施設，かつ，電路に地絡を生じたときに自動的に電路を遮断する装置を設ける。

⑤　高圧接触電線※（屋内，屋側，屋外）（電技省令第73条，電技解釈第174条，内線規程3810-5）

移動式クレーン，その他移動して使用する電気機械器具に電気を供給するために使用する接触電線（電車線を除く）を施設する場合は，展開した場所，または点検できるいんぺい場所において，がいし引き工事により人が触れるおそれがないように施設する。

接触電線に電気を供給する電路には，専用の開閉器および過電流遮断器を各極（過電流遮断器にあっては多線式電路の中性極を除く）に設け，かつ，電路に地絡を生じたときに自動的に電路を遮断する装置を設ける。特に開閉器は，接触電線に近い箇所において，容易に開閉することができるように施設する。

⑥　特別高圧屋内配線等（電技解釈第169条）

特別高圧屋内配線は，電気集じん装置などを除き，使用電圧100kV以下で，電線はケーブルを使用し，危険のおそれがないように施設する。

なお，特別高圧の移動電線および接触電線は，原則として施設できない。

2　電気装置

(1)　電動機

電動機は，機械，ポンプ，ファン，クレーンなどの駆動用原動機として各種工

※　高圧接触電線は，爆燃性粉じん，可燃性ガス，引火性物質の蒸気など爆発や火災の危険のおそれのある場所，腐食性のガスまたは溶液が発散することにより絶縁性能または導電性能が劣化する危険のおそれのある場所には設けることができない。

業に広く使用されている。

電動機は，**表 2-15** のようにいろいろな種類があって，大別すると交流電動機と直流電動機とに分けられるが，さらに原理や構造などの違いによって多くの種類に細分されている。低圧標準電動機の定格電圧は，200V 級以外に 400V 級のものもある。

三相誘導電動機は，電源の設備容量や配電線の長さなどによって異なるが，一般に数 100kW 程度以上の容量のものは高圧としたほうが経済的に有利である。高圧の三相誘導電動機は，高圧であることにより，故障時の損傷の度合が高く，また，感電の危険も大きいので，取扱いについては，十分に気をつける必要がある（**図 2-80**）。

ア 始 動

三相誘導電動機が静止している状態のときに直接定格電圧を加えると，定格電流の 5 ～ 7 倍の始動電流が数秒間続く。この始動電流のために，電源設備の容量や配電線の太さなどによっては，電圧降下を起こして他の機器に害を与えることがある。始動電流を制限する方法についてはいろいろな種類のものがあ

表 2-15　電動機の種類とその用途

電動機の種類			用　途
直流電動機			電気機関車，圧延機など
交流電動機	誘導電動機	単相誘導電動機	家庭用洗濯機，冷蔵庫など
		三相誘導電動機	工業用ファン，ポンプなど
	同期電動機		大型ファン，定速大型圧延機など

図 2-80　かご形三相誘導電動機

図 2-81　リアクトル始動器

るが，高圧の場合はリアクトル始動または始動補償器が使用されることが多い（**図 2-81**）。

表 2-16 に，三相誘導電動機の始動方式を示した。

電動機を最初に始動する場合，注意しなければならないのは，回転方向である。回転方向は，ポンプやファンの回転方向と合わせなければならないが，電動機を単体で回してみて，機械側の回転方向と逆であれば，3本のリード線のうち2本を電動機側か電源側で入れ替えればよい。

イ　速度制御

三相誘導電動機は，一般に速度の変動はほとんどなく，無負荷の場合と全負荷の場合とでも速度の変動は数パーセントにすぎない。特殊の用途に使用する場合は，速度制御装置（インバータなど）を用いて回転数を変えることも可能である。

ウ　温度上昇

電動機の巻線が焼き切れる事故の大半は，電動機の内部で発生する熱によって巻線の温度が上がり，絶縁物が劣化焼損して絶縁破壊を起こすことにより発生している。電動機に使用されている絶縁材料の耐熱クラスによって最高使用温度が決められている。電動機を使用する場合は温度に注意し，最高使用温度以下で使用しなければならない（**表 2-17**）。

エ　電動機の据付けと保守

電動機は，外装の構造によって開放形と全閉形とに大別される。湿気の多い

表 2-16　三相誘導電動機の始動方法

直接始動	一般に低圧，小容量のものに適用。 電源容量，変圧器の容量，配電線の太さなどによっては高圧大容量のものも直接始動が可能である。
スター・デルタ始動	低圧小容量のものに適用，電圧を$\sqrt{3}$分の1として始動し，始動後定格電圧とする。
始動補償器	高圧，大・中容量のものに適用，電圧を下げて始動し徐々に定格電圧とする。
リアクトル始動	高圧，大・中容量のものに適用，電源側にリアクトルを挿入し始動時の突入電流を制限する。
外部抵抗始動	三相誘導機のなかでも巻線形といわれるものに適用

表 2-17　電動機の耐熱クラスと最高使用温度

耐熱クラス	Y種	A種	E種	B種	F種	H種
最高使用温度	90℃	105℃	120℃	130℃	155℃	180℃

ところ，ほこりの多いところ，屋外などは全閉形を，その他の場所は開放形を使用することが多い。いずれの形式であっても湿気，水気，ほこりなどが少なく，温度が低いところで，かつ，点検修理に十分な余地のあるところに据え付けなければならない。

なお，電動機の外箱には，取扱者の感電災害を防止するため接地を施すことが電技解釈によって義務づけられている。

(2) 高電圧試験装置

電気設備は，使用電圧に応じて高電圧試験を行わなければならないので，試験装置を必要とする。試験装置には，交流高電圧発生装置と直流高電圧発生装置とがある。

これらの装置を用いて高電圧試験を行う場合には，安全面から特に次のような点に注意する必要がある。

① 接地を確実にする。

② 結線を正しく確実に行う。

③ 作業者間の連絡，確認などを徹底させる。

④ 充電部からの離隔距離を確保する。

(3) 電気集じん装置

電気集じん装置は，電気集じん器，スタビライザ，排風機等により構成されている。工場から発生した排ガスは，スタビライザで調温，調湿され，電気集じん器に入る。ここで排ガス中のダストは分離され，清浄となった排ガスは，排風器で誘引されて煙突へ導かれる。一方，分離されたダストは，排出装置で灰処理設備へ送られる。

電気集じんの原理は，電気的に放電極を負に，集じん極を正に接続し，両極間に直流高電圧を加えると，放電極表面にコロナ放電が起こり，コロナ電流が集じん極に向かって流れる。このコロナ電流によって放電極と集じん極との間を通過する浮遊ダストは，電気的に負に帯電し，静電気の力により集じん極の方へ移動し，捕集される。

第7章 自家用電気設備の保守および点検

自家用電気設備（自家用電気工作物）の工事，維持，運用について，設置者が自己責任において保安規程を作成し，さらに電気主任技術者を選任して，電気の保安を確保することが法律で義務付けられている。

維持，運用において電気の保安を確保する方法として，各種点検業務が生じる。

1 点検の種類

電気設備の保安を確保する保守のための点検は，不良箇所を早期に発見し，人身事故および設備事故の防止をはかるために実施する。

このため，点検により発見された不良箇所は，その程度に応じて適切に処理されなければならない。

点検の種別は，一般に日常点検，定期点検，精密点検，臨時点検の4つに分類されるが，現場では必ずしもこれらの間に明確な区分を設ける必要はないと思われる。

(1) 日常点検

日常点検は，運転中の電気設備について目視による点検を日常随時行い，電気設備の異常の有無を確認し，また，電気設備に影響を及ぼす建築物などの状況を注意するものであるが，もし異常を発見すれば，必要に応じて直ちに臨時点検に切り替えて，電気主任技術者に報告し，その応援を得て処置する。

(2) 定期点検

一定期間ごとに，電気設備を停止し，各項目について，目視，測定器等により点検，測定を行うものである。

もし，電気設備が要注意の状態であると判断されたときは，臨時点検に切り替えて，電気技術者の応援，点検・試験方法の精密化など適切な体制を整えて処置する。

(3) 精密点検

長期間の周期で機器などを分解して点検を行い，また，機器の機能について測定器具を用いて試験し，調整を行う。

(4) 臨時点検

大別すると，電気事故が発生したときの点検と，異常が発生するおそれがあると判断したときの点検とに分かれる。

前者については，点検によってその原因を追究し，再発防止の処置を行う。後者については，電気設備にとって好ましくない現象条件の変化に対応した点検を行い，その結果から判断して適切な処置を行う。

2 点検項目および測定

主要な電気設備についての点検項目および測定については，**表2-18**に例示する。

これは，電気設備の保守点検をどのように実施するかの一例を示したものであり，対象を受電設備，配電設備，負荷設備，非常用予備発電設備の4つに分け，実施項目は，日常点検，定期点検，測定に分け，それぞれ周期，点検項目とねらいおよび測定項目を示したものである。

なお，測定にあたっての留意事項は，次のとおりである。

(1) 測定の時期

① 負荷の状態が著しく変化したとき

② 電線路などに電圧降下などの著しい変動が生じたとき

③ その他，日常，定期，臨時点検のとき

(2) 測定の方法

測定の対象，項目，場所，時刻，周期，手順，測定者，使用する測定器などを，あらかじめ定めて実施する。

充電部に接近して測定をするときは，感電に注意するとともに，必要に応じた安全対策を講じて実施する。

表 2-18　保守点検基準の例

(1) 受電設備

対象	項目	日常点検		定期点検		測定	
		周期	点検項目	周期	点検項目	周期	点検項目
受電設備	断路器	1週間 1週間	受と刃の接触過熱，変色，ゆるみ 汚損，異物付着	1年 1年	受と刃の接触過熱，ゆるみ，荒れ具合 フレ止め装置の機能	1年	絶縁抵抗測定
	遮断器	1週間 1週間 1週間	外観点検，汚損，油漏れ，きれつ，過熱，発錆，損傷 指示，点灯 その他必要事項	1年 1年 1年 1年 1年	各部の損傷，腐食，過熱，油量，発錆，変形，ゆるみ 操作具合，機構 付属装置の状態 油の汚れ，必要によりその特性調査 接地線接続部	1年 1年 1年 2年 不定期	絶縁抵抗測定 接地抵抗測定 遮断速度測定(開極投入時間，最小動作電圧および電流の測定を含む) 絶縁油耐圧試験 必要により動作特性
	母線			1年 1年 1年	母線の高さ，たるみ，他物との離隔距離，腐食，損傷，過熱 接続部分，クランプ類の腐食，損傷，過熱，ゆるみ がいし類，支持物の腐食，損傷，変形，ゆるみ	1年	絶縁抵抗測定
	変圧器	1週間	本体の外部点検，漏油，汚損，振動，音響，温度	1年 1年 5年～10年	各部の損傷，腐食，発錆，ゆるみ，汚損，油量 接地線接続部 内部について点検(コイル，接続部リード線，鉄心その他各部)	1年 1年 2年	絶縁抵抗測定 接地抵抗測定 絶縁油耐圧試験
	計器用変成器	1週間	外部の損傷，腐食，発錆，変形，汚損，温度，音響，ヒューズの異常，その他必要事項	1年 1年	各部の損傷，腐食，接触，発錆，ゆるみ，変形，亀裂，汚損，ヒューズの異常 接地線接続部	1年 1年	絶縁抵抗測定 接地抵抗測定

項目 対象		日常点検		定期点検		測定	
		周期	点検項目	周期	点検項目	周期	点検項目
受電設備	避雷器	1週間	外部の損傷，きれつ，ゆるみ，汚損	1年 1年	外部の損傷，亀裂，ゆるみ，汚損，コンパウンドの異常 接地線接続部	1年 1年	絶縁抵抗測定 接地抵抗測定
	配電盤	1週間 1週間	計器の異常，表示灯の異常 操作，切換開閉器などの異常，その他必要事項	1年 1年 2年 2年	裏面配線のじんあい，汚損，損傷，過熱，ゆるみ，断線 接地線接続部 各部の損傷，過熱，ゆるみ，断線，接触，脱落 端子配線符号	1年 1年 1年 2年	絶縁抵抗測定 接地抵抗測定 保護継電器の動作特性 計器較正，シーケンス試験
	電力用コンデンサ	1週間	本体外部点検，漏油，汚損，音響，震動	1年	各部の損傷，腐食	1年	絶縁抵抗測定
	蓄電池	1週間	液面，沈殿物，色相，極板湾曲，隔離板，端子のゆるみ，損傷	1年 1年 1年 3年	木台，がいしの腐食，損傷，耐酸塗料のはくり 床面の腐食損傷 充電装置の動作状況 充電装置の内部	1カ月 1カ月 1カ月	比重測定 液温測定 各電池の電圧測定

(2) 配電設備

項目 対象		日常点検		定期点検		測定	
		周期	点検項目	周期	点検項目	周期	点検項目
配電設備（屋外電線路を含む）	断路器 遮断器 開閉器類	1週間	受電設備用と同じ。	1年	受電設備用と同じ。		受電設備用と同じ。
	配電用変圧器			1年	受電設備用と同じ。		受電設備用と同じ。
	電線および支持物	1週間 1週間	電線の高さおよび他の工作物，樹木との距離 標識，保護柵の状況	1年 1年	電柱，腕木，がいし，支線，支柱，保護網などの損傷，腐食 電線取付け状態	1年	絶縁抵抗測定
	ケーブル	1週間 1週間	ヘッド，接続箱，分岐箱など接続部の過熱，損傷，腐食およびコンパウンド油漏れ 敷設部の無断掘削	1年	ケーブル腐食，亀裂，損傷	1年	絶縁抵抗測定

(3) 負荷設備

<table>
<tr><th rowspan="2" colspan="2">項目
対象</th><th colspan="2">日常点検</th><th colspan="2">定期点検</th><th colspan="2">測定</th></tr>
<tr><th>周期</th><th>点検項目</th><th>周期</th><th>点検項目</th><th>周期</th><th>点検項目</th></tr>
<tr><td rowspan="4">負荷設備</td><td>電動機その他回転機</td><td>1日

1週間</td><td>運転者が音響，回転，過熱，異臭，給油状況などについて注意する。
整流子，刷子，集電環</td><td>3カ月

1年

1年
1年
3年

3年</td><td>音響，振動，温度
各部の汚損，ゆるみ，損傷，伝達装置の異常
制御装置点検
接地線接続部
温度上昇等を考慮し内部分解点検，コイル，軸受，通風，付属装置などの手入れ
温度上昇等を考慮し回転子引出掃除</td><td>1年
1年</td><td>絶縁抵抗測定
接地抵抗測定</td></tr>
<tr><td>電熱乾燥装置</td><td>1日

1週間</td><td>運転者が温度，変形，損傷などについて注意する。
接続部の変色，過熱，熱線の腐食や接続部の異常</td><td>1年</td><td>各部の変形，損傷，ゆるみ，可燃物との離隔状況</td><td>1年</td><td>絶縁抵抗測定</td></tr>
<tr><td>照明設備</td><td>1日</td><td>異音，汚損，不点</td><td>1年</td><td>照明効果，汚損，損傷，音響，温度，コンパウンド漏れ</td><td>1年</td><td>絶縁抵抗測定</td></tr>
<tr><td>配　線</td><td>1週間</td><td>開閉器の点検，湿気，じんあい等に注意</td><td>1年</td><td>開閉器，機具の接続</td><td>1年</td><td>絶縁抵抗測定</td></tr>
</table>

(4) 非常用予備発電設備

<table>
<tr><th rowspan="2" colspan="2">項目
対象</th><th colspan="2">日常点検</th><th colspan="2">定期点検</th><th colspan="2">測定</th></tr>
<tr><th>周期</th><th>点検項目</th><th>周期</th><th>点検項目</th><th>周期</th><th>点検項目</th></tr>
<tr><td rowspan="2">非常用予備発電設備</td><td>原動機関係</td><td>1週間

1週間
1週間</td><td>燃料系統からの漏油および貯溜
機関の始動停止
始動用空気タンクの圧力</td><td>1年

3年</td><td>機関主要部分の分解
内燃機関の分解</td><td></td><td></td></tr>
<tr><td>発電機関係</td><td></td><td>(3) の「電動機その他回転機」と同じ。</td><td></td><td>(3) の「電動機その他回転機」と同じ。</td><td>1年
1年
1年
1年</td><td>絶縁抵抗測定
接地抵抗測定
継電器試験
起動・停止試験</td></tr>
</table>

第3編

高圧または特別高圧用の安全作業用具等に関する基礎知識

●第 3 編のポイント●

感電災害防止のための絶縁用保護具や絶縁用防具などの種類と重要性を理解する。また，検電器，墜落用制止用器具などの種類や基本的な使い方，使用上の注意と，これら安全保護具・安全作業用具の管理（保管と点検）について学ぶ。

第1章 絶縁用保護具および防具

高圧活線作業や高圧活線近接作業を実施する際に，万一充電部にふれても，人体に電流が流れないよう保護したり，人体が充電部にふれることを防護する装備として，「絶縁用保護具」と「絶縁用防具」とがある。

「絶縁用保護具」とは，電気用ゴム手袋，電気用保護帽などのように充電電路の取扱い，その他電気工事の作業を行うときに，作業者の身体に着用する感電防止のための保護具をいう。

「絶縁用防具」とは，絶縁管，絶縁シートなどのように充電電路の取扱い，その他電気工事の作業を行うときに，充電部分に取り付ける感電防止用の装具をいう。

絶縁用保護具および防具の構造，絶縁性能等については，「絶縁用保護具等の規格」(第5編第7章参照) に規定されている。

 保護具および防具の耐電圧性能

絶縁用保護具および防具は，常温において試験交流 (50または60Hzの周波数の交流で，その波高率が1.34～1.48のものをいう) による耐電圧試験を行ったときに，以下の電圧に1分間耐える性能を有することが必要である。

① 交流の電圧が600Vを超え，3,500V以下である電路または直流の電圧が750Vを超え，3,500V以下である電路について用いるものは12,000V

② 電圧が3,500Vを超え，7,000V以下である電路について用いるものは20,000V

(参考) 交流の電圧が300Vを超え，600V以下の電路について用いるものは3,000V

絶縁用保護具および防具は，労働安全衛生法第44条の2に基づく型式検定に合格したものを使用しなければならない。

なお，使用開始後の絶縁用保護具および防具は，使用中の絶縁性能の劣化などが

(a)　水中試験

(b)　気中試験

図 3-1　耐電圧試験の例

見込まれるので，6カ月以内に1回，定期自主検査により耐電圧試験を行い，その絶縁性能を確かめなければならない。耐電圧試験は，電気用保護帽，電気用ゴム手袋，電気用長靴のような袋状のものは水中において，絶縁衣，絶縁シート，絶縁管のような板状，管状のものは気中において，規定の電圧に耐えるかどうか調べる（**図 3-1**）。

定期自主検査については後述する（本編第5章の3参照）。

2　絶縁用保護具の種類および使用方法

充電されている電路の点検，修理などの電気工事を行うため，直接電路に接触したり，近接したりする場合は，感電を防止するために，絶縁用保護具を着用する必要がある。絶縁用保護具は，従来は天然ゴム製が主体であったが，近年は軽量化や絶縁性能の向上を図るため，樹脂を原料とした多種類の製品が開発されている。

電気工事の際に着用する代表的な絶縁用保護具として，電気用保護帽，電気用ゴム手袋，電気用ゴム袖，絶縁衣，電気用長靴などがある（**図 3-2**）。それぞれの使用目的，使用範囲，使用上の注意事項を**表 3-1** に示す。使用にあたっては注意事項を守り，適正に着用することが肝要である。

(a) 電気用保護帽

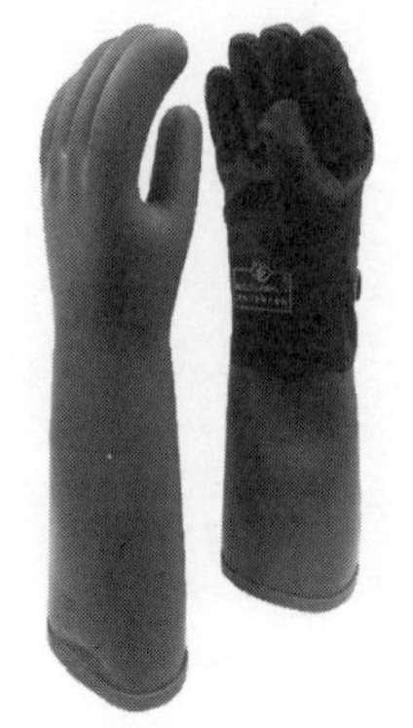

(b) 電気用ゴム手袋
（右側：保護用手袋の使用例）

(c) 絶 縁 衣

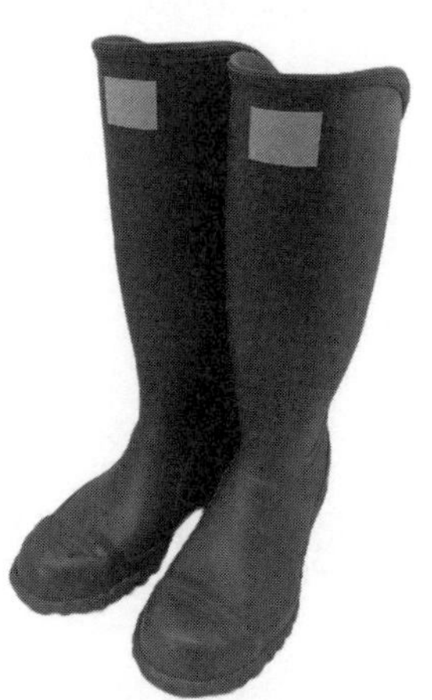

(d) 電気用長靴
（先芯入り）

図 3-2 絶縁用保護具の例

表 3-1　絶縁用保護具

品　名	使用目的	使用範囲	使用上の注意事項
電気用保護帽（電気用帽子）	主として頭部を感電，機械的衝撃※から守るため使用する。	充電部に頭部が近接して作業を行う場合	1　使用の前に損傷の有無を点検する。 2　あごひもは完全にしめて使用する。
電気用ゴム手袋	作業中，手の部分からの感電防止に使用する。	1　活線作業および充電部に近接して作業を行う場合 2　雨中の屋外において充電されている開閉器などを操作する場合 3　検電，測定，検相，高圧カットアウト操作などを行う場合 4　ジェットノズルなどを使用しての活線洗浄を行う場合 5　配電室（またはこれに準ずる室内）において，機器の操作，短絡接地などの作業を行う場合での電撃の危険が予想される場合	1　使用の前に空気テストを確実に行う等により，損傷の有無を点検する。 2　袖口を折り曲げて使用しない。 3　運搬にあたっては損傷を防止するため，材料や工具の下積みにならないようにする。 4　機械的損傷を防止するために電気用ゴム手袋の上に保護用の手袋を使用する。
電気用ゴム袖，絶縁衣	1　作業中，腕および肩からの感電を防止するために使用する。 2　上記の他，背中からの感電を防止するために使用する。	1　活線作業を行う場合 2　建築または樹木支障など，その他必要に応じて高圧線を防護する場合 3　充電部に近接して作業を行う際，危険と思われる場合	1　使用の前に損傷の有無を点検する。 2　着用した場合，胸部付近が凸部とならないようにする。 3　袖口は折り曲げずゴム手袋の袖口と重ねる。 4　火気で乾かしてはならない。 5　電線などの端末で損傷しないよう十分注意する。 6　運搬にあたっては材料などの下積みにならないようにする。
電気用長靴	作業中，足裏が通電経路にならないために使用する。	電気用ゴム手袋に準ずる。	電気用ゴム手袋に準ずる。

※　落下物等に対する性能，構造などは，「保護帽の規格」（昭和 50 年 9 月 8 日労働省告示第 66 号，最終改正：令和元年 6 月 28 日厚生労働省告示第 48 号）等で定められている。

3 絶縁用防具の種類および使用方法

電路または支持物の敷設・点検・修理などの電気工事を行う場合で，作業者が高圧充電部に接触し，または高圧充電部から頭上で30cm，足下・身体側距離が60cm以内に近接するときは，感電を防止するためにその充電部に絶縁用防具を装着する必要がある（安衛則第342条）。絶縁用防具についても，従来は天然ゴム製が主体であったが，近年は軽量化，絶縁性能の向上を図るため，樹脂を原料とした多種類の製品が開発されている。

電路を覆う絶縁用防具として，絶縁管，絶縁シート，絶縁カバーなどがある（**図3-3**）。

表3-2に絶縁用防具について使用目的，使用範囲などを示したが，絶縁用保護具と同様に，装着にあたっての注意事項を守り，適切かつ十分に防護をする必要がある。

(a) 絶　縁　管

(b) 絶縁シート

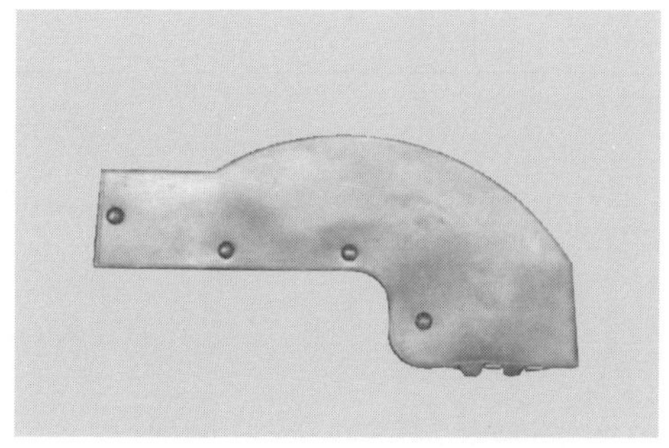

(c) 絶縁カバー（高圧カットアウトカバー）

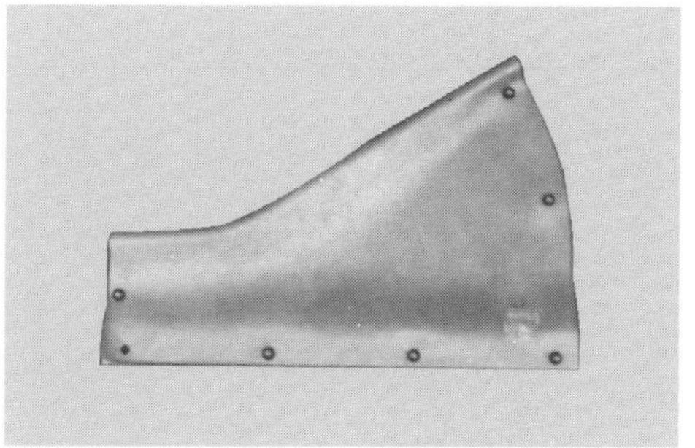

(d) 絶縁カバー（高圧引留カバー）

図3-3 絶縁用防具の例

表 3-2　絶縁用防具

品　名	使用目的	使用範囲	使用上の注意事項
絶　縁　管	電線路の本線を防護して作業者との電気的離隔を保持し，感電の防止を図るため使用する。	1　充電中の電線路に接触または近接し作業する場合 2　作業中異相間または高低圧部分が混触するおそれのある場合 3　その他，充電中の電路に近接するおそれのある場合	1　使用の前に損傷の有無を点検する。 2　長期間取り付けたままにしない。 3　上げ降ろし運搬時に損傷しないように気をつける。
絶縁シート	電線路の充電部の防護ならびに接地面と絶縁して人体が誤って通電経路とならないよう感電の防止を図るため使用する。	1　充電中の電線路に接触または近接し作業する場合 2　電線の接続部分，引留め部分，縁回し線，電線を保持しているがいし部分などを防護する場合 3　配電盤などにおいてリレー関係などの点検調整補修作業を行う場合 4　露出充電部のある配電盤で，露出充電中のスイッチなどの操作またはこの部分の作業を行う場合 5　絶縁耐力試験を行う場合 6　運転中の回転機の整流子面，ブラッシング面などの点検調整をする場合	1　使用の前に損傷の有無を点検する。 2　湿気やじんあいなど付着したままで使用しないこと。 3　その他，絶縁管の注意事項に準ずる。
絶縁カバー	電線路の充電部を防護し，感電の防止を図るため使用する。	がいし部，高圧カットアウト，引留め部などを防護する場合	上記に準ずる。

第2章 活線作業用器具および装置

高圧の充電電路の点検，修理などで，当該充電電路を取り扱う作業を行う場合および危険防止のための絶縁用防具の装着，取外しなどを行う場合には，必要に応じ「活線作業用器具」(ホットスティック，開閉器操作用フック棒（ジスコン棒）など)，「活線作業用装置」(高所作業車・活線作業用絶縁作業台など）を使用する。

なお，特別高圧の充電電路，その支持がいしおよび充電電路に近接した支持物などの点検・修理・清掃などの電気工事の作業を行う場合，特別高圧用の絶縁用保護具および絶縁用防具はないので，作業者の感電を防止するために，活線作業用器具や活線作業用装置を使用する。

1 活線作業用器具および装置の耐電圧性能

活線作業用器具および装置は，「絶縁用保護具等の規格」に基づき，所定の耐電圧性能（その種類により，使用の対象となる電路の電圧の2倍に相当する電圧に対し5分間（または1分間）耐える性能等）を保持しているものでなければならず，一定基準以下のものは，直ちに補修するか，または取り替える必要がある。

2 活線作業用器具の種類

充電電路の点検・修理などの電気工事を行う場合に使用する活線作業用器具は，使用する際に手で持つ部分が絶縁材料で作られた棒状の絶縁工具をいい，ホットスティック，開閉器操作用フック棒などがある（**図 3-4**）。

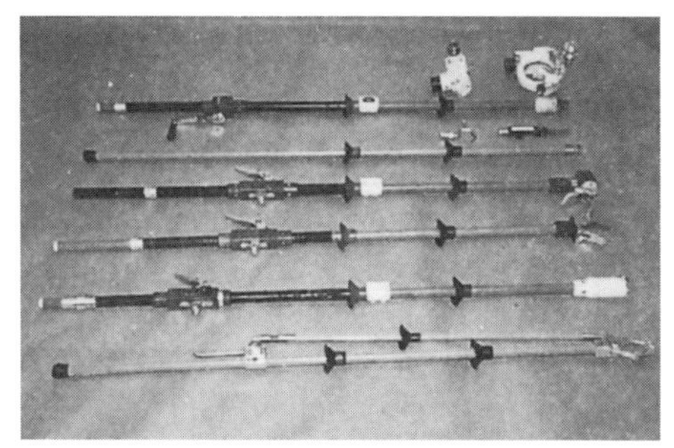

(a) ホットスティック

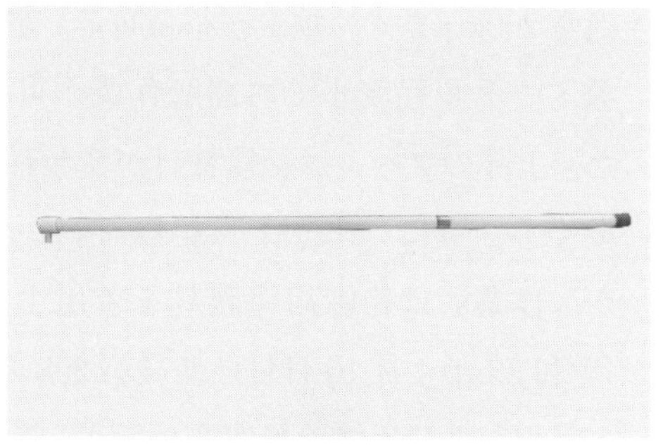

(b) 操作用フック棒

図 3-4　活線作業用器具の例

(1) ホットスティック

充電された電路などを活線のまま工事を行う場合に使用する工具で，充電された電路などに，直接接する部分（頭部金具）と人が手に持って操作する部分（握り部）の間は絶縁棒で隔離されている。

絶縁棒は，FRP，エポキシ樹脂などで作られている。

(2) 操作用フック棒（ジスコン棒）

遮断器により電路を遮断したあとの断路器や，充電中の負荷開閉器などを開閉する際に，感電やアークによる火傷などの災害を防止するために使用するもので，人が手に持って操作する部分（握り部）は絶縁棒でできている。

3 活線作業用装置の種類と使用方法

活線作業用装置には，対地絶縁を施した高所作業車（活線作業車），絶縁はしご，活線がいし洗浄装置などがある。

(1) 高所作業車（活線作業車）

高所における活線作業を，安全かつ容易にするため直伸型または屈折型のブームをそなえた作業車である（**図 3-5**）。

種類は多いが，一般的に作業者を搭乗させるバケット（1人用または2人用で通常200kgまでの重量が搭載可能）があり，地上十数メートル程度までの高所作業が可能である。また，上部のブームは絶縁材料が使われているものが多く，さらにバケットも絶縁材料が使われているが，作業者は絶縁用保護具を着用する必要がある（昭和53年4月10日付け基発第208号の2）。

活線および活線近接作業を行うとき，車体などの金属部は必ず接地を行う。この場合，アース棒を確実に地面に打ち込むことが必要であるが，アース棒を打ち込む場所がない場合は，電柱の接地部に確実に取り付ける。

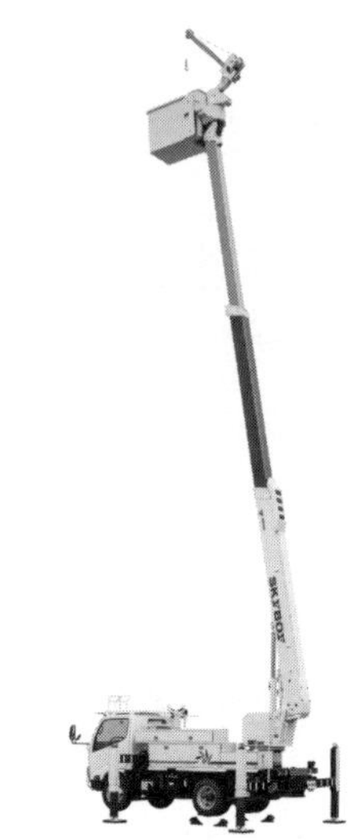

図3-5　活線作業用装置の例
（高所作業車）

(2) 絶縁はしご

交流電車線路の活線作業用移動足場として用いられ，一般にポリエステル樹脂またはエポキシ樹脂強化成形材で作られている。

使用方法は，次のとおりである。

① はしご本体を組み立て，メガーで絶縁抵抗測定を行い，傷，よごれおよび同電位フックの取付け状態を点検する。

② 移動する場合は，作業者はいったん，はしごを降りてからはしごを移動することとし，作業者が降りないままはしごの移動をしてはならない。

また，留意すべき事項としては，次のとおりである。

① はしごの清掃に，ガソリン，ベンジンなどを使用してはならない。

② 取扱い，運搬は慎重に行い，本体を損傷させないようにする。

③ 保管中は，直射日光を避ける。

第3章 絶縁用防護具

「絶縁用防護具」とは，建設工事（電気工事を除く）などで，高圧以下の充電部に近接して作業を実施する場合（例えば高圧の配電線に近接してビルを建築したり，土木作業の際にクレーンのブーム，ワイヤロープなどが高圧の配電線に近接するなど）に，作業に従事する労働者が感電災害を起こさないようにするとともに，充電電路を保護するために用いられる。したがって，絶縁用防具とは使用目的が異なることに留意する必要がある。

絶縁用防護具の構造，絶縁性能等については，「絶縁用防護具の規格」（第5編第8章参照）に規定されている。

1 絶縁用防護具の耐電圧性能等

絶縁用防護具は，常温で行う試験交流による耐電圧試験において，15,000V の電圧に1分間耐える性能（参考：低圧電路について用いるものは，1,500V）を有することが必要である。

また，絶縁用防護具の材質は，次に定めるところによらなければならない。

① 厚さが 2mm 以上であること

② 品質が均一であり，かつ容易に変質し，または燃焼しないものであること

2 絶縁用防護具の種類および使用方法

絶縁用防護具には電線を防護する線カバー（建設用防護管），がいし部を防護するがいしカバー，その他の充電部をカバーするシートなどがあり（**図 3-6**），その使用方法は次のとおりである。

(a)　絶縁用防護具の装着状況

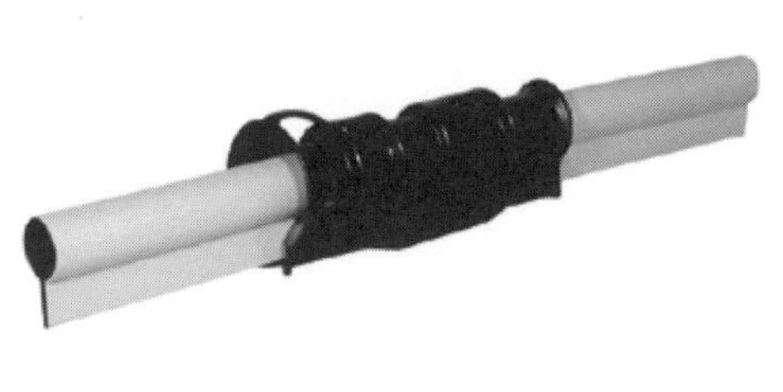

(b)　建設用防護管
（左：棒状，右：ジャバラ状）

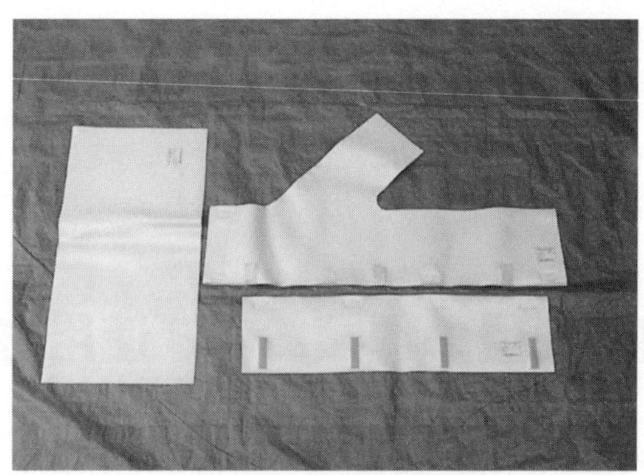

(c)　シート状カバー

図 3-6　絶縁用防護具の例

(1) 線カバー(建設用防護管)

高圧および低圧電路の直線部分を防護するために使用するもので，相互に容易に連結することができ，建設工事中における作業者の感電を防止する。

電線に挿入するには，普通人力によることが多いが，最近は機械で連続して挿入する方法も開発されている。

(2) がいしカバー

電線をがいしに取り付けている部分は，線カバーでは防護できないので，がいし部分を含め充電部を防護するものである。

なお，がいしカバー状のものにあっては，線カバーと容易に連結することができるものであることが構造規格で定められている。

(3) シート状カバー

電線の直線部分以外の場所（例えば電線路の引留め部分，縁回し線部分，高圧カットアウトなど）を防護する場合に使用するもので，絶縁用防具の絶縁カバーの使用方法と同様である。

第4章 その他の安全作業用具

電気作業を行う場合の安全作業用具としては，検電器，短絡接地器具，墜落制止用器具（安全帯），安全標識など多くのものがあるが，ここではその代表的なものについて述べる。まず，使用目的，使用範囲および使用上の注意事項を**表 3-3** に示す。

表 3-3　安全作業用具類

品　名	使用目的	使用範囲	使用上の注意事項
検　電　器	機器，設備，電路などの停電を確かめるために使用する。	1　電路，機器，設備などが無充電状態であることを確かめる場合 2　支持物その他機器，附属部位などが充電されていないかどうか確かめる必要がある場合	1　作業現場に出発する前に必ず検電器の検電機能の状況を確認すること 2　検電器を使用する場合は，ゴム手袋を使用すること 3　電圧に応じた耐電圧性能と検電性能を有する検電器を使用すること 4　ていねいに取り扱い衝撃を加えないこと
短絡接地器具	停電させた電路などに取り付け，誤通電，他の充電電路との混触，他の充電電路からの誘導などによって起こる作業中の災害を防止するために使用する。	1　電路の全部または一部を停止して作業を行う場合 2　誘導電圧により危険が予想される場合	1　取付けに先立ち検電器により停電状態を確認すること 2　取り付ける位置は原則として電路を開放した位置に最も近い負荷側とし，接地側を先につけた後，停電電路に接続し，外すときは接地側を最後とすること 3　逆送のおそれのある電路または２回線以上共架の場合および２班以上が同時に作業する電路では，前項のほか作業位置の前後に取り付けること 4　取り付けたときは，その場所に表示札を付けること 5　使用前に十分点検してから取り付けること 6　送電する前に必ず取り外したことを確認すること

品　名	使用目的	使用範囲	使用上の注意事項
墜落制止用器具およびワークポジショニング用　器　具	高所作業などを行うにあたって，身体を安全に保持し墜落を防止するために使用する。	1　高所作業および墜落，転落のおそれのある場所での作業，点検などを行う場合 2　シュートなどに吸いこまれるおそれのある深部で作業する場合	1　テープを巻き付けたり，その他加工や規格にない部品などを付け，あるいは取り替えて使用してはならない 2　フックをかけたときは必ず目で確認すること 3　使用する前に適切な方法によってロープ全般の強度を確認すること
絶縁工具類（絶縁カッター，絶縁張線器）	活線作業時における感電防止	主に活線作業で使用する。	保護具を着用して使用する。

1 検　電　器

検電器とは，電路の活線・停電を確認するための安全器具をいう。その種類は，検電対象の交流・直流の別および電路の電圧の区分（低圧用，高圧用および特別高圧用）などがある。

ここでは，電池内蔵の音響発光式検電器について述べる。この種の検電器は，**図3-7**に内部構成回路の一例を示すように，人体を介して大地に流れる微弱電流を内部の増幅回路で増幅して，電子音を鳴らしたり発光ダイオード（LED）を発光させたりする方式のものである。

この種の検電器は，電気用ゴム手袋を着用して検電器の握り部を握って検電できるという利点があるが，付近に送電線等がある場合には，電路が停電していても，電界の影響によりあたかも活線であるかのように誤動作をするおそれもある。これらの性質は，増幅回路の増幅感度によって決定されるものであり，それは各メーカーの製作仕様によって異なるので，使用に当たっては，各メーカーの示す特性値や取扱説明書に従って使用することが大切である。

各種検電器の例を**図3-8**～**図3-10**に示す。

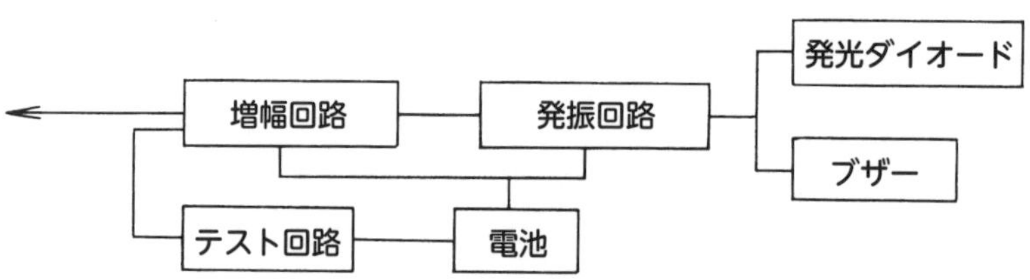

図 3-7　電池内蔵の音響発光式検電器の内部構成回路の一例

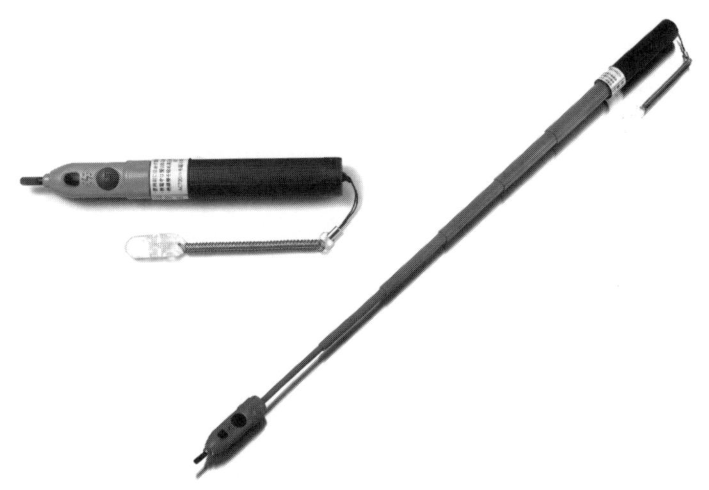

図 3-8　低圧・高圧両用検電器の例（交流用）
（80 ～ 7kV 用）

図 3-9　特別高圧用検電器の例（交流用）
（20kV ～ 80.5kV 用）

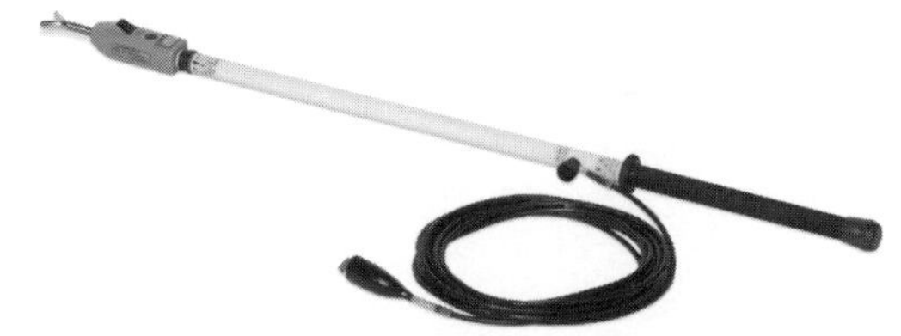

図 3-10　直流／交流両用の検電器の例
（3kV ～ 25kV 用）

2 短絡接地器具等

短絡接地器具とは，一般に高圧以上の停電した電線路などにおいて，誤通電，他の電路との混触または他の電路からの誘導により不意に充電される場合の危険を防止するために使用するもので，接地用の導体部分に接地クリップを固定し，端子や電線などの露出充電部にフックやクリップを取り付け，短絡と接地を行うものである（**図 3-11**）。

取付けに当たって注意すべき事項は，次のとおりである。

① 金具や接地導線などを点検し，損傷がないことを確認する。

② 取付けに先立ち，検電器により停電を確認する。

③ 取付けは，接地クリップを先に行い，次に電路に接続する。取外しは，電路を先に，接地クリップを最後に行う。

なお，停電直後など残留電荷による危険がある場合は，残留電荷の放電のために別途，放電用接地棒（**図 3-12**）を使用することがある※。この場合，例えば受電設備の停電の手順の例としては，①遮断器の開放，②断路器の開放，③PAS 等の開放，④停電の確認（検電器使用），⑤残留電荷の放電（放電用接地棒使用），⑥短絡接地器具の取付け，のようになる。

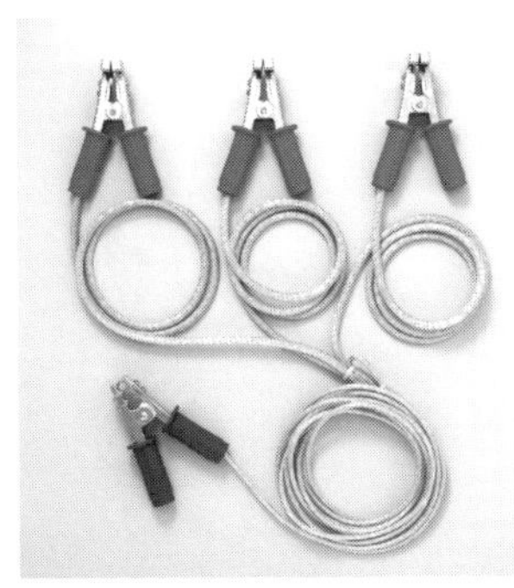

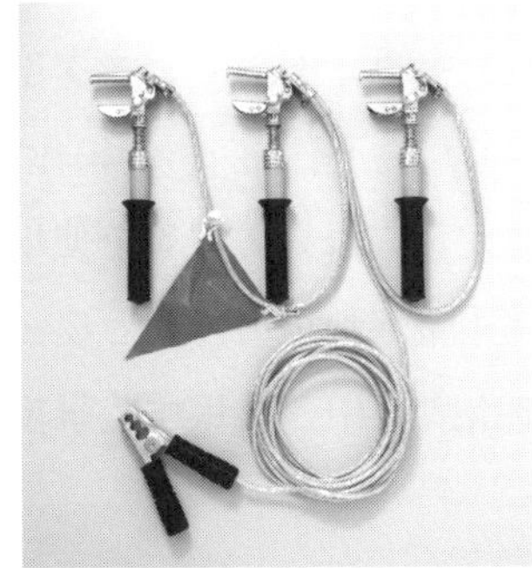

図 3-11　短絡接地器具の例
（左：クリップ式，右：フック式）

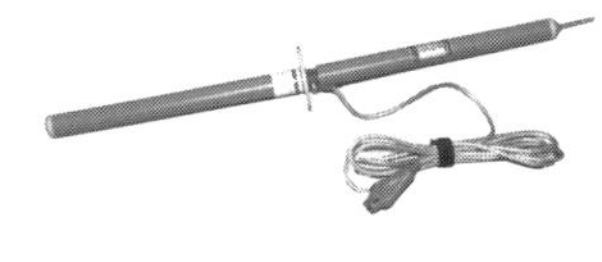

図 3-12　放電用接地棒の例
（放電電圧 DC25 kV 以下用）

※　安衛則第 339 条では，開路した電路が電力ケーブル，電力コンデンサー等を有する電路で残留電荷による危険を生ずるおそれのあるものについては，安全な方法により残留電荷を確実に放電させることと規定されている。

3 墜落制止用器具とワークポジショニング用器具

墜落制止用器具※1は，高所からの墜落時に地面に激突することを防ぐとともに，ランヤードのショックアブソーバにより衝撃の一部を吸収し，傷害を防止・低減するものである。高所の作業で墜落防止措置をとることが困難なときは，常に墜落制止用器具を使用しなければならない。

柱上等で作業を行う電気取扱作業者の場合は，墜落制止用器具と**ワークポジショニング用器具**※2を併用し，ワークポジショニング用器具により身体を保持して作業することとなる（**図 3-13**）。そのため，これらの器具の不備は直ちに墜落災害につながることとなるので，使用に習熟するとともに，使用前の点検を怠らないように心がけなければならない。

使用に当たっての一般的な注意事項は，次のとおりである。

① 部品などをメーカー指定の部品以外のものにつけ替えて使用しない。

② 使用前に，損傷の有無，強度などについて点検する。

フルハーネス型墜落制止用器具（以下，「フルハーネス型」という。）は，身体の複数の部位にベルトを装着し，墜落制止時の衝撃を複数のベルトで分散するとともに，宙づり状態になったときにも荷重の分散により，身体に与えるダメージをより少なくする構造となっている。フルハーネス型の例を**図 3-14** に，ワークポジショニング用器具の例を**図 3-15** に示す。現在では，高所作業車（活線作業車）を用いて作業をすることも多いが，これらの器具を使用する必要がある場合は，章末の参考「墜落制止用器具とワークポジショニング用器具の選定・使用等」中の関係する事項を確認すること。

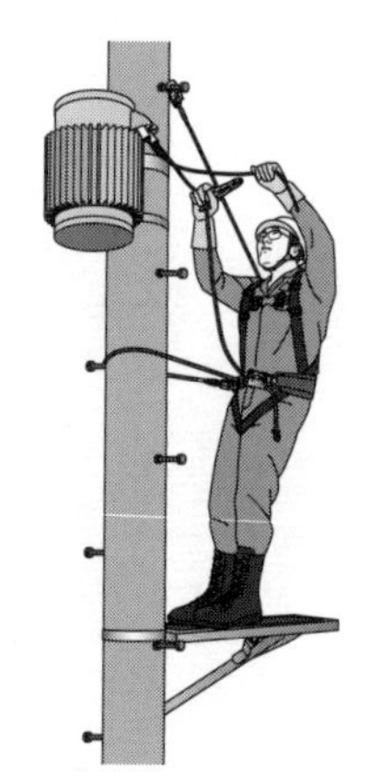

図 3-13 ワークポジショニング作業の例

※1 平成 30 年の法令改正等により，「安全帯」が「墜落制止用器具」と名称変更され，原則としてフルハーネス型を使用することとされた。墜落制止用器具は，「墜落制止用器具の規格」（平成 31 年 1 月 25 日厚生労働省告示第 11 号）を具備するものを使用しなければならない。

※2 従来の「U字つり用安全帯」（柱上安全帯）が担っていた姿勢維持のための器具のこと。上記法令改正等により，ワークポジショニング用器具は墜落を制止する機能がないことから，墜落制止用器具を併用することとされた。

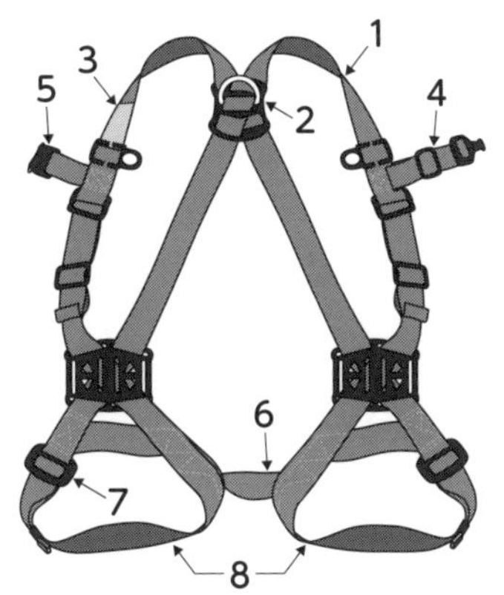

1．肩ベルト
2．D環（ランヤードを取り付ける）
3．メーカーネーム（種類・使用可能な質量・製造年月・製造番号・製造者名）
4．胸ベルト
5．胸バックル
6．骨盤ベルト
7．腿バックル
8．腿ベルト

(a) フルハーネスの例

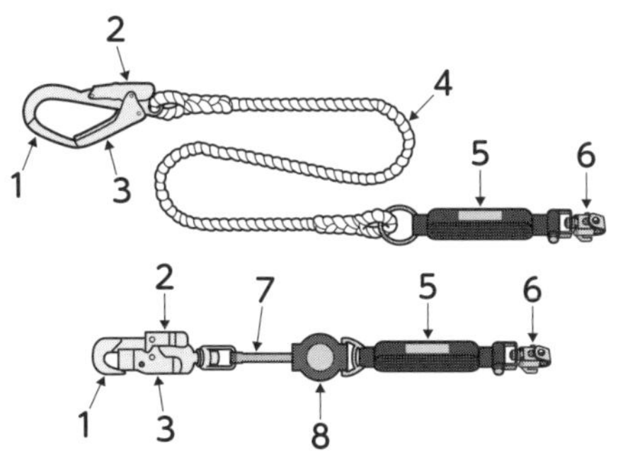

1．フック
2．安全装置
3．外れ止め装置
4．ランヤードのロープ
5．ショックアブソーバ
6．コネクタ（フルハーネスのD環に取り付ける。図の小型環でなく専用カラビナのものもある）
7．ランヤードのストラップ
8．巻取り器（ロック機能付きまたはロック機能なし）

(上：大口径フック，ロープ式ランヤード。
下：小型フック，巻取り式ランヤード)
(b) ランヤードの例

図3-14　フルハーネス型墜落制止用器具（例）

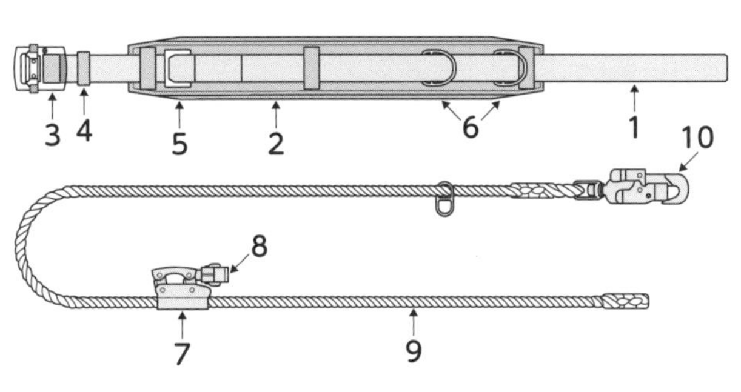

1．胴ベルト
2．補助ベルト
3．バックル
4．ベルト通し
5．角環（伸縮調節器のコネクタを取り付け）
6．D環（フックを掛ける）
7．伸縮調節器
8．コネクタ（角環に取り付け。図の小型環でなく専用カラビナのものもある）
9．ワークポジショニング用ロープ
10．フック（ベルトのD環に掛ける）

図3-15　ワークポジショニング用器具（例）

 4 導電靴および導電衣

静電誘導により人体に静電気が帯電するのを防ぐために，超高圧の電路などの近くで作業を行う場合には導電靴（普通 275kV 以上の場合），導電衣（普通 500kV 以上の場合）などを使用する。

導電靴は，靴の底部にカーボンを混入して導電性をよくしてあるので，これを着用すると作業者と支持物がほとんど同電位になり，帯電する電荷の放電による電撃を受けることがない。

導電衣は，スチール糸を生地に織りこんだものなどがあり，電気的には導電靴を通じてアースされる。これを着用すると，身体が遮へいされるので静電誘導を受けることがさらに少なくなる。

5 通電禁止表示札等

停電作業や点検作業時に，開路した開閉器に通電禁止を表示したり，他の作業者などによる誤通電を防止したりするために使用する（**図 3-16**）。

図 3-16　通電禁止表示等の例
（左２つ：吊り下げ札，中：マグネット式，右：禁止表示テープ）

 作業場区画用具

発変電所，鉄塔上などにおける作業場または立入禁止区域を区画し，錯覚，誤認などによる災害の発生を防止するために金網，隔離板，ネット，テープ，旗，区画棒，立入禁止の表示棒など多種類の作業場区画用具が使用される。これら作業場区画用具の使用例を**図3-17**に示す。

区画を行うにあたっては，次のことに注意しなければならない。

① 使用に際しては総合的に検討し，区画器具を組み合わせて使用するなど最も効果的な使い方をすること。

② 用具は転倒，移動などが起こらないようにしっかり取り付けること。

③ 作業中，作業場区画を無断で変更しないこと。

 アーク防止面等

アーク発生時に，アークおよび閃光，高温，火花からの防護のため使用するもので，作業の必要に応じアーク防止面やアーク防護服などを着用する（**図3-18**）。

図3-18　アーク防止面等の例
（左：アーク防護服，右：高圧アーク面）

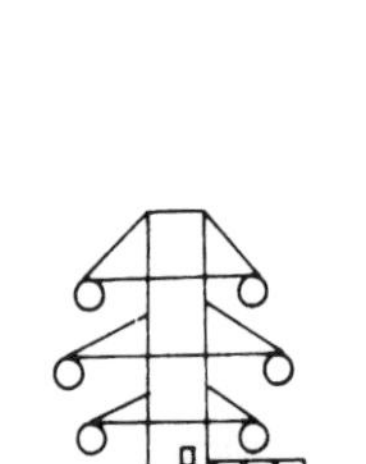

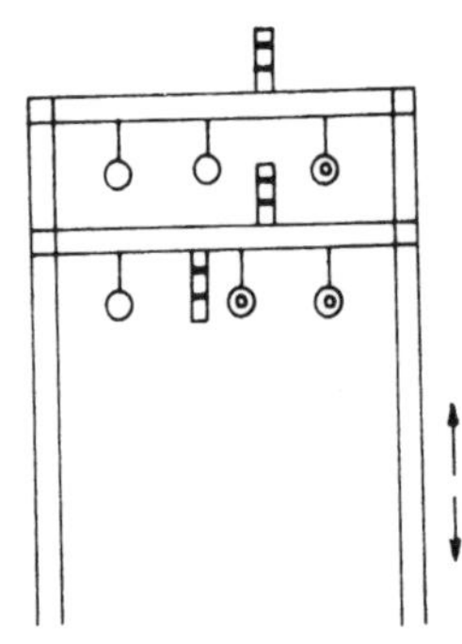

(a) 塔上作業などの例

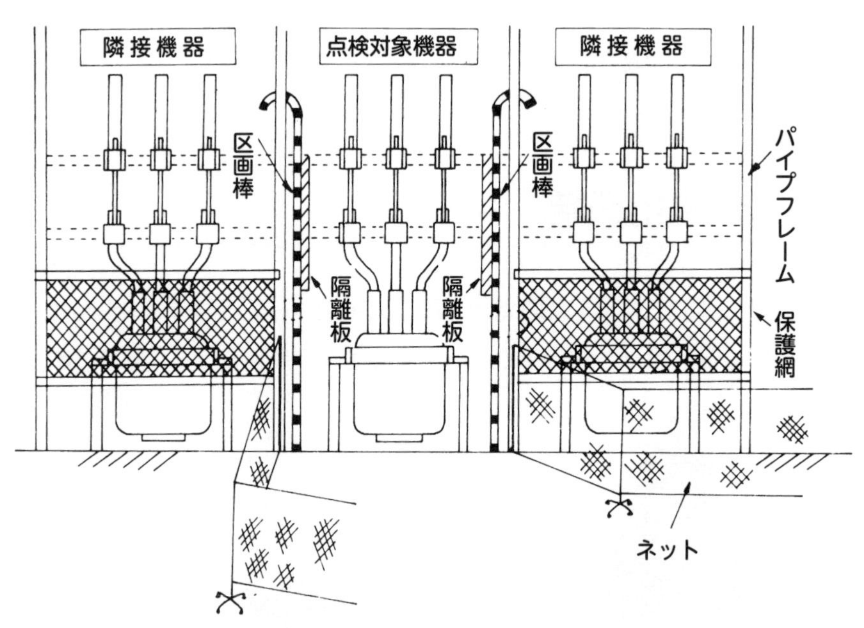

(b) 受電設備内作業などの例

図 3-17　作業場区画用具の使用例

8 その他の絶縁工具・用具等

絶縁工具の例を**図 3-19** に示す。このほか，FRP（繊維強化プラスチック）製などの材料を用いた絶縁性の脚立，足場などを使用したほうがより安全である。また，活線警報器（リストアラーム）の例を**図 3-20** に示す。ただし，これらの工具・用具を使用する場合でも，活線作業および活線近接作業では，絶縁用保護具や絶縁用防具を使用しなければならない。

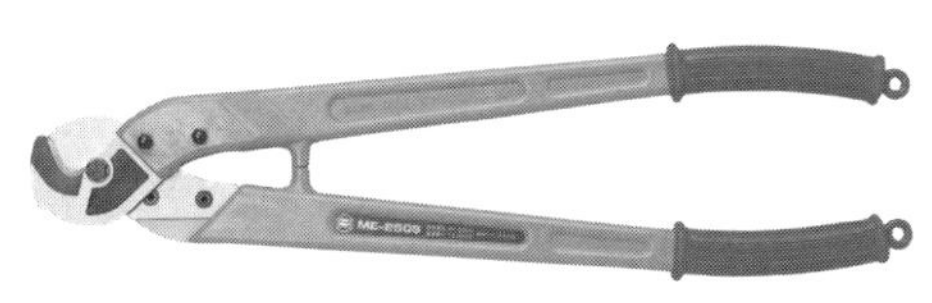

図 3-19　絶縁工具の例

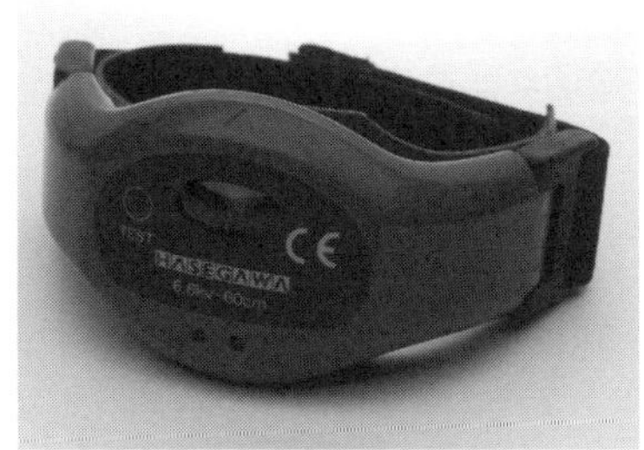

図 3-20　活線警報器の例

参考 墜落制止用器具とワークポジショニング用器具の選定・使用等

墜落制止用器具には，フルハーネス型のほか胴ベルト型もあり，一定の条件下では使用できるが，柱上作業でワークポジショニング作業（U字つり作業等）を伴う場合は，フルハーネス型を選択することが推奨されている※1。

以下，電気取扱作業に関連したフルハーネス型およびワークポジショニング用器具の使用の留意点について示す。なお，フルハーネス型を使用して電気取扱作業を行う場合は，「電気取扱業務に係る特別教育」に加えて「墜落制止用器具を用いて行う作業に係る業務に係る特別教育」の修了が必要である。フルハーネス型に関する基本的な知識，使用方法等は，フルハーネス型の特別教育において習得すること。

※1 墜落制止用器具の安全な使用に関するガイドライン（平成30年6月22日基発0622第2号）

1 適切な器具の選定

① フルハーネス型には，使用可能な最大質量（85kgまたは100kg。特注品を除く。）が定められているので，器具を使用する者の体重と装備品の合計の質量が使用可能な最大質量を超えないように選定すること。

② ワークポジショニング作業においては，高さが比較的低い箇所で作業することもあり，その場合，通常のロープ式ランヤードでは墜落時に地面に到達するおそれがあるため，**図3-14 (b)**（141ページ）の下図のようなロック機能付き巻取り式ランヤードを選定することが推奨される。また，作業する高さによっては，ステップボルトにランヤードのフックを掛ける必要があるため，同図のような小型フックのものを選定する。

③ ワークポジショニング作業においては，通常，足下にフック等を掛ける作業はないため，第一種ショックアブソーバ※2を備えたランヤードを選定する。

④ ワークポジショニング用器具のベルトおよびロープは，適切な組合せのものを正しく使用する。自己判断でロープの交換，付け替えしないこと※3。

⑤ ワークポジショニング用器具についても，着用者の体格等に合ったものを選定する。ベルトの長さは，装着したときにバックルとベルト通しの両方に通るものを選定する。

⑥ ワークポジショニング用器具には，バックサイドベルト（尻掛け用補助ベルト）を備えたものもある。作業の特性に応じ，適切なものを選定する。

※2 ショックアブソーバには第一種と第二種がある。腰の高さ以上にフックを掛けて作業を行うことが可能な場合には第一種ショックアブソーバを，足下にフックを掛けて作業を行う必要がある場合や，両方の作業が混在する場合には，第二種ショックアブソーバを備えたランヤードを選定する。

※3 ベルトは，角環が左のものと右のものがあり，また，ロープは，左側または右側の角環に対応し，ロープが伸縮調節器の下側を通過するものと，上側を通過するものがある。対応しないものを使用したり，上下を取り違えると危険である。例えば，**図3-15**（141ページ）の器具でロープが上側にくるように装着すると，コネクタの外れ止めが内側となるため，作業中に伸縮調節器のコネクタに作業服等が巻き込まれた際にロープが外れるおそれがある。

2　使用前点検

まず，取扱説明書，作業手順書等を確認し，安全上必要な部品が揃っているか確認すること。定められた点検基準により，ベルト・ランヤード・金具類の摩耗や損傷等について点検を行うとともに，一度でも落下時の衝撃がかかったり点検結果で異常のあったものは使用しないこと。点検にあたっては，次の点にも留意すること。

① ワークポジショニング用ロープは電柱等とこすれて摩耗が激しいので，こまめな日常点検が必要である。また，フック等の近くが傷みやすいので念入りに点検する。

② 工具ホルダー等を取り付けている場合には，ベルトに取り付けた部分に摩耗が発生しやすいので，ホルダーに隠れる部分の摩耗も確認すること。

③ ロック機能付き巻取り器については，ストラップを急激に引き出したときに確実にロックすることを確認すること。

3　適切な装着

① フルハーネス型は，墜落制止時にずり上がり，安全な姿勢が保持できなくなることのないように，緩みなく確実に装着すること。

② バックルは正しく使用し，ベルトの端はベルト通しに確実に通すこと。

③ ワークポジショニング用器具は，伸縮調節器を環に正しく掛け，外れ止め装置の動作を確認するとともに，ベルトの端や作業服が巻き込まれていないことを目視により確認すること。

④ ワークポジショニング作業の際に，フック等を誤って環以外のものに掛けることのないようにするため，環またはその付近のベルトには，フック等を掛けられる器具をつけないこと。

⑤ ワークポジショニング用器具は，装着後，地上において，それぞれの使用条件の状態で体重をかけ，各部に異常がないかどうかを点検すること。

⑥ フルハーネス型およびワークポジショニング用器具を装着して現場を歩行する際は，ランヤードやフックが構造物などに引っ掛からないよう，収納袋や巻取り器におさめ，ランヤードが垂れ下がらないようにすること。ワークポジショニング用ロープは肩に掛けるかフック等を環に掛けて伸縮調節器によりロープの長さを調節することにより，垂れ下がらないようにすること。

4　昇降時の留意点

作業時には，フルハーネス型のランヤードのフックを取付設備に掛けなければならないが，法令上，作業と昇降・移動は異なる概念である。柱上作業を行う場合，地上等と作業場所を行き来するために，ワークポジショニング用器具により墜落防止を行いながら昇降することとなる※4。具体的な器具の操作方法等は，取扱説明書，作業手順書等を確認し，適切に行うこと。

① まず，地上から電柱等（ステップボルトがある箇所）へは，一般的には脚立等を用いて移動する。この際，ランヤードやロープにより身体は確保されていないため，昇柱時，降柱時ともに注意して移動すること。

② 一番下のステップボルトに手が届く高さまで脚立等を昇ったら，ワークポジショニング用ロープを電柱等の腰よりも高い位置に回して掛け，フックをワークポジショニング用器具のＤ環に掛ける。この際，作業服等がフックに巻き込まれていないことを確認する。ロープを回し掛けする際は，ロープによじれのないことを確認する。また，滑り落ちないようロープは常に腰より上のステップボルトに掛かるようにし，ロープの長さは昇降に必要最小限の長さに調節する。

③ さらに脚立等を昇り，一番下のステップボルトに足を掛け，電柱等に移動する。ロープの長さを電柱等の昇降に必要最小限の長さに調節する。

④ 一段上のステップボルトに移動したあと，片手で上部のステップボルトを握った状態で，ロープを一段上に移動する。

⑤ 途中の障害物等のため，一時的にワークポジショニング用ロープのフックを外す必要があるときは，必ずフルハーネス型のランヤードのフックを頭上の取付設備に掛けてから，ロープのフックを外すこと。障害物等を越えた位置では，再度ロープを回し掛けしてから，ランヤードのフックを外すこと。

⑥ 作業後，降柱するときも，①～④の逆の手順により行う。なお，ロック機能付き巻取り式ランヤードを使用している場合は，ロック機能が作動しないよう，急な動作は行わないようにする。

※4 安全ブロックや垂直親綱が使える場合は，これを用いて安全に昇降する。

5 作業時の留意点

① 作業場所では，まず，フルハーネス型のランヤードのフックを頭上の取付設備に確実に掛け，正しく掛かっていることを必ず目視で確認すること。また，フックを掛ける位置は，墜落した場合に振子状態になって物体に激突したり，感電の危険があるような位置は避けること。

② ワークポジショニング用ロープは，作業上必要最小限の長さに調節し，体重をかけるときは，いきなり手を離して体重をかけるのではなく，徐々に体重を移動し，異常がないことを確かめてから手を離すこと。

③ 作業場所の状況により，フルハーネス型のランヤードのフックを掛け替える必要がある場合，ワークポジショニング用ロープは掛替え時の墜落防止用に使用できるが，この場合は長さを必要最小限とすること。

④ 高所作業車（活線作業車）のバケットに搭乗しての作業では，フルハーネス型のランヤードのフックはバケット内のフック掛け等に確実に掛けること。ただし，高所作業車（活線作業車）の運転は，作業指揮者の指揮のもとで有資格者が行うこと。

第5章 管　　理

前章までは絶縁用の保護具，防具，防護具，活線作業用装置および器具などの具備すべき条件や使い方を述べたが，電気災害の防止を図るためには，これらのものが常に整備され，いつでも作業者が使用できる状態にあることが必要であり，これらの管理が重要になる。

1 保　管

(1) 保管責任者などの選任

安全装備品類を備えてある事業所，作業現場などには必ず管理者および保管責任者を置き，その責任を明確にするとともに，管理者は安全装備品類の定期点検，検査およびこれらの整備，管理を行い，保管責任者は保管および日常の点検を実施する。

(2) 保管上の一般的注意事項

ア　保管場所全搬

保管場所は，じんあい，湿気，油気などが少なくて通風がよく，薬品による腐食などのない場所とし，特にゴム，皮革および合成樹脂製のものは直射日光を避け，温度および湿気の著しい影響のない場所を選定し保管する。

イ　手入れ等

保管に際しては，適時よく手入れを行い，次の点に注意していつでも使用できるよう整備しておく。

①　泥土，薬品，油などが付着した場合は，すみやかに清掃し，またぬれた

場合は乾燥させる。ただし，ゴム，皮革および合成樹脂製の部分は直射日光や強い火力などによる急激な乾燥を避ける。

② ゴム製のものは，タルクを全面に塗布して保管する。

③ 金属製の部分は，さびの発生を防止するため機械油などを塗布して保管する。

ウ　整理・整頓

保管倉庫または収納箱には品目別一覧表を掲示し，これに基づいて常に整理・整頓を行う。

2 点検・検査

保管責任者は，次の点検・検査を確実に実施して，安全装備品に関する災害の未然防止につとめなければならない。

(1) 点検・検査の種類

定期検査と日常点検の２種類とする。

ア　定期検査（定期自主検査）

6カ月以内に1回，絶縁性能について必要な検査を行う。

イ　日常点検

その日の使用を開始する前に，劣化および損傷の状況について点検を行う。

(2) 点検上のおもな着眼点および注意事項

ア　ゴム製品の場合

① 刺傷，切傷，引掻き傷，亀裂，表面に食い込んだ異物などがないこと

② 油やグリースなどの溶剤によるゴムの異常なふくれがないこと

③ 特にゴム手袋は，袖口より巻き込み，空気が抜けるか否かによりピンホールなどの傷の有無を調べること（空気試験）

イ　合成樹脂製品の場合

① ひび割れ，亀裂がないこと

② 導電性プレートまたはテープなどが貼り付けられていないこと
③ 著しい引掻き傷，ちりなどの付着がないこと
④ ロープ類については，より溝，繊維の切れ端の現れかた，または劣化状態を調べる。

ウ　金属製の部分

破損，ひび割れ，腐食，かみ合わせ，安全装置の効力などを調べること

エ　短絡接地器具

① 接地電線の取付け部分の良否および断線の有無
② 接地側および電路側金具の破損，変形または機構の良否
③ 絶縁材の破損，亀裂など

3 耐電圧性能の定期自主検査等

絶縁用保護具・防具および活線作業用器具・装置は，6カ月以内に1回，定期に耐電圧試験を行い，それらが所定の耐電圧（絶縁）性能を維持しているか検査しなければならない。

なお，耐電圧試験はメーカーや電気保安法人に委託して実施することもできる。耐電圧試験器等の試験設備のない事業場においても，試験を委託するなどし，必ず定期自主検査を実施する。

(1) 絶縁用保護具および防具の耐電圧試験

絶縁用保護具・防具の定期自主検査時の耐電圧試験においては，下記の電圧を加えて行うこととされている（昭和50年7月21日付け基発第415号）。

① 交流の電圧が600Vを超え，3,500V以下である電路，または直流の電圧が750Vを超え，3,500V以下である電路について用いるものは，6,000V以上
② 電圧が3,500Vを超える電路について用いるものは，10,000V以上

（参考） 交流の電圧が300Vを超え，600V以下の電路について用いるものは，1,500V以上

したがって，製造時（新品時）および定期自主検査時，**表3-4**の耐電圧性能を有していなければならない。

表 3-4 耐電圧性能

分類	試験対象品目	試験基準		
		試験電圧値（新品）	試験電圧値（定期自主検査）	試験時間
保護具	電気用保護帽	AC20,000V	AC10,000V	1分間
	電気用ゴム手袋　3,500V以下の高圧用	AC12,000V	AC　6,000V	1分間
	同上　3,500V超7,000V以下の高圧用	AC20,000V	AC10,000V	1分間
	電気用ゴム袖	AC20,000V	AC10,000V	1分間
	絶縁衣	AC20,000V	AC10,000V	1分間
	電気用長靴	AC20,000V	AC10,000V	1分間
防具	絶縁管	AC20,000V	AC10,000V	1分間
	絶縁シート	AC20,000V	AC10,000V	1分間
	絶縁カバー	AC20,000V	AC10,000V	1分間

注）1. 絶縁用保護具・防具の使用電圧による区分は，厚生労働省の構造規格により，低圧（AC300Vを超え600V以下），高圧（AC600V，DC750Vを超え3,500V以下）および高圧（3,500Vを超え7,000V以下）の3種類がある。高圧用の絶縁用保護具・防具の製品としては，電気用ゴム手袋を除いて，高圧（3,500Vを超え7,000V以下）の1種類しかない。
2. 本文は，高圧を対象としたものなので，低圧用については，この表に記されていない。

ア　試験方法

試験方法は，**図 3-21** および**図 3-22** のような方法が一般的である。

イ　沿面距離

「沿面距離」は，試料の面に沿って測った両電極間の最短距離をいうが，沿面放電しない最短距離をとるものとする。電気絶縁用手袋，電気用長靴，絶縁シートなどの絶縁用保護具・防具類については，試験電圧および試験の種類の違いによって，**表 3-5** に示す沿面距離を目安とすることが望ましい。

表 3-5 沿面距離

試験電圧（kV）	沿面距離（mm）	
	水中，気中試験の場合	散水後の気中試験の場合
3以下	30以下	40以下
3を超え　10以下	40以下	50以下
10を超え　15以下	50以下	—注2
15を超えるもの	70以下注1	—注2

注）1　電気用安全帽のように，沿面距離をあまり大きくすると耐電圧試験をする部分が小さくなってしまうものは，試験電圧が15kVを超える場合は60 mm以内とする。
2　沿面放電が生じない最小の距離とする。

（JIS T 8010 附属書Aより作成）

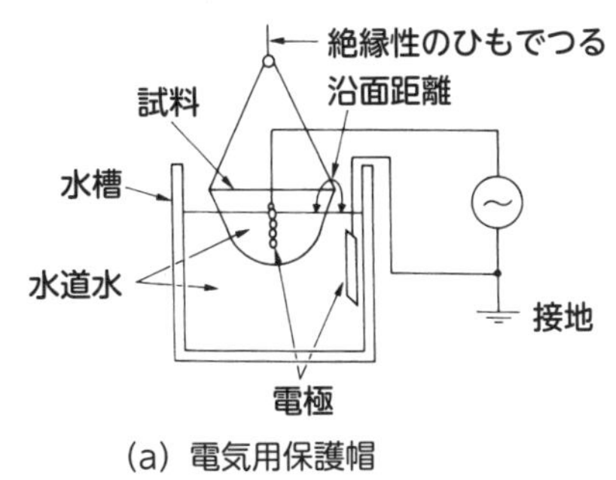

(a) 電気用保護帽

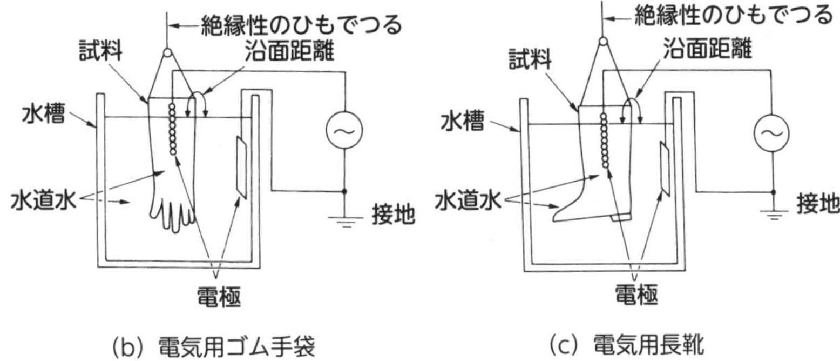

(b) 電気用ゴム手袋　　(c) 電気用長靴

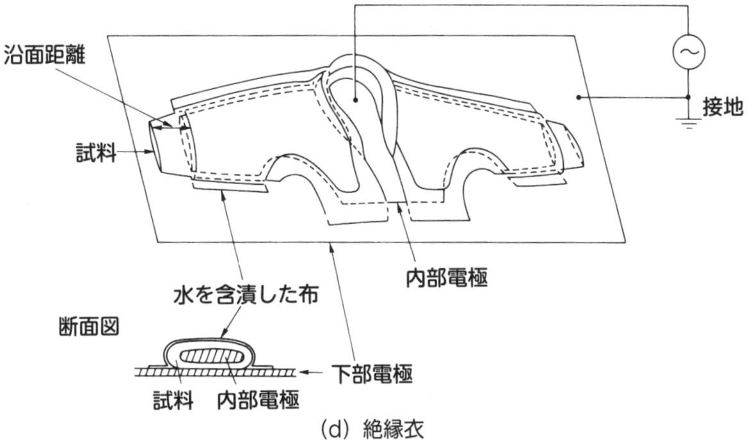

(d) 絶縁衣

図 3-21　絶縁用保護具の耐電圧試験方法

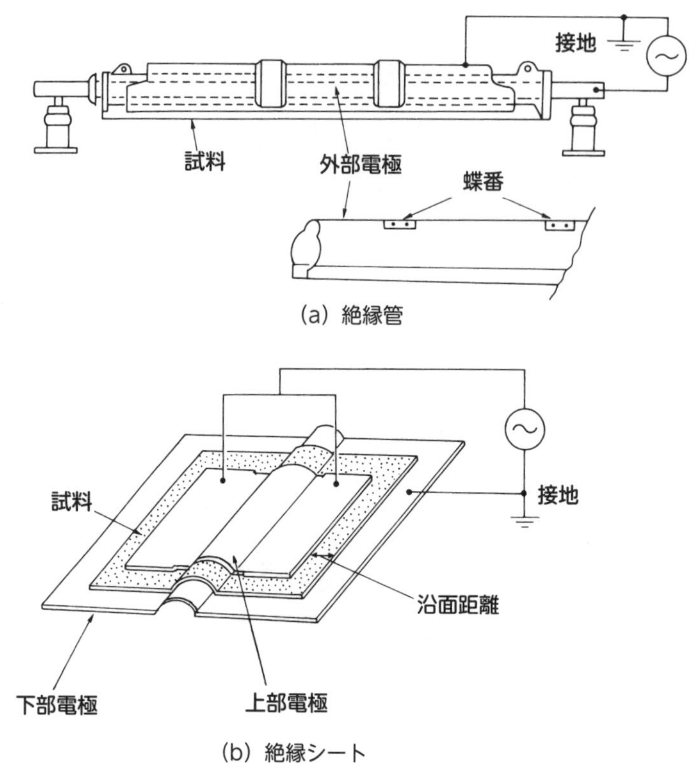

(a) 絶縁管

(b) 絶縁シート

図 3-22　絶縁用防具の耐電圧試験方法

(2) 活線作業用器具および装置の耐電圧試験等

活線作業用器具および装置は，常温で行う試験交流による耐電圧試験において，下記の試験電圧に耐える性能を有することが必要である。

① 使用の対象となる電路の電圧の2倍に相当する電圧に対し5分間

② 活線作業用器具のうち，不良がいし検出器その他電路の支持物の絶縁状態を点検する器具については，上記電圧で1分間

ア 試験方法

活線作業用器具は，原則として頭部金具と握り部分との間の全長に対し，試験交流を通じ耐電圧試験を行う。絶縁されている握り部分には，電極として金属箔，その他の導電性のものを密着させ，これと頭部金具との間に試験電圧を加える。

高所作業車は，作業者が乗る部分と大地との間を絶縁する絶縁物の両端に，また，絶縁はしごの場合は，その両端の踏桟の外側の親柱に，それぞれ試験交

流を通じ，規定の試験電圧の75%まで速やかに上昇させ，それ以降は毎秒約1,000V の速度で電圧を上昇し，耐電圧試験を行う。

イ　特別高圧用の活線作業用器具・装置の絶縁抵抗試験

特別高圧用の活線作業用器具・装置については，耐電圧試験の前に絶縁抵抗試験を実施する。この場合は，握り部分に金属箔を巻き，これと充電部に接触する頭部金具との間が2,000MΩ以上であることが必要である（JIS C 4510）。

ウ　分割課電による試験方法

試験交流の電圧が50,000V を超える場合は，全長の部分を30cm 以上の長さに分割して，それぞれ分割した部分に試験交流（ただし，分割した部分に加えた電圧の和が，使用対象となる電路の電圧の2倍に相当する値以上であることが必要）を加えてもよい（**図 3-23**）。この場合，分割の長さ（l）とその部分に加える試験電圧（U）は，次の関係式を満足することとなる。

$$30 \leqq l \leqq \frac{U}{2U\mathrm{m}} \times L$$

L　：試験電圧が加えられる供試品における絶縁保持部分の全長（cm）
Um：対象電路の使用電圧（kV）
U　：分割部分に加える試験電圧（kV）
l　：分割部分の長さ（cm）

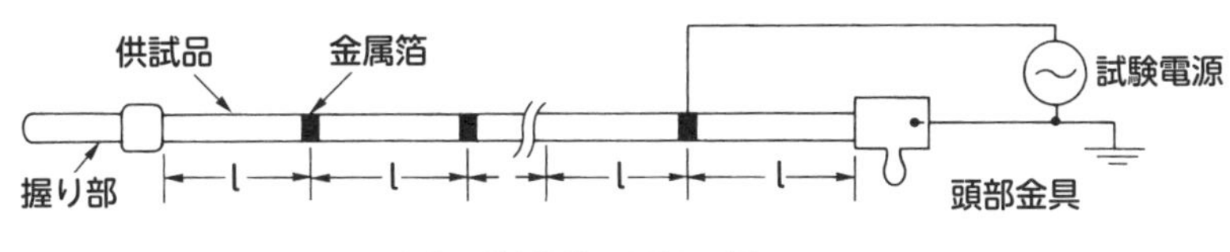

(a) 活線作業用器具の例

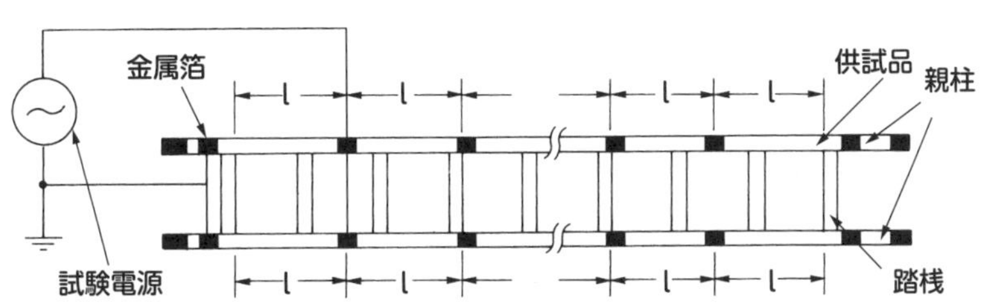

(b) 活線作業用装置の例（絶縁はしご）

図 3-23　分割課電による耐電圧試験

エ　漏えい電流の基準

活線作業用装置のうち，特別高圧の電路について使用する活線作業用の高所作業車または作業台は，上記の耐電圧性能を有するほか，次の式により計算した漏えい電流の実効値が0.5mA を超えないものでなければならない。

$$I = 50\frac{Ix}{Fx}$$

I：計算した漏えい電流の実効値（単位 mA）

Ix：実測した漏えい電流の実効値（単位 mA）

Fx：試験交流の周波数（単位 Hz）

(3) 絶縁用防護具の耐電圧試験等

ア　試験方法

耐電圧試験（15,000V，1分間）は，絶縁用防具の絶縁管，絶縁シートと同様に，気中において規定の電圧に耐えるかどうか調べる。試験方法は，絶縁用防具と同一の形状の電極を用いて，コロナ放電が生じないように絶縁用防護具の内面と外面に接触させて行う。ただし，線カバー状の絶縁用防護具（建設用防護管）は管の連結部分についても管を連結した状態で行うものとする。

一例として，建設用防護管の試験方法を**図 3-24** に示す。

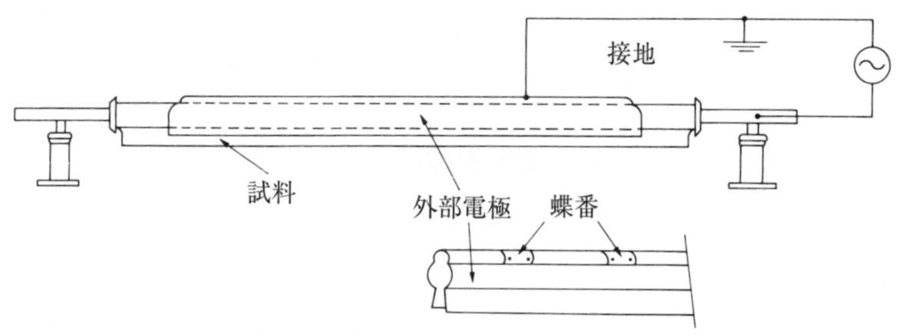

図 3-24　試験方法の例（建設用防護管）

イ　散水直後の耐電圧試験

なお，高圧の電路について用いる絶縁用防護具のうち，線カバー状のものについては，JIS C 0920 に定める防雨形の散水試験によって散水した直後の状態で試験交流による耐電圧試験を行ったときに，10,000V の試験交流の電圧に対して，常温において1分間耐える性能を有していなければならない。

 4 点検・検査結果の記録および処置

定期検査を行った結果は，直ちに記録表に記入する（日常点検においても必要に応じ記録し，その履歴を明らかにしておく）。

点検・検査の結果，不良と判定されたものは，すみやかに取り替えたり，補修などの処置を行う。廃棄品としたものは良品と間違えないよう区分し，すみやかに処分する。

なお，絶縁用保護具・防具および活線作業用器具・装置の定期自主検査の記録は，3年間保存しなければならない（安衛則第351条）。

第 4 編

高圧または特別高圧の活線作業および活線近接作業の方法

●第 4 編のポイント●

高圧および特別高圧の活線作業および活線近接作業を安全に行うための方法と停電作業の手順などを理解するとともに，災害発生時の救急処置の方法を学ぶ。電気取扱作業等の災害事例をもとに，災害発生の原因と対策を考え，安全作業の重要性を理解する。

第1章 作業者の絶縁保護

活線作業を安全かつ確実に行うには，電気設備などの電気的および機械的性能を十分に理解するとともに，十分な作業知識と技能を有する作業者が実施し，かつ，高圧に充電された電路での作業では作業者の身体を保護するために絶縁用保護具を着用すること，また電路には絶縁用防具を用いる，あるいは活線作業用器具や装置を使用するなどして感電の危険が生じない措置を講ずることが大切である。

また，特別高圧に対する絶縁用保護具・防具などはないので，特別高圧活線作業は常に充電部分の使用電圧に応じた接近限界距離を確保する必要がある。

1 活線作業の心得

高圧活線作業（高圧の充電電路の点検，修理等当該充電電路を取り扱う作業（安衛則第341条））では，一瞬の油断が感電災害となり，重大な結果を招くこととなる。感電災害の防止には，行き届いた準備，十分な知識，熟練した技能と完全な防護措置をして，はじめて能率よく安全な作業ができる。さらに，活線作業においては，事業者は作業者に必ず絶縁用保護具を着用させなければならないこと，また，作業者はこれを着用しなければならないことが法規で定められている。

感電災害を防ぐには，次のことを心がける。

① 電気が人体に入らないようにする。

② 電気が人体から流れ出ないようにする。

①の方法として，手先を保護するため電気用ゴム手袋をつけ，ひじから肩の部分が充電部に直接接触しないようにするために電気用ゴム袖または絶縁衣をつけ，さらに②の方法として電気用長靴をはく。

また，頭からの感電を防ぐために電気用保護帽を着用する。電気用保護帽は，一般作業用の飛来・落下物あるいは墜落から頭部を保護するために必要な機械的強度も兼ね備えているものを使用する。

なお，高圧活線作業に絶縁性能を有する高所作業車を使用する場合でも感電の危険が生ずるおそれのあることから，絶縁衣，電気用ゴム手袋など絶縁用保護具は着用しなければならない。

また，活線作業用器具等を使用して活線作業（いわゆる間接活線作業）を行う場合でも，絶縁用保護具を着用し，より安全を指向してもよい。

2 対象作業と絶縁用保護具

作業者が高圧の電路を直接取り扱う作業（いわゆる直接活線作業）や機器操作を行うにあたっては，絶縁用保護具を着用するとともに，充電部分に絶縁用防具を取り付けるなど感電の危険を防止する措置を講じなければならない。充電された架空電線路を直接取り扱う作業や高圧機器類の操作としては，次のようなものがある。

① 電路の新設，増設，取替えなどの電線作業に伴う充電部分の電線切断，接続作業など

② 電柱，がいし，腕金，腕木などの支持物取替え作業に伴う線移し作業

③ 変圧器，開閉器，避雷器などの点検，取替え作業に伴う充電部分の電線切断・接続またはターミナル，コネクタなどの取外し，締付け作業

④ 変圧器，高圧ヒューズ操作，開閉器操作※（**図 4-1**）

図 4-1　開閉器操作の例
（一般送配電事業者の供給用配電箱）

※　ここでは，モールドジスコン，UGS，PAS などの操作。

3 絶縁用保護具の着用

絶縁用保護具は，感電の危険から人体を守るためにあるので，充電部に接近する前に絶縁用保護具を着用し，活線作業中はいかなる場合でも脱いではならない。

活線作業を行う作業者は，通常，昇柱する前に，電気用長靴と電気用ゴム袖または絶縁衣および電気用保護帽を着用したうえで，電気用ゴム手袋はいつでも着用できるように携行して昇柱する。電気用ゴム手袋は，作業者の身体および取り扱う工具，器材が充電部に接触し，または接近して感電の危険を生ずるおそれのある位置へ近づく前には必ず着用する必要がある※。

絶縁用保護具の着用にあたって注意すべきことを次に述べる。

(1) 電気用ゴム手袋の使用

電気用ゴム手袋だけを着用して作業を行うと傷が付きやすく，電気用ゴム手袋の絶縁不良を引き起こす原因となるので，必ず電気用ゴム手袋の上に保護用手袋を着用して使用する。

(2) 電気用長靴の取扱い

電気用長靴は，電柱の昇降や歩行などにより損傷を受ける場合が多いので，活線作業または活線近接作業を伴う場合のみに使用し，他の作業の場合には作業靴にはき替えるなどして損傷の機会が少なくなるよう大切に取り扱わなければならない。

(3) 使用前の点検

絶縁用保護具は，その日の使用前に必ず点検し，異常のあるものについては取り替えなければならない。

① 電気用ゴム手袋や電気用長靴については空気試験を行う（**図 4-2**，**図 4-3**）。

※ 例えば，配電柱では，低圧用のゴム手袋で低圧電路付近まで昇柱し，高圧電路に近づく前に高圧用のゴム手袋に変更する方法が考えられる。

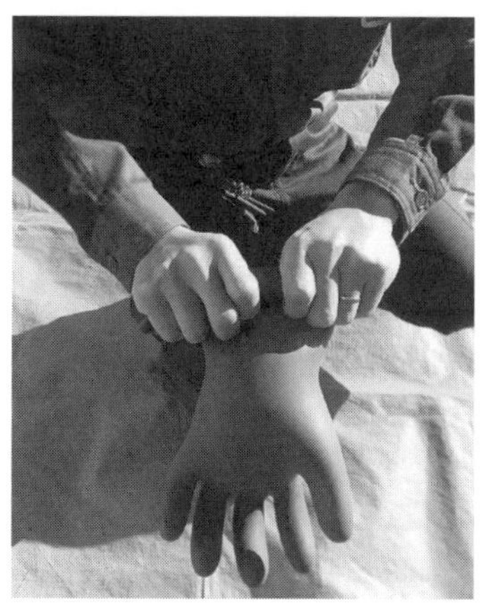

図 4-2　電気用ゴム手袋の空気試験

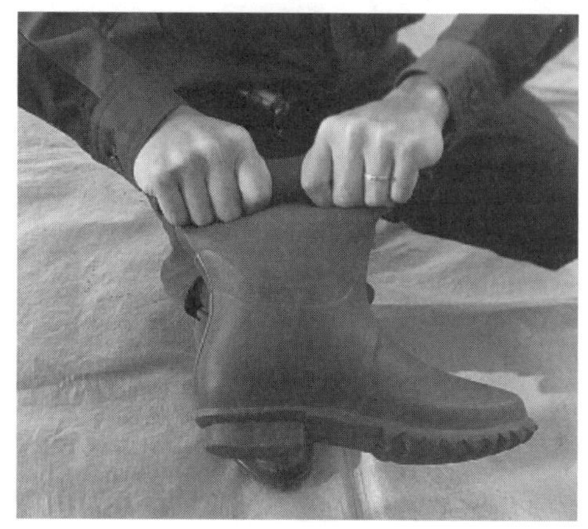

図 4-3　電気用長靴の空気試験

②　電気用ゴム袖または絶縁衣については外観点検を行う。

上記①②のいずれの場合も，ピンホールや亀裂などの損傷，異常の有無および乾燥状態を確かめる。

 接近限界距離の確保

高電圧の充電電路で活線作業用器具を用いて活線作業を行う場合，作業者の動作域や作業用工具類を考慮して，かつ，電路の電圧に応じて**表 1-5**（28 頁，第 1 編第 2 章の 1 参照）に示す接近限界距離が保たれなければならない。

5 悪天候時の作業中止

絶縁用保護具・防具などは表面が雨水でぬれると電流が表面を流れやすく，作業者が感電するなど非常に危険な状態となる。

したがって，天候の悪いとき，特に雨天時の活線作業および発雷時の作業は行ってはならない。

第2章 充電電路の防護

高圧活線作業や高圧の充電電路に近接した作業（活線近接作業，安衛則第342条）を行う場合には，作業者が絶縁用保護具を着用するとともに，充電電路のうち作業者の身体が接触したり，接近したりして，感電の生ずるおそれのある部分について，絶縁用防具を用いて十分防護してから作業に着手しなければならない。

一般的には高圧電路の電線は絶縁電線となっており，引留がいし部分の絶縁クランプカバーの取付け，機器端子への絶縁カバーの取付け，電線接続部分の絶縁処理技術の向上などにより，充電部の露出部分は少なくなっている。

しかし，作業を行う者がこれを過信して防護を省略したり，不用意に充電部にふれたりするのはたいへん危険なことである。これらの絶縁被覆や絶縁カバーは，作業の不手際による被覆の損傷，絶縁処理不良，バインド線の食込みや雷害，塩害，煙害，絶縁物の化学変化などにより絶縁性能が著しく劣化していることがあり，さらに，これらの危険な箇所は作業を行う電柱付近に集中していることを十分認識しておかなければならない。

 防護の対象

作業者が直接取り扱う充電電路に作業者の身体が接触し，または接近することにより感電の危害を生ずるおそれのある充電部分および接地物（電流の流出路）となる電線，支持物，工作物などは，絶縁用防具などを用いて十分に防護する。このように，身体に電気が流入し，または流出する場所を絶縁することは，感電事故を防止するためのポイントとなる。

架空電路の場合，防護を必要とする対象には，次のようなものがある。

① 充電部分となるもの：電線，変圧器・開閉器・避雷器などの端子またはリード線

② 接地物となるもの：低圧電線・引込電線の接地線，支線，腕金などの装柱金

物類，金属製またはコンクリート製の電柱，接地された機器類の外箱など

なお，低圧電線は接地物ではないが，高圧電流が電圧の低い低圧電線などに流れるため，防護対象となる。

 2 防護の範囲

活線作業を行う場合，作業者の身体が接触し，または接近することにより，感電の危害を生ずるおそれのある充電部分は，絶縁被覆の有無にかかわらず，その部位を防護するほか，材料，工具を取り扱う範囲および身体の移動する範囲内にある防護対象物についてもこれを完全に防護する必要がある。

なお，重量物を取り扱うために大きな動作をしたり，導電性の長尺物を取り扱う場合には，電線路の状態を見きわめたうえ，感電の危険がないように充電部分から離れて行うとともに，その離隔範囲内の防護対象物については，十分な防護を施さなければならない。

 3 防護を行う際の留意事項

充電電路の防護は，活線作業を行う場合の基本となる作業であり，この良否があとの作業能率，安全の確保に大きく影響する。活線作業中に防具が移動したり，また，外れて充電電路が露出しないよう確実に防護しなければならない。

防護を行う際の留意事項としては，次のとおりである。

① 作業指揮者は，作業者に防護の方法および順序を指示し，防護作業を直接指揮する。

② 絶縁用防具は，よく手入れ，整備されたものを用意し，その日の使用前にピンホールや亀裂などの損傷，異常の有無および乾燥状態を点検する。

③ 防護を行う作業者が，まず絶縁用保護具を着用して身体を保護したうえ，作業指揮者が，保護具の着用状態を点検し，不備な点があれば改めさせたのちに作業に着手させる。

④ 柱上での防護作業は2名以上で行うことで，適宜作業の補助や相互確認が可能となり，より安全に防護作業を行うことが可能となる。

⑤　防護作業を行うにあたっては足場台などを使用し，安定した姿勢で絶縁用防具を装着する。

⑥　絶縁用防具は，身近な充電電路から取り付け，取外しはその反対で，遠方から外す。

⑦　バインド線や電線の端末が電気用ゴム手袋に突き刺さることがあるので注意する。バインド線の切り口は，使用前に内側に折り曲げて丸くしておく。

⑧　絶縁用防具は，作業中，移動したり脱落しないように，ゴムひもやシートクリップなどで確実に固定する。

4 防護の方法

活線作業は，常に感電の危険が伴うので，正しい手順で安全な作業を行わなければならない。

(1) 充電部分の防護

ア　電気用絶縁管（以下「ゴム管」という）による電線の防護（図 4-4）

①　取付けの順序は必ず身近な電線から行い，取外しの順序は取付けと反対に遠い電線から外す。

②　取り付けたら割れ目を下にして，がいしの方に十分引き寄せておく。

図 4-4　ゴム管の取付け

図 4-5　がいしの防護

③　ゴム管を1箇所に2本以上取り付けるときは，先に1本取り付けてから，引き続いて次の管と凸，凹を嵌合（かんごう）して取り付けるようにする。

イ　がいしの防護（図 4-5）

①　絶縁シートの取付けおよび取外し順序は，ゴム管と同様，身近ながいしから取り付ける。

②　絶縁シートをゴム管の上からていねいに巻き付け，その上をゴムひもでしっかり縛るか，またはシートクリップでしっかり止める。

(2) 低圧線および接地物の防護

活線作業中，誤って作業者の身体が高圧充電部にふれた場合，低圧電線，引込線または接地物となっている支持物や支線などに身体の他の部分が接触していると，高圧充電部～身体～接地物の経路で電流が流れ，感電の危険を生ずるおそれがある。そこで，この通電経路を絶縁するため低圧線や接地物にも絶縁用防具を使用して防護する。

ア　低圧線防護の方法

低圧本線はゴム管，絶縁シート，低圧用絶縁シートなどで防護する（**図 4-6**）。

イ　その他接地物の防護の方法

①　腕金やアームタイについては，専用の防具が用意されている場合はそれを取り付け，専用のものがない場合は絶縁シートを適宜巻き付けるように取り付けて防護する。

図 4-6　低圧線の防護

② 支線にはゴム管を取り付けて絶縁するが，傾斜のためゴム管が移動するおそれのある場合は，ゴムひもで支線にしっかり止める。

③ その他接地された金属部分で活線作業中身体が接触して，通電経路となる接地体は絶縁シートを適宜取り付けて防護する。

第3章 活線作業用器具および工具等の取扱い

1 活線作業用器具

活線作業用器具等については，定められた絶縁性能を有し，かつ，6カ月以内に1回，その絶縁性能について検査されたものであることが必要である。

(1) 間接活線用操作棒（ホットスティック）

間接活線用操作棒を使用するとき，下記の点に留意しなければならない。

ア 離隔距離の確保

身体が当該充電電路に対して60cm以内（頭上は30cm）に接近しないこと。充電電路に接近することにより感電の危険が生ずるおそれがあるときは，当該充電電路に絶縁用防具を装着する。

イ 使用前点検

その日の使用前に，ひびや割れ，損傷の有無および乾燥状態について点検し，異常を認めたときは使用を禁止し，直ちに修理または交換する。

ウ 適正工具の使用

作業目的にあったスティック，および先端工具を使用する。

エ 保管方法

スティック類はFRP，エポキシ樹脂等でできているため，保管するときは高温多湿な場所をさけ，なるべく乾燥状態で保管する。

図 4-7　断路器操作の例
（操作用フック棒を使用）

(2) 操作用フック棒

受変電室内の断路器を開閉するときに使用する操作用フック棒（ジスコン棒）は，通常絶縁台またはゴムマットの上で操作するが，電気用ゴム手袋も使用することが望ましい（**図 4-7**）。

変圧器用の高圧開閉器，例えば高圧カットアウトなどを開閉する操作用フック棒は次により操作する。

ア　電柱上の操作

電柱上で操作する場合は，電気用ゴム手袋を着用して，確実な足場の選定と墜落制止用器具・ワークポジショニング用器具の使用によって身体を安定させる。開放にあたっては，次の点に留意する。

① 開放は身近なものから，人通りに注意して行う。

② 開閉器から顔をそらせ，姿勢を整えて一気に開放する。なお，操作する場合の位置は，正面または真下に位置しないように注意する。

③ 容量の大きい変圧器一次側の開放に際して，アーク発生のおそれが予想される場合は，低圧側を開放した後に行う。

イ　受変電室内の操作

受変電室内など，変圧器の設置場所が狭いところで変圧器用開閉器を操作する場合は，電気用ゴム手袋を着用し，安定した姿勢で操作する。

2 工事用高圧ケーブル

工事用高圧ケーブルには，通電中の開閉器の取替え作業等に使用する短尺（長さ 5m ～ 6m）のケーブルと停電区間の縮小，無停電作業に使用する長尺（1 巻，20m ～ 50m の組合せ）のケーブルなどがある。いずれも作業中は電路の負荷電流が流れるので，ケーブルは安全な許容電流容量を有する太さのケーブルを選定しなければならない。

無停電作業に使用する長尺の活線バイパスケーブル工法は，電路の形態，負荷設

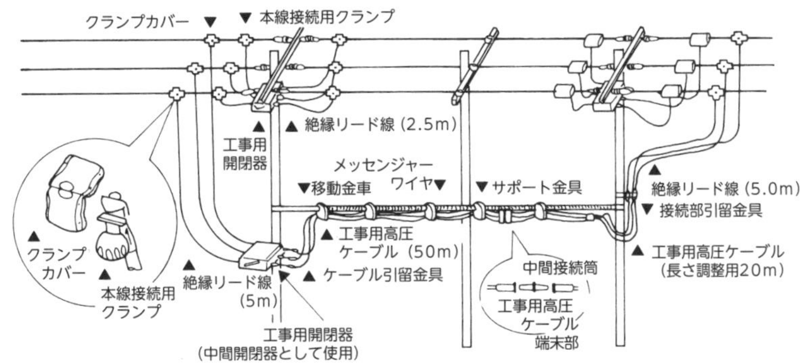

図 4-8　工事用高圧ケーブルによる無停電工法の例

備の状態により組合せは異なるが，工事用高圧ケーブル，工事用開閉器，接続用クランプおよび工事用高圧ケーブルを吊架する架設器材などで構成される。構成例を**図 4-8** に示す。

工事用高圧ケーブルの使用にあたっては，ケーブル，接続用クランプ類の損傷の有無，接続端子部の締付けの状態を点検し，工事用高圧ケーブルは特に慎重に取り扱い，次の点に留意することが大切である。

① 工事用高圧ケーブルを腕金上に敷設する場合は，直接置くと傷つきやすいので，腕金にシート類を敷き，その上を通す。

② 工事用高圧ケーブルを屈曲させるときは許容曲げ半径の基準を守る。

③ 工事用高圧ケーブルを本線に接続する前に，接地端子を用いてケーブルを接地する。

④ 工事用高圧ケーブルを本線に接続するときは接続相を確認する。長径間で中間開閉器を使用する場合は，中間開閉器の箇所で投入前に検相する。

⑤ 本線接続用クランプは確実に締め付ける。このとき接触抵抗低減のため本線接続部分をみがくとよい。

⑥ 工事用高圧ケーブルを本線から切り離したときは検電で停止を確認し，残留電荷を確実に放電させる（第5章2(2)参照）。

 その他，活線作業に使用する工具

活線作業にあたって，活線用張線器，活線カッターなどの活線作業用工具を使用する場合には，作業者は，絶縁用保護具を着用して慎重に取り扱わなければならない。

第4章 安全な距離の確保

充電部の近くで他の充電部またはその支持物などの敷設，点検修理などの作業を行う作業を，活線近接作業という。

この作業は直接にその活線を取り扱うものではないため，ややもすると防護が不十分になりやすいが，活線作業と同等な作業とみなして防護を施し，安全を確保するようにしなければならない。

1 接近充電部の確認と処置

充電部に接近して作業を行う場合，作業指揮者は，作業内容と作業現場の状態をよく検討して通路，作業区域などを作業者全員に納得させたうえで作業に着手させるなど適切な指示を行い，作業者は作業指揮者から指示された事項を遵守して作業を行う。また，接触したり，接近することにより感電の危険が生ずるおそれのある充電部は，作業着手前に十分防護を施さなければならない。

2 離隔距離の確保等

充電電路に接近して作業を行う場合，作業中の異常接近を防止するため，安全な離隔距離を確保しなければならない（**表 4-1**）。

(1) 確　認

充電部との間に**表 4-1** の離隔距離を保つことができるか目測により確認する（**図 4-9**）。また，特別高圧の充電電路に対しては，その使用電圧に応じた接近限界距離（第１編第２章**表 1-5** 参照）に，その作業内容による作業姿勢の最大動作域（使用する材料，工具などの大きさ，材質などを十分考慮する）を加えた十分な安全空間を確保する。

表 4-1　離隔距離

電路の電圧	離隔距離
特別高圧 (7,000V を超える)	2m。ただし，60,000V 以上は 10,000V またはその端数増すごとに 20cm 増
高　圧 (交流 600V を超え 7,000V 以下，直流 750V を超え 7,000V 以下)	1.2m
低　圧 (交流 600V 以下，直流 750V 以下)	1m

（注）　高圧および低圧に対しては，絶縁用防具などを電路に装着することにより上表の離隔距離以内に接近することができる。

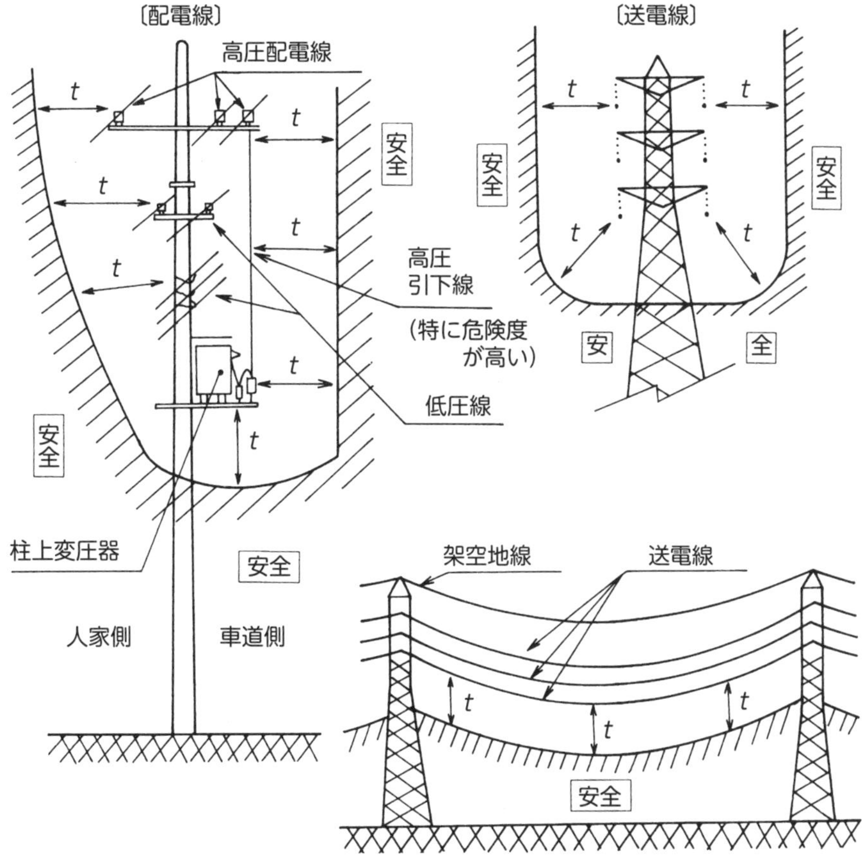

（注）1　t は安全な離隔距離　2　斜線部は安全な範囲

図 4-9　安全な離隔距離

(2) 高圧の場合の防護措置

ア 架空電路の作業

① 電柱上などでは，充電部と作業者との間に十分な離隔距離を確保することは困難なので，高圧の充電電路に対して頭上距離が30cm以内または身体側距離もしくは足下距離が60cm以内に接近するような場合は，その範囲内の充電電路を防護する（**図4-10**）。

② 低圧線作業や一部停電作業を行う場合には，高圧接近表示テープや片側送電表示札などの危険標識または昇り過ぎ防止器などを電柱の適当な箇所に取り付け，作業者の注意を喚起する。

イ 屋内電路の作業

① 作業空間の広い場所では，離隔距離の範囲を示す区画ネット，区画ロープ，防護壁などを用いて，物理的に区画することが最も効果が大きい。

② 作業の内容，作業場所の状態などにより，区画ネット，区画ロープなどでは十分区画できない場合は，絶縁用保護具着用のうえ，防具を用いて充電部を防護する。

③ 重量物や金属製の長い材料などを取り扱う場合で充電部に接近するおそれのあるときは，堅固な防護壁により防護する。なお，実際の電気工事の作業では，高圧の電路に近接して特別高圧の充電電路があることが多いので，これによる感電の危険を防止するための措置を講じなければならない。

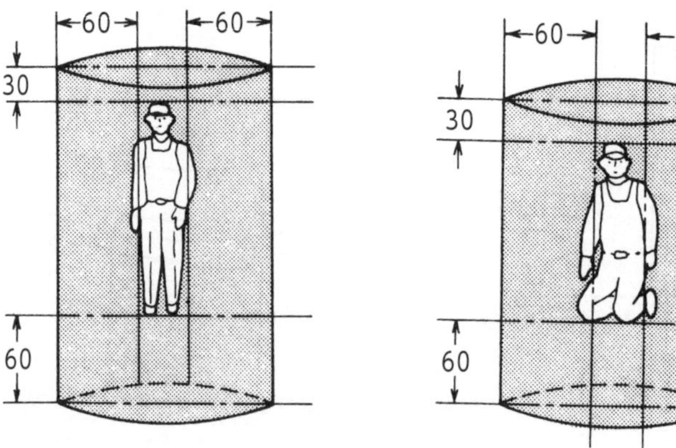

図4-10 立った姿勢と座った姿勢における防具を装着すべき範囲例

(3) 特別高圧の場合の防護措置

特別高圧活線近接作業としては，主に特別高圧送電線と接近する架空電線路で行われる作業と，特別高圧で送電受電する発電所，変電所構内などにおける作業とがある。以下に，これらの作業で留意すべき事項について述べる。

ア　架空電路の作業

① 特別高圧送電線路と併行する架空電線路を停電して作業する場合，高電圧がこの架空電線路に誘起されていることがあるので，絶縁用保護具を着用したうえで架空電線路に短絡接地を施すなどして電荷を放電させた後，作業に着手する。

② 特別高圧送電線路に接近して架空電線路支持物の新設，撤去，建替えなどを行う場合，支持物を不用意に特別高圧充電電路に接近させると，閃(せん)絡により感電の危害を生ずるおそれがあるので，特別高圧の充電電路に対して接近限界距離を確保するとともに，次の点に留意して作業を行う必要がある。

a　支持物の全長，移動式クレーンのブームの長さ，構造などを検討して作業域の幅，高さなどを確実に把握する。

b　作業域に最も近い部分の特別高圧送電線路の地上高，作業域との離隔距離，最高電圧などを現地調査により目測するとともに，特別高圧送電線路の管理者と密接な連絡打合せを行ってそれらを確認する。

c　作業域と特別高圧送電線路との安全な離隔距離は，

○接近限界距離

○風による電線の動揺幅

○目測距離の誤差

などにさらに安全率を加味して十分な安全空間を確保しなければならない。

d　作業にあたっては，移動式クレーンの車体には接地を施し，支持物を取り扱う作業者は電気用ゴム手袋，電気用長靴などを着用して身体を保護する。なお，万一の異常接近を防止するため監視人を置き，作業を監視させる。

イ　発電所，変電所構内などにおける作業

発電所，変電所構内などにおける作業は特別高圧の充電電路に接近して行う

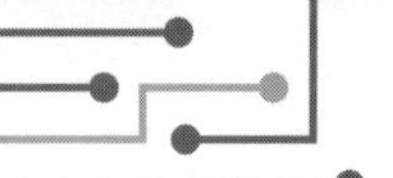

場合が多く，設備の大容量化に伴い，使用電圧も高く，感電の危害を生ずるおそれが増加しているので，作業を行うにあたっては十分な離隔距離を確保しなければならない。

① 構内作業の場合，離隔距離を確保するには，作業区域外に立入禁止の標識を設置するほか，区画ネット，区画ロープ，離隔棒などにより物理的に区画することが望ましい。

また，誘導電圧により感電の危害を生ずるおそれのある場合は，導電性の作業靴を用いる※。

② 移動式クレーンのような作業域の高い機械類を使用する場合は，使用する材料，工具，ブームなどの形状，構造などを検討のうえ，十分な離隔距離を有する位置に柵などを設け，接近限界距離以内に侵入することを防止する措置をする。

また，柵の設置が困難な場合は，接近限界距離を示す標識ロープを張ったり，足場丸太を門型に組んで作業範囲を限定するなどの方法がある。標識類の使用が困難な場合は，監視人を置いて作業を監視させる。

※ 絶縁性の靴底を使用しているときに高電圧の設備付近に近づくと，人体が誘導により帯電し，手などが鉄構に触れたときに放電され，ショックを感じるため導電靴により帯電防止をしておく。

第5章 停電回路に対する措置

作業のため電気回路を停止した場合は，作業者自身や第三者の錯覚，誤認や機器の誤動作などによる誤送電に起因する人身災害の防止措置として，開閉器の施錠，立入禁止措置，検電，短絡接地器具の取付け，「工事中送電禁止」の表示などの措置をする。

1 通電禁止の措置

停電作業中の不意の通電による危険を防止するため，次のいずれかの措置を行わなければならない。

① 停電に用いた電源スイッチに施錠しておくこと。

② そのスイッチの箇所に通電禁止に関する事項を表示しておくこと。

③ その電源スイッチの場所に監視人を配置しておくこと。

2 検電，残留電荷の放電および短絡接地器具の取付け

停電作業を行う場合，停電しているか否かの判断を誤ると，人命にもかかわる重大な災害が発生することになるので，線路停止の連絡を受けた作業者は，作業に着手する前に必ず検電，残留電荷の放電および短絡接地器具の取付けを行わなければならない。この検電，電荷の放電および短絡接地器具の取付けは，作業者自身を感電の危険から守るただひとつの安全な方法であることを心得ておかなければならない。また，これを行う作業者は，高圧電気取扱者のうちで経験の深い者の中から指名し，絶縁用保護具を着用させるか，活線作業用器具を使用させるなど，感電するおそれのない状態で行うようにしなければならない。

(1) 検　　電

① 停電されているか否かを確かめるには，検電器で１線ごとに検電し，完全に送電が停止されたことを確かめる（**図 4-11**）。

② 絶縁電線の被覆のうえから検電できる検電器を用いて検電する場合には，**図 4-12** のように使用する。また，絶縁電線の被覆のうえから検電できない検電器を使用する場合には，耐張カバー，ボルコンカバーなどの絶縁カバーを外すか，またはがいしのバインド部分，電線接続部のテーピング部分で検電するのがよい。

③ 高圧電力ケーブルはケーブル内に遮へい層があるため，被覆のうえからでは検電できない。このような場合は，ケーブルの端末または検電用端子で検電する。

④ 検電器を使用するときは，必ず作業出発前に検電器試験器などにより性能を試験し，異常があれば交換して，正しい性能を有するものを使用する。

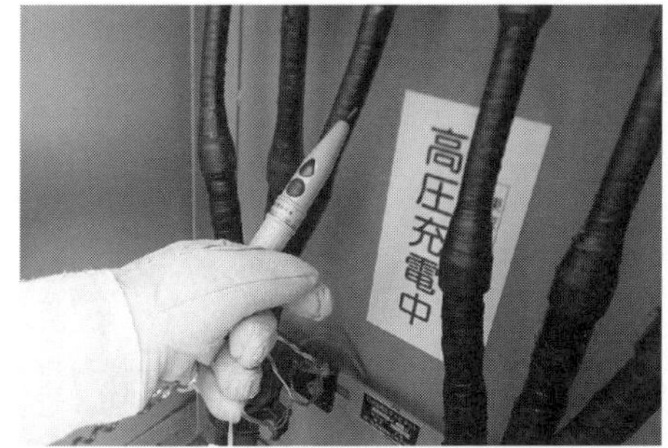

図 4-11　検　　電

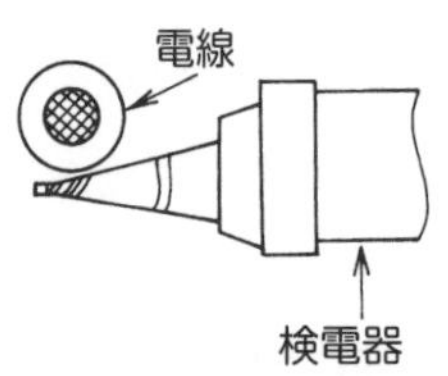

図 4-12　検電器の使用法

(2) 残留電荷の放電

電路を開路したときには，電力ケーブル，電力用コンデンサなどによる残留電荷（電圧）によって感電の危害を生ずるおそれがあるので，作業着手前に安全な方法により残留電荷を確実に放電させなければならない。なお，残留電荷の流れは直流のため，交流用検電器では確認できない。

残留電荷を安全に放電する方法として，電圧や電流等が適合する放電用接地棒を用いるか，絶縁用保護具を着用または活線作業用器具を使用して，短絡接地器具を用い，接地された短絡用クリップで，それぞれのリード端子などを接地する。

(3) 短絡接地

ア 目　的

高圧電路において停電して作業を行うとき，誤送電や逆昇圧（本章3参照）により作業中の電路が不意に充電された場合でも，短絡接地器具（**図 4-13**）を取り付けておくことにより，電源の保護装置が瞬時に作動して電源を遮断し，作業者の感電の危険を防止することができる。

このために接地抵抗はできるだけ少なくするようにし，また，短絡接地器具は溶断しないように十分な電流容量を有するものを使用する。

イ 取付け方法

① 接地線の接続

短絡接地器具の接地線を確実に接地極へ接続する。接地極は，接地棒を新たに大地につきさす方法や，既設の接地極を活用する方法がある。

② 検電

短絡接地器具を取り付ける電路を検電し，停止を確認する。

③ 高圧電路への短絡接地器具の取付け

停電を確認した高圧電路に短絡接地器具の短絡線を1線ずつ取り付け短絡

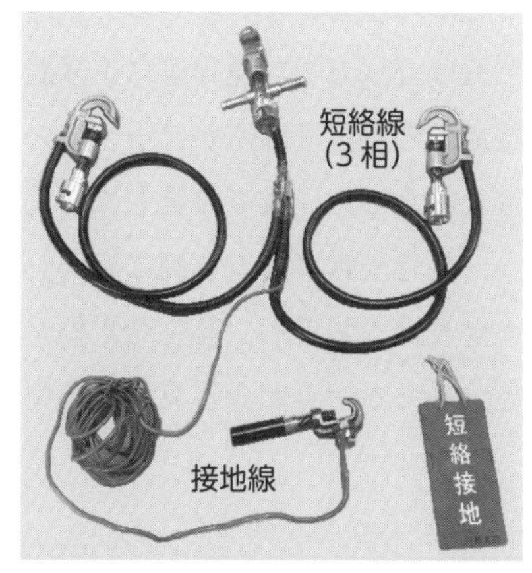

図 4-13　短絡接地器具と接地標識の例

する。

④　接地標識の取付け

短絡接地器具の取付け箇所に接地の標識を取り付け，短絡接地器具取付け中であることを明示する。

④　短絡接地の取外し

作業が終了し短絡接地を取り外す場合は，取付け手順と逆の手順で取り外す。

3 逆昇圧※による感電災害防止

逆昇圧に関して，一般送配電事業者の設備形態を例に説明する（**図4-14**）。

近年，家庭用の太陽光発電装置や，非常用電源としての需要家設備の低圧の小型発電機や移動式（携帯用）発電機が普及している。一般送配電事業者の高圧配電線路が停電したときにそれらが運転されていると，一般送配電事業者の配電用変圧器（以下，配電用変圧器）により停電線路に高電圧が誘起される逆昇圧現象が生じ，作業者が感電する危険性がある。これは，需要家側の引込用開閉器を未開放の状態で発電機を運転することによるもので，引込線，低圧配電線を通じ配電用変圧器の低圧側巻線が励磁され高圧側に高電圧が誘起される。

逆昇圧による感電災害防止には，あらかじめ低圧発電機の使用が予測できるときは，引込開閉器の開放確認，引込線の切離しなどの措置や，停電区域内のすべての配電用変圧器の高・低圧開閉器を開放することが考えられるが，いずれも数が多いことから容易でない。そこで，作業区間の両端，分岐箇所にも短絡接地を取り付けておけば，万一，逆昇圧により誤送電されても，人体抵抗に比べて，短絡線および接地線の抵抗ははるかに小さいので，大部分の電流は短絡線および接地線を通じて流れるため，作業者の重大な感電災害は防止できる。

一般送配電事業者を例に説明したが，このような状態は需要家構内に設置された太陽光発電装置や，低圧発電機から変圧器を介して逆昇圧されることでも同様に発生することから充分留意する必要がある。

※　逆昇圧はバックチャージ，ステップアップ，逓（てい）昇電圧などとも呼ばれる。

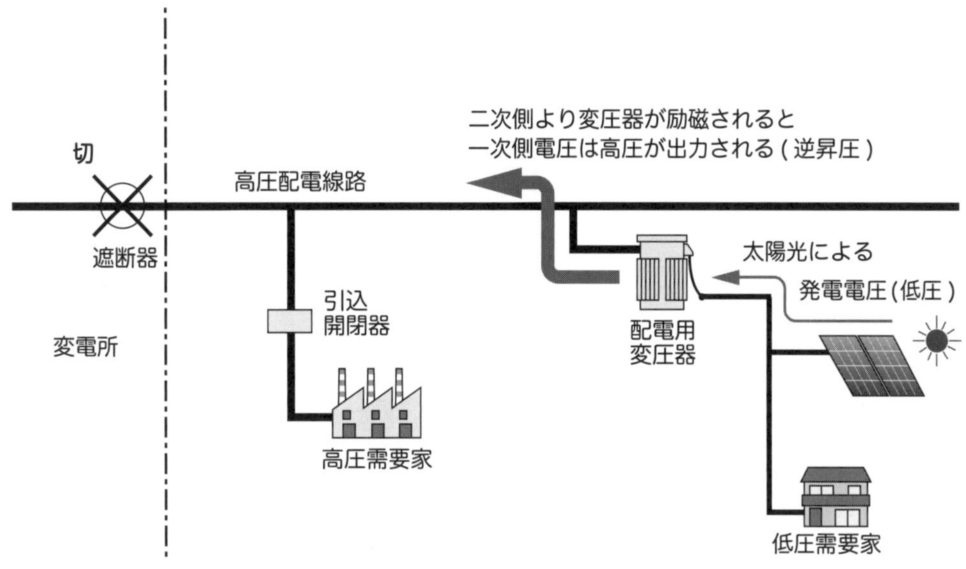

図 4-14　逆昇圧の例

（系統停電時に太陽光発電の電源が解列されない場合※）

※　通常は，パワーコンディショナー（PCS）により，停電時は系統から解列される。PCS の故障や，発電容量>系統負荷容量等の条件により，太陽光による発電電圧が昇圧され，高圧系統が充電される。

第6章 開閉装置の操作

1 負荷電流を遮断する開閉器

開閉器の操作は通常，電線路の管理者が行うものであるが，特に管理者の指示を受けて作業者が操作する場合は，管理者立会いのもとに行う。その際，定められた操作手順を正しく守って行わなければならない。

開路した開閉器には，無断で投入できないように施錠しておく。また，柱上開閉器のように，施錠が困難なものについては，引きひもを支持物に巻き付けるなど誤操作を防ぐ措置をしたうえで，「作業中，通電禁止」の表示札を取り付けるか，または監視人を置いて監視させる。

2 負荷電流を遮断できない開閉器

高圧電路の断路器のように，負荷電流を遮断できない開閉器を開路する場合は，その開閉器の誤操作を防止するために，次の①および②により，電路の無負荷または停止を確認したうえで，操作手順に従って断路器を操作するようにしなければならない（**図 4-15**）。

① 負荷電流が流れていないことを確認するため，操作開閉器に隣接する遮断器が開放していることを確認する。

② 操作手順書や図面と操作対象機器の名称等の照合により操作対象機器を確認する。

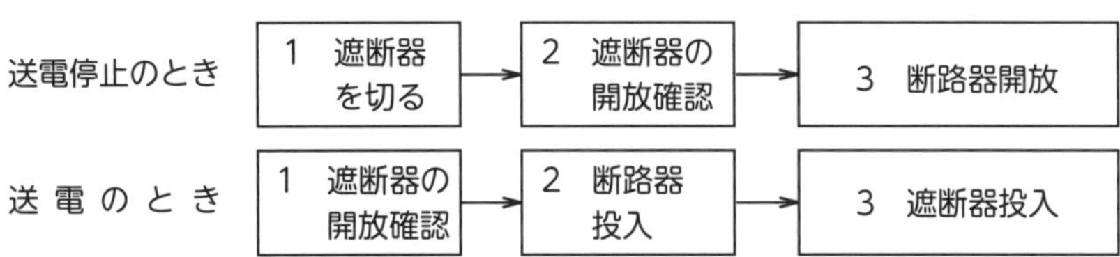

図4-15　断路器操作手順

第7章 作業管理および作業者の心得

停電作業や活線作業，活線近接作業を行う場合は，感電の危害を生ずるおそれがあるので，作業管理を厳重にしなければならない。そこで，このような作業については，作業指揮者を任命して，作業を直接指揮させることが必要である。

また，作業者は団体行動をとることが多いので，作業指揮者の命令および指示に従い，規律を乱すことなく安全の基本に従った作業を行うようにしなければならない。

命令および指示の違反，統制の乱れは直ちに事故につながるものであることを十分に認識していなければならない。

 1 作業管理に関する事項の概要

ア 適切な作業計画の樹立

活線作業，活線近接作業は，充電部から完全に絶縁された状態で行わなければならないため，充電電路の使用電圧に応じての接近限界距離，作業位置の検討のほか，器具にかかる荷重，使用する器具・工具の適否，作業人員および作業時間についてあらかじめ綿密に検討し，適正な作業計画をたてる。特に高圧活線作業は，充電部を直接取り扱う作業であり，常に危険が伴うので，高度な技能を習得した作業者が行う。また，活線作業用器具・高所作業車※の活用，高圧バイパスケーブルによる無停電作業を採用するなど，可能な限り安全な工法を選定する。

雷接近時，降雨，強風など悪天候のため危険が予想されるときは作業を中止する。

※ 電柱への昇柱や高所作業車（活線作業車）を使用した高所作業においては，必要な墜落制止用器具等（フルハーネス型およびワークポジショニング用器具など）を確実に使用して，墜落防止に留意して作業を行うこと（第3編第4章3参照）。

イ　器具などの整理整頓

現場において，作業を開始する前に，再び器具などの外観検査を行うとともに，これを整理・整頓して，必要な器具，材料などがすべてそろっていることを確認する。

ウ　事前打合せの徹底

作業前，休憩後の作業再開始前などに，TBM（ツール・ボックス・ミーティング），KY（危険予知）などの方式により，作業内容，作業の手順，各自の分担，安全確保上遵守すべき事項などについて，作業指揮者をかこみ，作業者全員で打合せを行い，疑問点が残らないようにする。

エ　作業規律の厳正保持

作業指揮者は，安全な作業を確保するため適格な監視監督を行い，また，作業者は作業指揮者の指導のもとに規律を厳正に保持していなければならない。また，共同作業における各自の分担の業務を正しく行うこと。

オ　作業手順

活線作業や活線近接作業は常に危険が伴う作業であり，作業にあたっては，定められた作業手順に従い慎重にすすめなければならない。作業手順は，作業のムリ（不安全），ムダ（非能率，不合理性），ムラ（悪品質）を省き不安全行動をなくす，安全と作業能率向上の基礎である。過去の災害には，作業手順を誤ったり，手抜きしたために起きた災害が少なくない。

新規作業，臨時作業，緊急作業など平常実施していない作業は標準化されていないし，不慣れであるから事前に関係者や作業者とも十分打ち合わせ，作業方法および作業手順を決め，作業予定表を作成するなどして，災害・事故の未然防止措置をする。

2 作業指揮者の役割

法令に定められた作業指揮者の役割は，具体的には以下のようになる。作業者は，作業指揮者の指揮のもと，その指示に従って作業を行わなければならない。

ア　一般的な役割

作業指揮者は，作業着手前に現場施設の状態を確認し，作業計画書等を参照して，全員に作業の内容と安全の措置をよく周知させておくとともに，次のこ

図 4-16　作業指揮者の指示

とを行う（**図 4-16**）。

① 人員の配置を定め，作業の分担を指示する。

② 作業手順を説明し，納得させ，全作業の所要推定時間を全員に知らせる。

③ 作業の方法および順序を周知するとともに，作業を直接指揮し，作業者の動作を見守って，危険防止に努める。

イ　停電作業の場合

① 停電作業を行うにあたっては，あらかじめ，停電する範囲，停電および送電の時間，開閉器の遮断場所，線路の短絡接地器具の取付け場所およびその状態，作業の段取り，各作業者の作業配置，作業終了後の処置などを説明する。

② 作業開始の際は，線路の停電の状態，遮断した開閉器の施錠，通電禁止に関する事項の表示などの開閉器の管理の状態，検電，短絡接地器具の取付け状況，監視人の配置の状態などを確認した後で作業に着手させる。

③ 作業を終了したときは，作業現場の状況と作業者全員の安全を確認した後，短絡接地器具を取り外し，送電の手配を行う。

ウ　高圧の活線作業または活線近接作業の場合

① 高圧の活線作業または活線近接作業を行うときは，身体の保護，施設の防護，人の配置，作業の手順などを関係者に説明し，納得させる。

② また，万一の事故に備えて電流の遮断箇所，救急処置なども知らせておく。

エ　特別高圧の近接作業の場合

特別高圧に近接して作業を行うときは，前記ウに述べた職務を行うことのほか，次のことを行う。

① 接近限界距離を保つため，見やすい所に標識を設けるか，区画ネット，区画ロープ，離隔棒などにより区画させる。

② 標識の設置や区画することが困難な場合は，監視人をおいて作業を監視させる。

③ 以上の状態や方法を確認した後，作業に着手させる。

オ　その他

① 電気機械器具，工具などの設置取付け状況，絶縁被覆の状態，検電器の性能，絶縁用保護具，絶縁用防具，作業用器具などの性能を毎日の使用前に点検し，良好な状態で使用させる。

② 高圧充電電路に接近して行う一般作業，例えばくい打ち作業，クレーン操作の作業などにおいては，特別高圧の電路および高圧，低圧の電路に対して防護を行わないときは，離隔距離（173頁，**表4-1**，**図4-9**参照）が常に保たれるように作業を指揮する。

3 作業者の心得

(1) 一般事項

① 作業者は，作業指揮者の命令に従って，正しい作業手順で安全に作業を行わなければならない。作業に着手する前に，作業の内容を十分に理解するとともに，現場の状況および線路の送電および停電の状態を確認する。

② 作業中は，積極的に作業指揮者の指示を受け，指示事項，打合せ事項などを無視した勝手な行動を取ることのないようにする。また，作業中に疑問が生じた場合，自己流の判断により，勝手な行動を取らず，作業指揮者の指示を受ける。なお，報告やお互いの連絡は確実に行う。

③ 健康状態の悪いときまたは悩みごとのあるときなどは，自発的に作業指揮者に申し出る。

(2) 停電作業の場合

① 停電作業を行うときは，開路に用いた開閉器に施錠するか，もしくは通電禁止に関する事項を表示する。

② 停電電路は，検電器具によって停電を確認する。

③　残留電荷を生ずる電路がある場合には，当該残留電荷を確実に放電させる措置を講ずる。

④　誤通電，他の電路との混触または誘導を防止するために，短絡接地器具を用いて確実に短絡接地を行う。特に特別高圧送電線と併行する架空電路を停電して作業する場合，誘導で電圧誘起するため絶縁用保護具を着用したうえで，電路に短絡接地器具を取り付けて作業に着手する。

(3) 活線作業または活線近接作業の場合

①　活線作業または活線近接作業を行うとき，絶縁用保護具の着用，絶縁用防具の装着，活線作業用器具および装置の使用などを作業指揮者から命じられた場合は，これを着用し，装着し，または使用しなければならない（**図4-17**）。

②　活線作業に使用する保護具，防具，器具，装置などは，取扱いに十分注意し，毎日使用前に必ず点検し，良否を確認する。この場合，電気用ゴム手袋および電気用長靴については空気試験を行い，他の工具は外観点検を行う。検電器については検電器試験器により作動を確認する。保護具，防具など定期点検を行うものは，前回の点検日についても確認する。

③　点検の結果，異常を認めたときは，直ちに補修または交換して，いつも正しい性能のものを使用する。

図 4-17　高所作業車を使った活線作業

第8章 救急処置

感電等により意識不明になった者を救うためには，すみやかに呼吸と心臓の鼓動を回復させる**心肺蘇生**（胸骨圧迫，人工呼吸）などの**一次救命処置**を行うことが重要である。実際の処置の前に行うべき基本事項として，周囲の状況の観察と安全確認がある。なぜなら，感電・酸欠・有毒ガスなどが原因の場合，傷病者に接近・触れただけで救助者も被害を受けて二次災害となるためである。

感電災害が発生し，感電者がまだ電線，電気設備等に触れている場合は，①まず，すぐに電源を切る。②電源を切れない場合，電気用ゴム長靴を履き，電気用ゴム手袋をつけて，乾燥した木の棒などの長い絶縁体を使って感電者と電線等とを引き離す（自分も感電するおそれがあるため，無理はしないこと）。③電源を切るか引き離すまで，不用意に被災者の体に触れてはならない。④感電者が外見上は特に異常のない場合であっても，身体の内部でひどい火傷を負っていることがありうるので，必ず医師の診察を受けさせること。

以上のように，周囲の状況を確認して自己の安全を確保してから，すみやかに一次救命処置に移らなければならない。ただし，これらの安全確認等に時間を費やし過ぎると救える命も救えなくなるため，短時間で判断することが必要である。

なお，胸骨圧迫のみの場合を含め，一時救命処置の心肺蘇生はエアロゾル（ウイルスなどを含む微粒子が浮遊した空気）を発生させる可能性があるため，新型コロナウイルス感染症が流行している状況においては，すべての傷病者に感染の疑いがあるものとして対応する。

一次救命処置について，その流れに沿って以下説明する（**図 4-18**）。

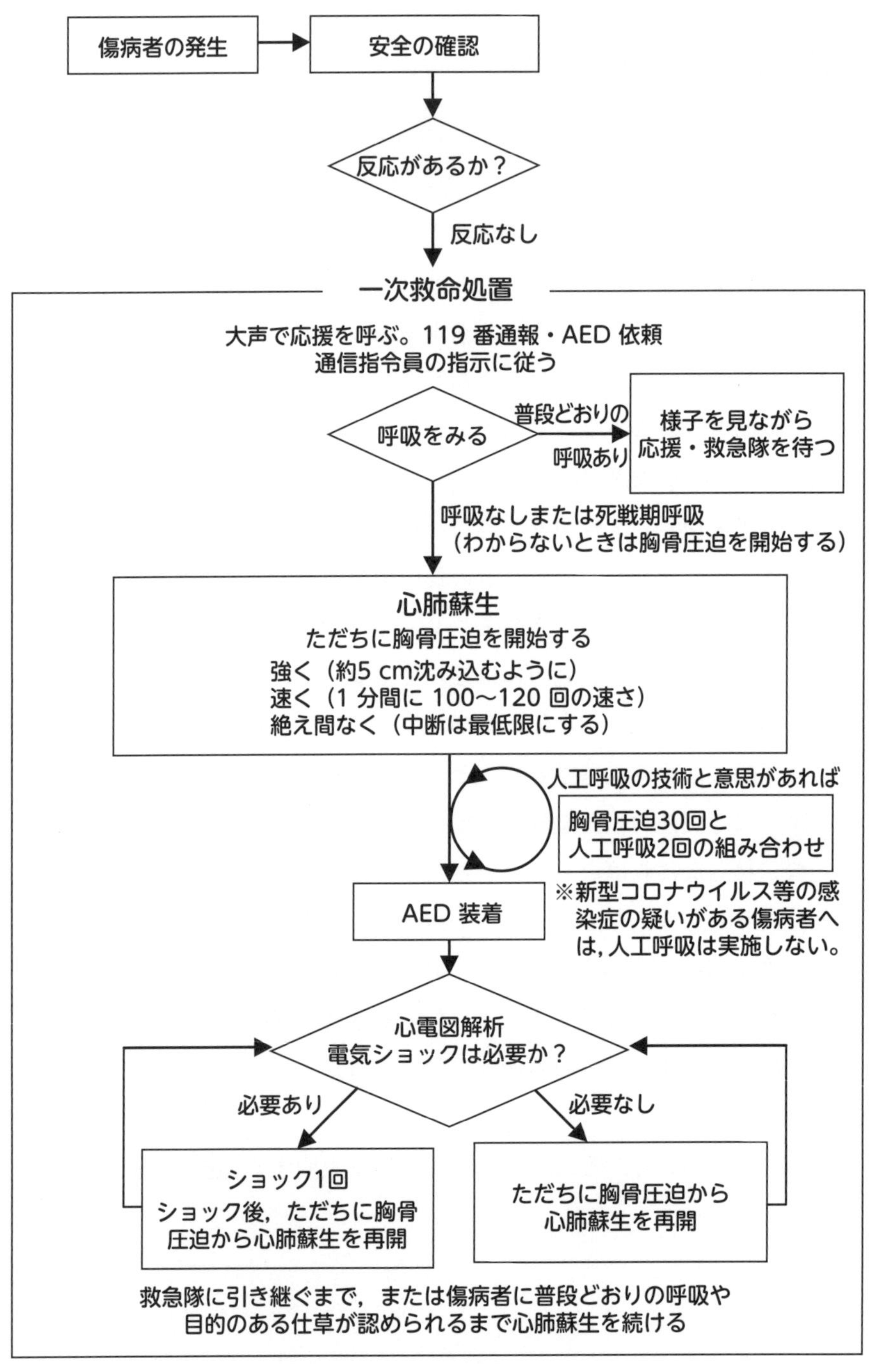

図 4-18　一次救命処置の流れ

1 発見時の対応

ア 反応の確認

傷病者が発生したら，まず周囲の安全を確かめた後，傷病者の肩を軽くたたく，大声で呼びかけるなどの刺激を与えて反応（なんらかの返答や目的のある仕草）があるかどうかを確認する。この際，傷病者の顔と救助者の顔があまり近づきすぎないようにする。もし，このとき反応があるなら，安静にして，必ずそばに観察者をつけて傷病者の経過を観察し，普段どおりの呼吸がなくなった場合にすぐ対応できるようにする。また，反応があっても異物による窒息の場合は，後述する気道異物除去を実施する。

イ 大声で叫んで周囲の注意を喚起する

一次救命処置は，できる限り単独で処置することは避けるべきである。もし傷病者の反応がないと判断した場合や，その判断に自信が持てない場合は心停止の可能性を考えて行動し，大声で叫んで応援を呼ぶ。

ウ 119番通報（緊急通報），AED手配

誰かが来たら，その人に119番通報と，近くにあればAED（Automated External Defibrillator：自動体外式除細動器）の手配を依頼し，自らは一次救命処置を開始する。

周囲に人がおらず，救助者が1人の場合は，まず自分で119番通報を行い，近くにあることがわかっていればAEDを取りに行く。その後，一次救命処置を開始する。なお，119番通報すると，電話を通して通信指令員から口頭で指示を受けられるので，落ち着いて従う。

2 心停止の判断——呼吸をみる

傷病者に反応がなければ，次に呼吸の有無を確認する。心臓が止まると呼吸も止まるので，呼吸がなかったり，あっても普段どおりの呼吸でなければ心停止と判断する。

呼吸の有無を確認するときには，気道確保を行う必要はなく，傷病者の胸と腹部の動きの観察に集中する。胸と腹部が（呼吸にあわせ）上下に動いていなければ「呼

吸なし」と判断する。また，心停止直後にはしゃくりあげるような途切れ途切れの呼吸（死戦期呼吸）がみられることがあり，これも「呼吸なし」と同じ扱いとする。なお，呼吸の確認は迅速に，10秒以内で行う（迷うときは「呼吸なし」とみなすこと）。

反応はないが，「普段どおりの呼吸（正常な呼吸）」がみられる場合は，**回復体位**（**図4-19**）にし，様子をみながら応援や救急隊の到着を待つ。

傷病者を横向きに寝かせ，下になる腕は前に伸ばし，上になる腕を曲げて手の甲に顔をのせるようにさせる。また，上になる膝を約90度曲げて前方に出し，姿勢を安定させる。

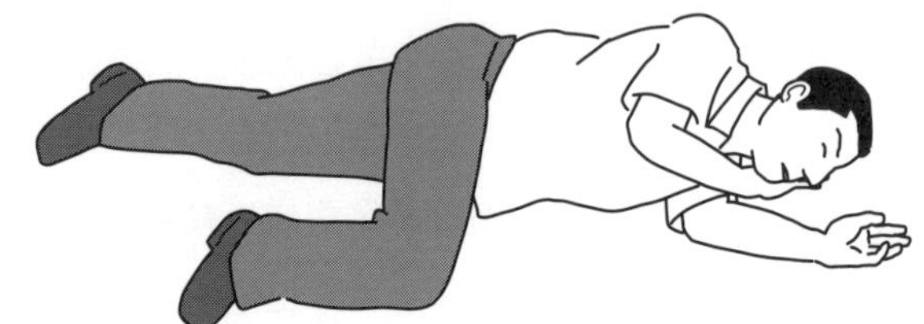

図4-19　回復体位

3 心肺蘇生の開始と胸骨圧迫

呼吸が認められず，心停止と判断される傷病者には**胸骨圧迫**を実施する。傷病者を仰向け（仰臥位）に寝かせて，救助者は傷病者の胸の横にひざまずく。エアロゾルの飛散を防ぐため，胸骨圧迫を開始する前に，ハンカチやタオル（マスクや衣服などでも代用可）などがあれば，傷病者の鼻と口にそれをかぶせる。圧迫する部位は胸骨の下半分とする。この位置は，「胸の真ん中」が目安になる（**図4-20**）。

この位置に片方の手のひらの基部（手掌基部）をあて，その上にもう片方の手を重ねて組み，自分の体重を垂直に加えられるよう肘を伸ばして肩が圧迫部位（自分の手のひら）の真上になるような姿勢をとる。そして，傷病者の胸が5 cm沈み込

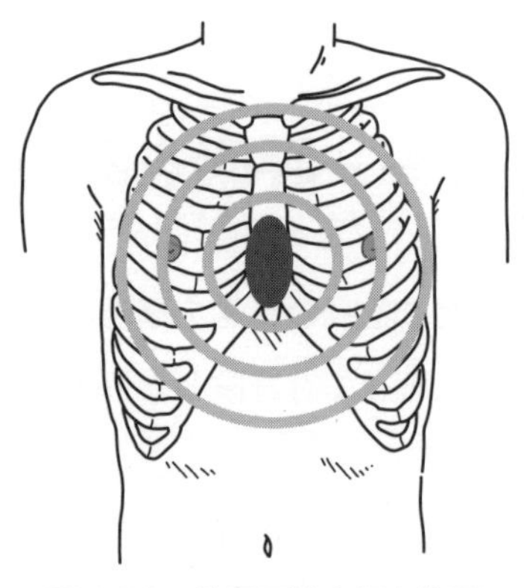

図4-20　胸骨圧迫を行う位置

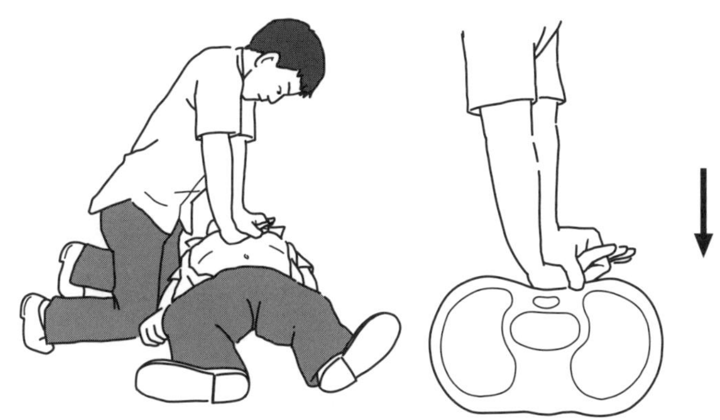

図 4-21 胸骨圧迫の方法

むように強く速く圧迫を繰り返す（**図 4-21**）。

1分間に100～120回のテンポで圧迫する。圧迫を解除（弛緩）するときには，手掌基部が胸から離れたり浮き上がって位置がずれることのないように注意しながら，胸が元の位置に戻るまで十分に圧迫を解除することが重要である。この圧迫と弛緩で1回の胸骨圧迫となる。

AEDを用いて除細動する場合や階段で傷病者を移動する場合などの特殊な状況でない限り，胸骨圧迫の中断時間はできるだけ10秒以内にとどめる。

他に救助者がいる場合は，1～2分を目安に役割を交代する。交代による中断時間はできるだけ短くする。

4 気道確保と人工呼吸

人工呼吸が可能な場合は，胸骨圧迫を30回行った後，2回の人工呼吸を行う。その際は，**気道確保**を行う必要がある。

(1) 気道確保

気道確保は，**頭部後屈・あご先挙上法**（**図 4-22**）で行う。

頭部後屈・あご先挙上法とは，仰向けに寝かせた傷病者の額を片手でおさえながら，一方の手の指先を傷病者のあごの先端（骨のある硬い部分）にあてて持ち上げる。これにより傷病者の喉の奥が広がり，気道が確保される。

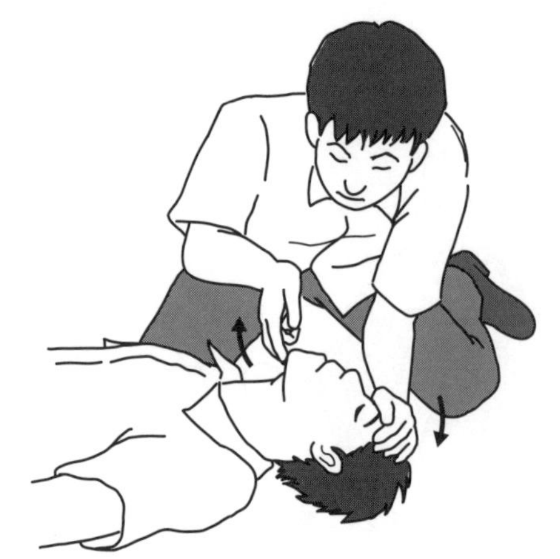

図 4-22　頭部後屈・あご先挙上法による気道確保

(2) 人工呼吸

気道確保ができたら，**口対口人工呼吸**を2回試みる。

口対口人工呼吸の実施は，気道を開いたままで行うのがこつである。前述の**図 4-22**のように気道確保をした位置で，救助者が口を大きく開けて傷病者の唇の周りを覆うようにかぶせ，約1秒かけて，胸の上がりが見える程度の量の息を吹き込む（**図 4-23**）。このとき，傷病者の鼻をつまんで，息がもれ出さないようにする。

1回目の人工呼吸によって胸の上がりが確認できなかった場合は，気道確保をやり直してから2回目の人工呼吸を試みる。2回目が終わったら（それぞれで胸の上がりが確認できた場合も，できなかった場合も），それ以上は人工呼吸を行わず，直ちに胸骨圧迫を開始すべきである。人工呼吸のために胸骨圧迫を中断する時間は，10秒以上にならないようにする。

この方法では，呼気の呼出を介助する必要はなく，息を吹き込みさえすれば，呼気の呼出は胸の弾力により自然に行われる。

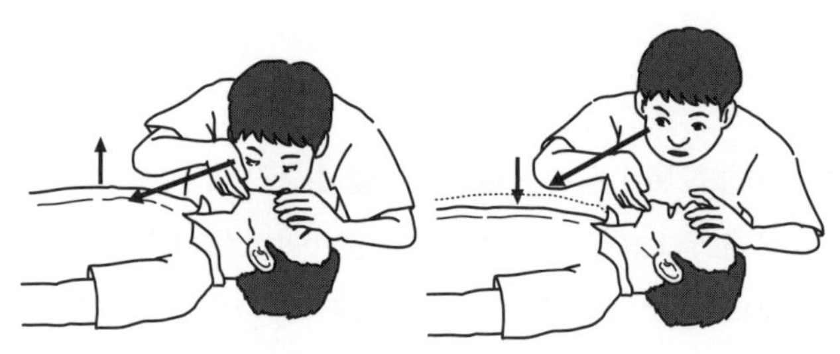

図 4-23　口対口人工呼吸

なお，口対口人工呼吸を行う際には，感染のリスクが低いとはいえゼロではないので，できれば感染防護具（一方向弁付き呼気吹き込み用具など）を使用することが望ましい。

もし救助者が人工呼吸ができない場合や，実施に躊躇（ちゅうちょ）する場合は，人工呼吸を省略し，胸骨圧迫を続けて行う。なお，新型コロナウイルスなどの感染症の疑いがある傷病者に対しては，救助者が人工呼吸を行う意思がある場合でも，人工呼吸は実施せず胸骨圧迫だけを続ける。

 5 心肺蘇生中の胸骨圧迫と人工呼吸

胸骨圧迫 30 回と人工呼吸 2 回を 1 サイクルとして，**図 4-24** のように絶え間なく実施する。このサイクルを，救急隊が到着するまで，あるいは AED が到着して傷病者の体に装着されるまで繰り返す。なお，胸骨圧迫 30 回は目安の回数であり，回数の正確さにこだわり過ぎる必要はない。

この胸骨圧迫と人工呼吸のサイクルは，可能な限り 2 人以上で実施することが望ましいが，1 人しか救助者がいないときでも実施可能であり，1 人で行えるよう普段から訓練をしておくことが望まれる。

なお，胸骨圧迫は予想以上に労力を要する作業であるため，長時間 1 人で実施すると自然と圧迫が弱くなりがちになる。救助者が 2 人以上であれば，胸骨圧迫を実施している人が疲れを感じていない場合でも，約 1 ～ 2 分を目安に他の救助者に交替する。その場合，交代による中断時間をできるだけ短くすることが大切になる。

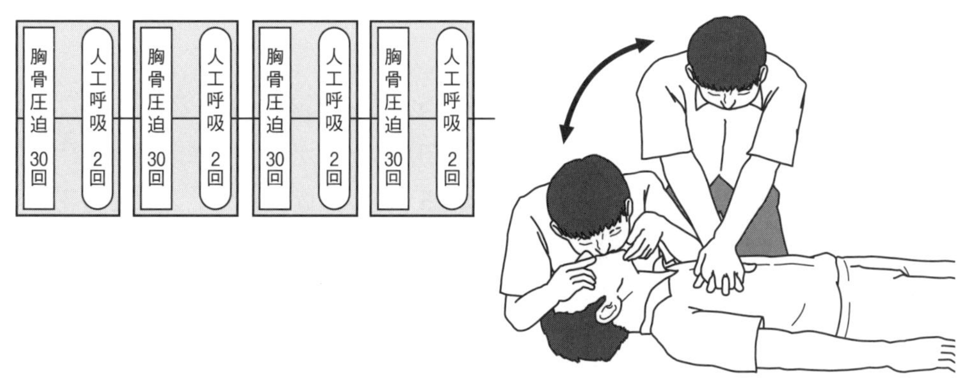

図 4-24　胸骨圧迫と人工呼吸のサイクル

 6 心肺蘇生の効果と中止のタイミング

傷病者がうめき声をあげたり，普段どおりの息をし始めたり，もしくは何らかの応答や目的のある仕草（例えば，嫌がるなどの体動）が認められるまで，あきらめずに心肺蘇生を続ける。救急隊員などが到着しても，心肺蘇生を中断することなく指示に従う。

普段どおりの呼吸や目的のある仕草が現れれば，心肺蘇生を中止して，観察を続けながら救急隊の到着を待つ。

 7 AEDの使用

「普段どおりの息（正常な呼吸）」がなければ，直ちに心肺蘇生を開始し，AEDが到着すれば速やかに使用する。

AEDは，心停止に対する緊急の治療法として行われる電気的除細動（電気ショック）を，一般市民でも簡便かつ安全に実施できるように開発・実用化されたものである。このAEDを装着すると，自動的に心電図を解析して，除細動の必要の有無を判別し，除細動が必要な場合には電気ショックを音声メッセージで指示する仕組みとなっている。

なお，AEDを使用する場合も，AEDによる心電図解析や電気ショックなど，やむを得ない場合を除いて，胸骨圧迫など心肺蘇生をできるだけ絶え間なく続けることが重要である。

AEDの使用手順は以下のようになる。

ア　AEDの準備

図 4-25　AED専用ボックスの例

AEDを設置してある場所では，目立つようにAEDマークが貼られた専用ボックス（**図4-25**）の中に置かれていることもある。ボックスを開けると警告ブザーが鳴るが，ブザーは鳴らしっぱなしでよいので，かまわず取り出し，傷病者の元へ運んで，傷病者の頭の近くに置く。

イ　電源を入れる

AEDのふたを開け，電源ボタンを押して電源を入れる。機種によってはふたを開けるだけで電源が入るものもある。

電源を入れたら，以降は音声メッセージと点滅ランプにしたがって操作する。

ウ　電極パッドを貼り付ける

傷病者の胸をはだけさせ（ボタンやホック等がはずせない場合は，衣服を切り取る必要がある），肌が濡れている場合は水分を拭き取り，シップ薬等ははがしてよく拭く。次にAEDに入っている電極パッドを取り出し，1枚を胸の右上（鎖骨の下で胸骨の右），もう1枚を胸の左下（脇の下から5～8cm下，乳頭の斜め下）に，空気が入らないよう肌に密着させて貼り付ける（**図4-26**）。

機種によってはこの後，ケーブルをAED本体の差込口に接続する必要があるものもあるので，音声メッセージにしたがう。

エ　心電図の解析

「体から離れてください」との音声メッセージが流れ，自動的に心電図の解析が始まる。この際，誰かが傷病者に触れていると解析がうまくいかないことがあるので，周囲の人にも離れるよう伝える。

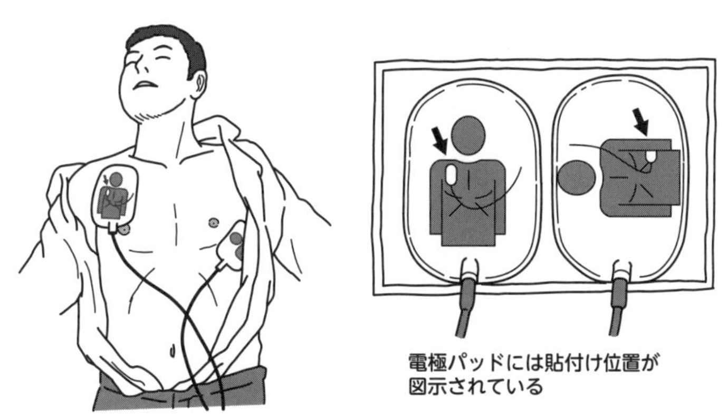

図4-26　電極パッドの貼付け

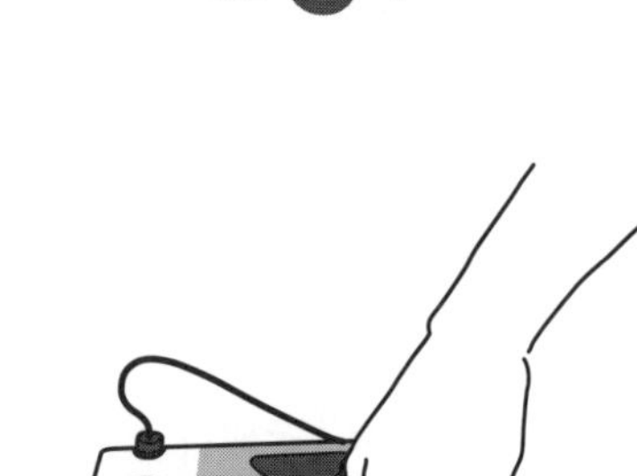

図 4-27　ショックボタンを押す

オ　電気ショックと心肺蘇生の再開

AED が心電図を自動解析し，電気ショックが必要な場合には「ショックが必要です」などの音声メッセージが流れ，充電が開始される。ここで改めて，傷病者に触れている人がいないかを確認する。充電が完了すると，連続音やショックボタンの点灯とともに，電気ショックを行うようメッセージが流れるので，ショックボタンを押し電気ショックを行う（**図 4-27**）。このとき，傷病者には電極パッドを通じて強い電気が流れ，身体が一瞬ビクッと突っ張る。

電気ショックの後は，メッセージにしたがい，すぐに胸骨圧迫を開始して心肺蘇生を続ける。

なお，心電図の自動解析の結果，「ショックは不要です」などのメッセージが流れた場合には，すぐに胸骨圧迫を再開し心肺蘇生を続ける。

いずれの場合であっても，電極パッドはそのままはがさず，AED の電源も入れたまま，心肺蘇生を行う。

カ　心肺蘇生と AED の繰り返し

心肺蘇生を再開後，2 分（胸骨圧迫 30 回と人工呼吸 2 回の組み合わせを 5 サイクルほど）経過すると，AED が音声メッセージとともに心電図の解析を開始するので，エとオの手順を実施する。

以後，救急隊が到着して引き継ぐまで，あきらめずにエ～オの手順を繰り返す。

なお，傷病者が（嫌がって）動き出すなどした場合には，196 頁で述べた手順で救急隊を待つが，その場合でも電極パッドははがさず，AED の電源も入れたままにして，再度の心肺停止が起こった際にすぐに対応できるよう備えておく。

救急隊の到着後に，傷病者を救急隊員に引き継いだあとは，速やかに石鹸と流水で手と顔を十分に洗う。傷病者の鼻と口にかぶせたハンカチやタオルなどは，直接触れないようにして廃棄するのが望ましい。

8 気道異物の除去

気道に異物が詰まるなどにより窒息すると，死に至ることも少なくない。傷病者が強い咳ができる場合には，咳により異物が排出される場合もあるので注意深く見守る。しかし，咳ができない場合や，咳が弱くなってきた場合は窒息と判断し，迅速に119番に通報するとともに，以下のような処置をとる。

(1) 反応がある場合

傷病者に反応（何らかの応答や目的のある仕草）がある場合には，まず腹部突き上げ（妊婦および高度の肥満者，乳児には行わない）と背部叩打（こうだ）による異物除去を試みる。この際，状況に応じてやりやすい方を実施するが，1つの方法を数度繰り返しても効果がなければ，もう1つの方法に切り替える。異物がとれるか，反応がなくなるまで2つの方法を数度ずつ繰り返し実施する。

ア 腹部突き上げ法

傷病者の後ろから，ウエスト付近に両手を回し，片方の手でへその位置を確認する。もう一方の手で握りこぶしを作り，親指側をへその上方，みぞおちの下方の位置に当て，へそを確認したほうの手を握りこぶしにかぶせて組んで，すばやく手前上方に向かって圧迫するように突き上げる（**図 4-28**）。

図 4-28 腹部突き上げ法

この方法は，傷病者の内臓を傷めるおそれがあるので，異物除去後は救急隊に伝えるか，医師の診察を必ず受けさせる。また，妊婦や高度の肥満者，乳児には行わない。

イ　背部叩打法

傷病者の後ろから，左右の肩甲骨の中間を，手掌基部で強く何度も連続して叩く（**図 4-29**）。妊婦や高度の肥満者，乳児には，この方法のみを用いる。

(2) 反応がなくなった場合

反応がなくなった場合は，上記の心肺蘇生を開始する。

途中で異物が見えた場合には，異物を気道の奥に逆に進めないように注意しながら取り除く。ただし，見えないのに指で探ったり，異物を探すために心肺蘇生を中断してはならない。

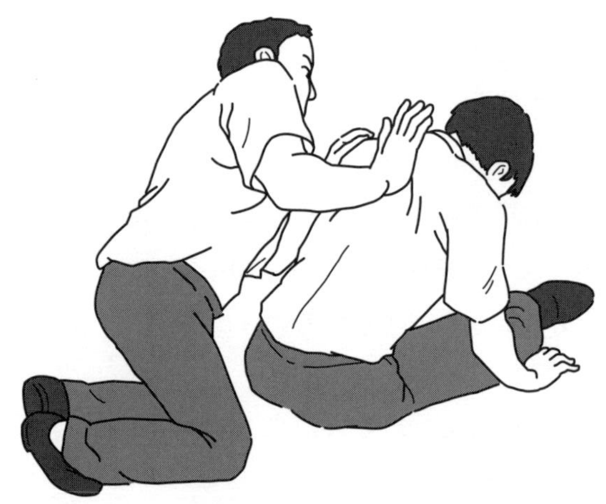

図 4-29　背部叩打法

【引用・参考文献】
・日本救急医療財団心肺蘇生法委員会監修『改訂 5 版　救急蘇生法の指針 2015（市民用）』へるす出版，2016 年
・同『改訂 5 版　救急蘇生法の指針 2015（市民用・解説編）』へるす出版，2016 年

第9章 災害防止（災害事例）

配線作業，電気使用設備の点検整備作業，電路に近接しての塗装作業など，電気取扱作業者の感電等の電気災害の事例のほか，クレーン作業や高所作業車を使った作業など関係作業における感電の災害事例についても掲載した。

事例  清掃中に高圧充電部に接触して感電

業種・被害状況

製造業，死亡者１名

災害発生状況

この災害は，鋳物工場の電気炉用変電室の清掃作業中に発生した。

作業は変電室内のトランス，計器用変成器（VT）および油入遮断器（OCB）付近のがいしの清掃を行うもので，トランスについては圧縮空気を吹き付け，ほこりを床上に落としてほうきで掃き集め，がいしについては架台に上り，ほこりをふき取るものであった。

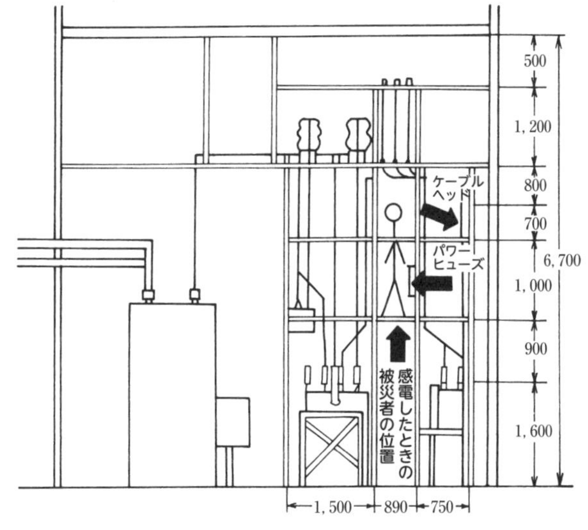

午前11時ごろ，作業指揮者Ａ以下５名で変電室内に入った。Ａは，３本の充電電路のうち２本が停電状態であり，この停電状態の電路を清掃すること，充電部分（6,600V）については立入禁止であることを被災者を含む作業者に指示した。

トランスの清掃は被災者が担当し，まずトランスに圧縮空気を吹き付けたところ，ものすごいほこりが立ち込めて視界が悪くなってしまった。このためＡは，扇風機を回転させて，変電室の入口よりほこりを外部に出すべくその準備に取りかかった。

そのとき，突然作業者Bが大声でどなったので，Aが声のする方へ行くと，トランスの清掃をしていたはずの被災者が，充電部分（リード線）付近に移動して感電し，床上に倒れていた。

立入禁止区域は，高さ3.5m程度まで金網で仕切られていたが，トランスよりこの金網上を架台をつたわって渡れるようになっていた。推定するところ，被災者は，トランス上より架台を渡って充電部分に近づいたものと考えられる。

原因と対策

① 充電部分を立入禁止とし，作業指揮者がこれを監視していたが，作業指揮者が目を離した隙に災害が発生したこと。トランス，がいしなどの清掃は，全停電作業として行う。

② 充電状態で作業を行う必要がある場合には，当該作業に従事する作業者が充電電路に接近することにより感電の危険が生ずることを防止するために，絶縁用保護具を着用させるか，または十分な離隔距離を保って作業できるようにする。それが困難な場合は，隔離板等を設置して，作業者が充電部に接近できないようにする。

③ 電路またはその支持物の清掃などの作業については，作業手順を定め，関係作業者に対する安全教育およびその再教育を徹底し，作業手順を周知徹底しなければならない。

④ 作業者は決められた作業手順を守り，作業指揮者の指示のもと作業を行う。自己判断で勝手な行動を取ってはならない。

事例2 柱上作業中に誤通電して感電

業種・被害状況

電気通信工事業，死亡者1名

災害発生状況

この災害は，変電所より約4km離れた高圧6,600Vの配電線路で，トランスを装柱している16基の配電柱について，塩害のために老朽化した引下線を張り替える工事において発生した。

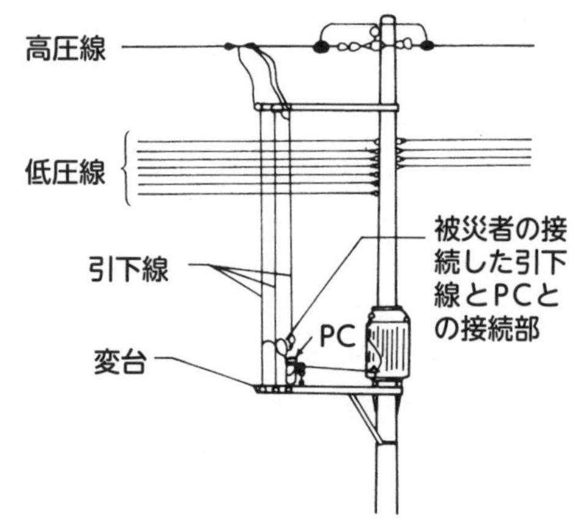

作業は，作業指揮者を含む5名によって行われた。まず，作業者Aが昇柱して，変台（変圧器台）上の3箇所の高圧カットアウト（PC）のヒューズを抜き取ることで，PCから需要家までの配線を

停電し，ついで作業者Bが電柱頂部に昇柱し電気用ゴム手袋を着用して，高圧引下線を高圧配電線路から切り離した。これによって変台上の全作業は停電作業となった。

次に作業者Bは，引下線の張り替えなどを行い，一方，下部変台上では変圧器2基を吊り上げ，据え付けるなどの作業に作業者A以下3名が従事し，引下線とPCとの接続には被災者が従事した。

その後，頂部のBは，引下線上端を高圧配電線に接続する作業にかかり，下方変台上で引下線とPCとの接続作業にあたっていた被災者の作業状況をみたが，Bの作業箇所からは被災者の身体のかげとなってその作業状況は確認できなかった。Bはそのまま作業にかかり，高圧配電線に引下線を接触させたため，当該引下線とPCとの接続作業にあたっていた被災者は右手から体内を経て左内腿部，腕金へと電流が流れて感電し，死亡した。

原因と対策

① 引下線とPCとの接続が終了しないうちに，引下線と高圧配電線とを接続したこと。配線接続の終わったものから順次高圧線に接続するようなことはせず，引下線からPCおよび変圧器への配線接続作業のすべてが完了してから，高圧配電線と引下線とを接続する。

② 高圧配電線に引下線を接続するときは，作業中の他の作業者について，感電の危険がないことを作業指揮者が確認するなどの方法をとる。

③ 作業指揮者は職務の履行を徹底し，定められた作業手順を遵守させる。

④ 作業指揮者および関係作業者に対する安全教育およびその再教育を実施し，作業手順の遵守を徹底させる。

事例3　活線に接近して感電

業種・被害状況

電気通信工事業，死亡者1名

災害発生状況

この災害は，水力発電所の送電線鉄構などの塗装工事において発生した。

塗装工事を請け負ったX社では，数日前から作業に取りかかっており，災害発生当日は，発電所の北東側にある送電線鉄構などの塗装を行うことになっていた。塗装工事は特別高圧（33,000V）の電気設備について行うもので，停電作業を予定していた。そこで，X社の作業責任者Aは，この区域内にある6本の鉄構について，午前中は北側の3本を，午後は南側の3本をそれぞれ停電させて塗装を行うことにした。Aは，これらの6本の鉄構の停電区域と活線区域の境界を明示するため，地上1mのところにロープを設置したのち，部下のB（被災者），CおよびDとともに作業に取りかかった。

午前中の作業で，北側の鉄構3本の塗装を終了したので，Aは昼食後，残りの南側の鉄構などの塗装を行うことにした。

昼食後，北側の3本の鉄構を活線とし，南側の3本の鉄構を停電させたのち，Aは再び塗装作業に取りかかるように指示した。

しばらくして，午前中に塗装を終えたはずの北側の鉄構の付近で「アーッ」という叫び声がした。Aが振り向くと，被災者が北側にある2号鉄構のところに倒れているのを発見した。ただちに北側部分を再び停電させて被災者を救出したが，すでに死亡していた。

調査の結果，次のような事項が明らかになった。

① 被災者の右耳後部および左足の甲に電撃症が認められたこと。

② 2号鉄構の地上4mのところに設置されている断路器の一部に塗り残し部分があったこと。

③ 前記の2号鉄構の地上約4mのところに電撃のあとが認められたこと。

したがって，この災害は，被災者が2号鉄構の断路器付近に塗り残し部分があったことを発見し，手直しを行おうとして同鉄構に昇り，特別高圧の活線に接近して感電したものと認められた。

なお，被災者が活線であった2号鉄構に昇ったのは，同鉄構の断路器が専門家でない被災者から見ると，開放されていたように見えたので2号鉄構が死線であると誤認したためか，または作業責任者Aの前記の回路の切替えについての指示が不十分であったためと推定される。

原因と対策

① 特別高圧の電路の活線作業または活線近接作業を行う場合には，活線作業用装置または活線作業用器具を使用する。その際，特別高圧の充電電路の電圧に応じて定められた接近限界距離以内に身体が接近しないようにしなければならない。

② 作業指揮者は，特別高圧などの電路を開路して，その電路または支持物の点検，修理，塗装などの電気工事の作業を行う場合には，次の事項を遵守させる。

a 作業を開始する前に，作業の内容，取り扱う電路，これに近接する電路の系統について十分に周知させること。

b 作業を行う電気設備と近接して活線である電気設備がある場合には，監視人を配置し，活線であることを示す明確な表示を行うなど，関係電気設備の誤認による感電を防止する措置を行うこと。

c 作業を開始する前にその電路の停電の状態，開路に使用した開閉器の施錠の状態などの誤通電の防止措置の状況，短絡接地器具の取付けの状態などを確認すること。

事例  停電作業で活線部分に接近して感電

業種・被害状況

窯業・土石製品製造業，死亡者１名

災害発生状況

この災害は，特別高圧の受電設備の清掃・塗装作業において発生した。

電力会社の停電日を利用して，W 社では受電設備の屋根，側面の清掃およびペンキ塗りの作業を計画した。

当日，被災者を含む作業者７名および電気主任技術者 A が，作業班長より停電作業の説明を受けた。

電気主任技術者 A は，電力会社との需給申合せ書により，電力会社の X 変電所の指示で，W 社のラインスイッチ（LS。断路器の一種）を８時５分に開放した。８時 10 分に LS 二次側の停電区域の清掃およびペンキ塗り作業を作業班長に指示してから，守衛室から電話で X 変電所へ，LS を開放したことを報告するとともに，停電の連絡を待っていた。

作業班長と作業者たちは電気用保護帽を着用し，受電設備の屋根に上がりペンキ塗り作業を行っていた。８時 19 分，被災者は，すでに供給側も停電しているものと思い込み，停電を確認せずに，受電設備上の引込みブッシングの充電部に接近して感電し，約 5m 下の玉砂利まで飛ばされた。

すぐ数人で人工呼吸を行い，救急車で病院へ運んだが，同日 17 時 30 分電撃傷で死亡した。

なお，W 社では電気工事および電気工作物の補修などについては停電作業で行うことにしていた。そのため，高圧および特別高圧の活線および活線近接作業を行う際に使用する絶縁用保護具などは備え付けておらず，検電器は 11,000V が検電可能なものを備えていた。また，低圧電気工事などの日常業務については作業手順を定めているが，高圧および特別高圧電気工事の臨時業務については作業手順を確立していなかった。

原因と対策

① 一次側の停電を確認せずに，作業の着手を指示したこと。すなわち，電気主任技術者 A は，二次側を停電し，一次側もまもなく停電するものと思い，作業者に対して二次側の停電区域から作業を開始するよう指示したこと。一次側の停電の連絡を受けてから，検電器により電路の死活を確認し，作業を開始させる。

② 一次側の停電の状況を確認するまでの間，危険区域に立入禁止措置を講じていなかったこと。事業者は危険区域への立入禁止も含めた作業手順を定め，作業者は作業手順および作業指揮者の指示に従って作業を行う。

③ 通常の停電に比較して，一次側の停電が遅延したこと。X 変電所と相互連絡（需給申合せ書）を見直す。

④ 墜落防止措置を講じていなかったこと。高所作業においては，手すりの取付け，墜落制止用器具の使用など墜落災害防止対策を講じる。

事例5 接近禁止区域内で，特別高圧電路により感電

業種・被害状況

電気通信工事業，死亡者１名

災害発生状況

この災害は，変電所のがいし修理工事において発生した。

Ｙ工業は電力会社変電所のがいし修理工事を請け負い，専属下請であるＺ電設にこれを下請けさせた。この工事を実施するのに先立って，発注者である変電所の所長，元請の現場責任者，下請の責任者（被災者）などで，作業内容と，作業順序について協議し，この作業が夜間の特別高圧活線近接作業になるので，安全作業基準の確認，照明器具の取付け，使用工具および器材，作業者各人の分担内容などについて取り決めた。

当日，変電所側の作業関係者と元請責任者および被災者と作業者15名が現場に集合し，変電所側から全員に，作業内容，電気用保護帽と安全帯の着用，立入禁止の表示旗および区画ネットの内側に絶対入らないようにとの指示が行われ，ついで照明装置の取付け，立入禁止の表示旗と区画ネットの取付けが行われた。

その後，元請の現場責任者に作業札が手渡されたので，作業者全員でミーティングを開始し，変電所側の注意事項を確認し，作業のメンバーを決め，また，現場監視人に被災者がなることとした。

工事は，需要家への配電のため，全停電による作業ができず，部分停電により行うことになり，活線バンク（変圧器および電路。３号バンク，＃3Tr）に近い隣接バンク（２号バンク，＃2Tr）では特別高圧活線近接作業となった。そこで，前記の打合せで，被災者は，活線の３号バンク母線に最も近い位置で作業しなければならない作業者Ａの作業を専任監視することになった。監視位置として元請責任者と決めた箇所は，３号バンクの充電部分より約3m離れ，鉄構昇降に近く，また，活線近接作業者を見やすいと思われるところであった。

元請責任者の作業開始の合図で，各作業者はあらかじめ定められた作業についたが，作業者Ａは，鉄構（地上高7.5m）上で黒相側パイプを取り外して地上に降ろし，次に赤相側パイプの端子分解にかかったが，モンキースパナでは分解しにくいので，地上作業者にパイプレンチを上げてもらうため地上を見ていたとき，ボーンという音響とともに，照明灯が消えてしまった。

作業者Ａは，鉄構上の自分の周囲を照らしたところ，自分の後方の鉄構上の立入禁止用表示旗より活線の３号バンク（66,000V）側に入った箇所に，被災者がうつ伏せに倒れて

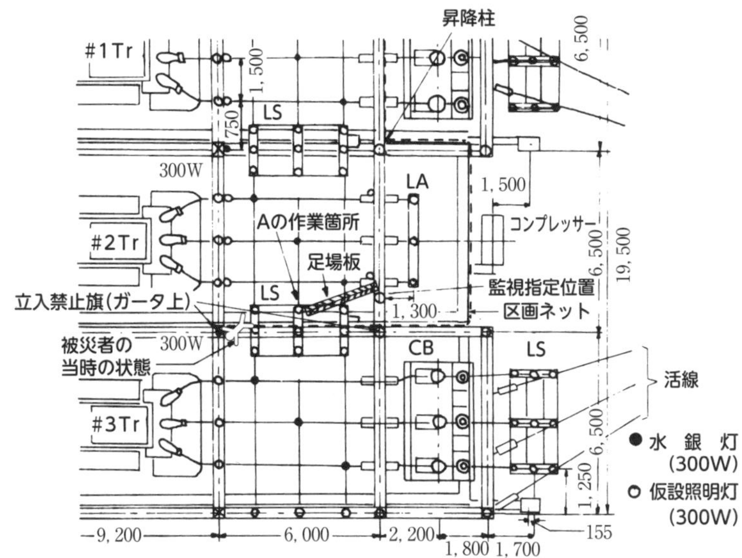

いることがわかったので，ただちに救出したが，翌日死亡した。

被災者は，作業者Aがよく見える箇所に移動しようとして，活線に近い鉄構上を移動中に足をすべらせ身体の安定を失い，特別高圧活線に接近しすぎて感電したものと思われる。

原因と対策

① 十分な安全距離を保つところに区画ロープ，区画ネット，立入禁止標識などを設け，監視人に作業を監視させる。

② 監視を行う者が安全に監視を行えるように作業計画を定め，または充電部に接近しすぎないよう区画ロープ等を設ける。

③ 監視を行う者は，自らの安全を確保してから監視にあたる。

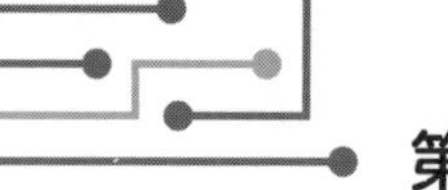

事例6 停電と勘違いし，LBS電源側に触れて感電

業種・被害状況

電気通信工事業，死亡者１名

災害発生状況

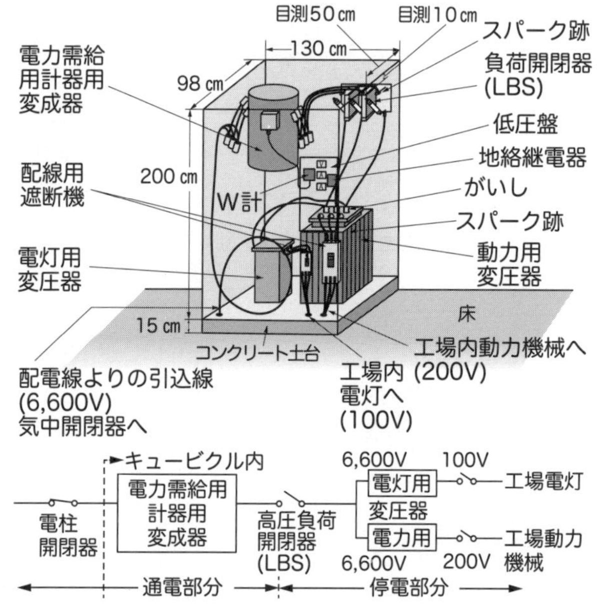

この災害は，キュービクルの年次点検中に発生した。

被災者の所属する会社は，電気事業法で定められた自家用電気設備の年次点検を電気主任技術者が行う際に，点検の補助業務等電気設備の保安管理を請け負っていた。

災害発生当日，災害発生場所であるＸ事業場のキュービクルの年次点検は，電気主任技術者Ａと同僚（作業指揮者Ｂ）と被災者の３名で，午後１時から行うこととなっていた。また，全停電でこの年次点検を行うため午後１時から柱上の気中開閉器（PAS）を開放するよう電力会社へ申し込んであった。

午後０時45分，Ｘ事業場に到着した作業指揮者Ｂと被災者は，電気主任技術者Ａはまだ到着していなかったが，Ｂの指示のもとに作業を開始し，被災者がキュービクルの扉を開け，高圧負荷開閉器（LBS）を開放する操作を行った。開放操作はキュービクル正面の地絡継電器（GR）のテストボタンを押すことにより行い，LBS負荷側を検電し，開放を確認した。

本来であればここで電力会社の係員にPASの開放を依頼する予定であったが，予定時間より早かったため，まだ到着していなかった。停電が長くなるとＸ事業場に迷惑をかけると心配した作業指揮者Ｂは，LBSの負荷側で停電している箇所だけでも作業を先行させようと，キュービクル正面で電灯用変圧器の点検を始めた。その直後，キュービクルの側方で点検を行っていた被災者が，LBS電源側端子部分も停電していると勘違いし，誤って触れ，感電死したものである。

なお，このキュービクルは正面が幅130cm，側面が幅98cm，高さ2mであり，正面は観音開きの扉があり，右側面にも扉があった。災害発生時，キュービクルの通電状態は，

LBSを開放したが，電柱の開閉器は未だ開放していなかったため，キュービクル内の電源側端子までは通電状態であった。

被災者は，電気用保護帽は着用していたが，通常の作業服と革靴で，電気用ゴム手袋等は着用していなかった。

原因と対策

① キュービクル内をすべて停電させた後点検に取りかかるべきところ，LBSを開放しただけで，PASを開放しないまま作業を始めたこと。キュービクルの点検に際しては，可能な限り，すべて停電させてから行う。

② 絶縁用保護具を着用していなかったこと。やむを得ず活線作業を行う場合は，充電部に触れるおそれのある身体の部分をすべて保護できるよう，絶縁用保護具の適切な着用を徹底する。

③ 作業指揮者は，電気主任技術者や電力会社係員を待たず作業を進める等，予定外の作業指揮を軽率に行ってはならない。また，作業者に対し，感電防止について定期的な安全教育を行うとともに，安全な作業手順を遵守させる。

事例  キュービクル内機器の端子部に触れて感電

業種・被害状況

電気器具小売業，死亡者1名

災害発生状況

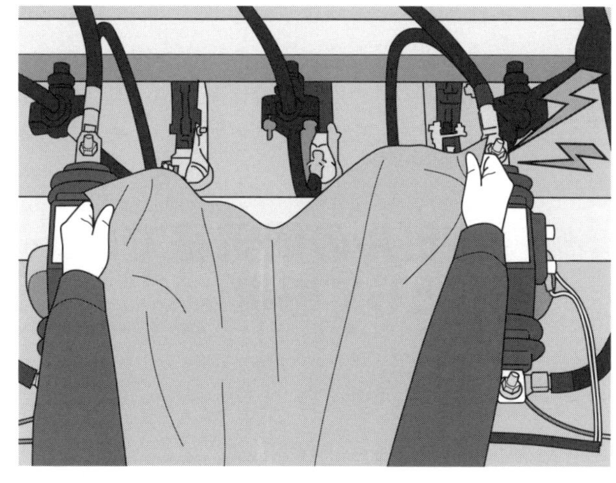

この災害は，キュービクル内において高圧ケーブル接続のための準備作業中に発生した。

この事業場では，キュービクルを増設するための作業が行われており，6,600Vの高圧を受電している既設キュービクルと，増設したキュービクルを渡りケーブルにより接続することになっていた。そのための高圧ケーブルは前日までに敷設が終わっており，その両終端部は，それぞれのキュービクル内の接続端子前に置かれた状態であった。

被災者は下請会社の作業者であり，災害が発生した日，新設のキュービクル内で高圧

ケーブルの一端の接続作業を終え，既設キュービクルへの接続作業を行うため，既設キュービクルの高圧ケーブルを接続する系統の開閉器を開いて通電を停止させた。

しかし，隣接する別の系統（通電状態）との間が完全に間仕切りされたものではなかったため，被災者は接続作業にとりかかる前に，隣接する系統との境界にあるフレームに絶縁シートを取り付けようとしたところ，このフレームに取り付けられていた変流器（CT）の端子部の露出充電部に接触して感電した。

原因と対策

① 高圧ケーブルを接続する系統に隣接する系統が通電状態であったこと。作業箇所に近接する電路は可能な限り停電とし，停電が困難な場合には近接する充電電路に絶縁用防具を装着するなど感電防止の措置を講ずる。

② 露出充電部分に近接して行う絶縁シートを取り付ける作業に際して，電気用ゴム手袋，絶縁衣などの絶縁用保護具を着用していなかったこと。絶縁用防具の装着・取外しの作業を行うときは絶縁用保護具を着用する。

③ 高圧ケーブルの接続方法などの手順書は作成されていたが，感電防止のための絶縁シートの取り付け作業などの事項は盛り込まれていなかったこと。あらかじめ，使用する絶縁用防具の選定および装着の方法，絶縁用保護具の使用などを含めた作業手順を定めて周知するとともに，作業を行う前に，実際の機器配置図などを確認し，綿密な作業計画を作成して作業を行う。

④ 作業指揮者の直接指揮の下に作業が行われていなかったこと。高圧・特別高圧の作業では作業指揮者を定めて，その者が上記の①～③を含め，作業者に必要な事項を周知するとともに，作業を直接指揮する。

⑥ 作業の危険について，作業者に対する十分な安全教育が行われていなかったこと。感電の危険性およびその防止対策などについての安全教育を実施する。

⑦ 作業計画の作成にあたって，元請からの技術的な指導が十分に行われていなかったこと。元請は，施工計画の段階で作業停電の可能性の検討，近接する充電電路の防護対策などの検討を実施した上で，感電防止のための技術的指導を下請けに対して行う。

事例 8 ビルの電気室でヒューズを素手で抜こうとして感電

業種・被害状況

ビルメンテナンス業，死亡者1名

災害発生状況

この災害は，ビル地下1階の電気室において，受電設備の点検等の作業中に発生した。

この作業は，午前8時から午後9時までXビルを全館停電し，変電設備の点検，各種

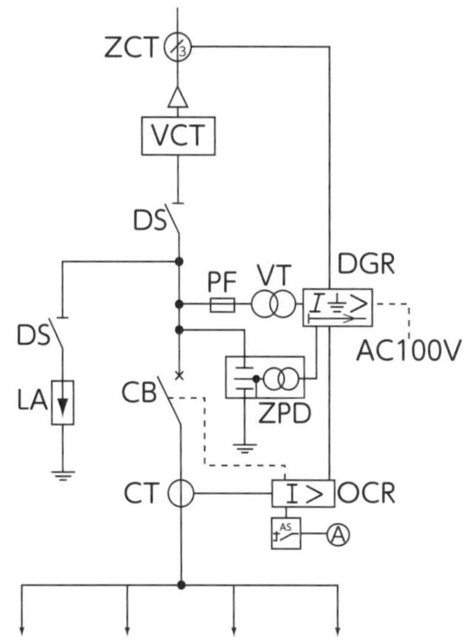

測定，清掃をビルメンテナンス会社（Y社）の責任者（被災者）と技術員4名で行うことになっており，また同日午前7時30分から午後5時までの間に，別の会社（Z社）が高圧引込みケーブルの更新工事を行う予定であった。

当日は，技術員4名で午前6時30分から停電作業に入り，午前中は2名ずつ2班に分かれて各階の分電盤の絶縁抵抗測定等を実施し，被災者はZ社の高圧ケーブル交換作業の立ち会いを行っていた。午後からは，Y社は被災者を含む全員でトランスの絶縁油試験を実施し，Z社はケーブルの耐圧試験を実施しており，Z社の試験終了時（午後3時前）に復電作業が行われた。

ところが，Y社の試験はまだ終了しておらず，次の保護継電器試験の準備に入ったとき，被災者が高圧受電盤の扉を開け，左手（素手）で筐体枠をつかみ，右手で試験のため取り外す必要があったPTヒューズ（限流ヒューズ。電力ヒューズ（PF）の一種）を素手でつかんだところ，ヒューズは通電中であったため，被災者は飛ばされるように倒れ込み，約1時間後に死亡した。

なお，高圧電流（6,600V）は，断路器（DS）→ヒューズ（PF）→計器用変圧器（VT）の経路で流れ，VTで低圧に降圧されて地絡方向継電器（DGR）に流れるようになっている。試験はDGRに種々の試験電流を流して行われるため，試験電流がVTを逆流しないようヒューズを抜き取っておくことが必要であった。

原因と対策

① ヒューズを抜き取る必要があったが，被災者は充電の有無を確認せず，安易に実施したこと。停電作業においても，随時検電器などを使用し，停電・活線を確認して作業を行う。また，二重安全のために絶縁用保護具使用を励行する。

② Y社，Z社双方の作業計画書を対比してみると，復電のタイミングについて両者の計画が一致していなかったこと。また，作業は予定よりもかなり早く進行していたが，それに伴う両者間の作業の再調整も行われていなかったこと。複数の会社やグループで作業をする場合は，事前および随時に計画および進捗状況の確認・調整を行う。また，特に災害要因となりやすい遮断器，開閉器等の誤投入への対策を盛り込んだ綿密な作業計画とする。

③ 短絡接地など，停電して作業を行う場合の作業指揮者の職務を遵守する。

④ 現場作業での安全に着目した作業マニュアルの作成・見直しを行うとともに，ヒューマンエラー対策や不安全行動の防止および電撃危険・感電防止に関する再教育を実施する。

事例9 高圧電線に装着された絶縁用防具を取り外す作業中に，充電部に接触

業種・被害状況

電気通信工事業，死亡者１名

災害発生状況

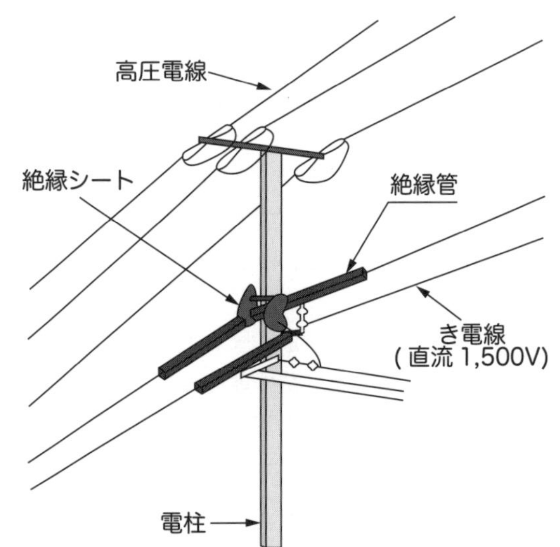

この災害は，電柱の上部に張られた高圧電線の張替え工事において発生した。

被災者の属する事業場は鉄道施設関係の電気工事を主たる事業としており，本件の工事の内容は，鉄道会社の高圧電線の張替え（距離約15km）および関連の配電設備（変圧器，避雷器，アーム，がいしなど）の交換・修繕，移設などで，工期は２カ月で行われているものであった。

実際の作業は電柱間ごとに高圧電線の張替え等を行っていくもので，災害発生当日の作業は，作業指揮者１名，列車見張者１名，被災者を含む作業者３名の計５名で，

① 作業を行う電柱付近の鉄道のき電線（直流 1,500V。電車線に電気を送るための架線。張り替える高圧電線の下方 2.6m に位置していた。）に絶縁用防具（絶縁管および絶縁シート）を装着する作業

② 高圧電線の張替えおよびアーム，がいしの交換の作業（停電作業）

③ き電線に装着した絶縁用防具の取外しの作業

の手順で行うこととしていた。

作業の開始前に現場でミーティングが行われ，作業指揮者から作業者に当日の作業内容の説明と，絶縁用防具の装着および取外し作業については，活線作業用器具や装置を用いずに絶縁用保護具（電気用保護帽，電気用ゴム手袋，絶縁衣および電気用長靴）を着用して行うよう指示があった。

ミーティング終了後，被災者ら３名は，作業指揮者から指示のあった絶縁用保護具を着用し，き電線に絶縁用防具を装着する作業を行った。その後，高圧電線の張り替えおよびアーム，がいしの交換の作業を行ったが，この作業が停電作業であったため，着用していた絶縁用保護具のうち電気用ゴム手袋と絶縁衣を脱いで作業を行っていた。張替え作業の終了後は装着した絶縁用防具の取外し作業が行われ，被災者はき電線付近でき電線に装着した絶縁管を取り外し，他の作業者に渡す作業を行っていた。

その際に，被災者の身体がき電線に触れて感電し，死亡した。被災者はこのとき，絶縁用保護具のうち電気用保護帽，電気用ゴム手袋および電気用長靴を着用していたが，絶縁衣は着用していなかった。

なお，作業指揮者は高圧電線の張替え終了後，事務所への連絡のため作業現場を離れていた。

また，災害発生当時の天候は曇りで，気温は約32℃，湿度は約85％であった。

原因と対策

① 絶縁用防具の取外し作業において，作業者が絶縁衣を着用していなかったこと。絶縁用防具の取外しの作業においては，作業者は必要なすべての絶縁用保護具を着用する。

② 作業指揮者が作業現場を離れていたこと。作業指揮者は，作業者の絶縁用保護具の着用について，随時確認する（特に，新たな作業に取りかかるとき等には必ず確認する）など，作業の直接指揮を徹底しなければならない。

③ 災害発生当日が高温多湿であったこと。高温多湿の場合は絶縁用保護具の着用が不確実になりやすいので，作業指揮者は予報を確認したり現地で測定するなどし，作業の開始前のミーティングや午後の作業開始前などに，作業者に着用徹底を指示する。

事例10　高圧引下線の撤去中，活線を切断し感電

業種・被害状況

電気通信工事業，死亡者1名

災害発生状況

この災害は，柱上変圧器の取替えと高圧引下線の撤去作業において発生した。

新築住宅に電気を供給するために新たに電線を引く作業に伴い，その近くの電柱に新たに変圧器を設置するとともに，従来からあった変圧器を撤去することになっていた。

災害発生当日，X社に所属する被災者は，A班長，同僚Bとともに午前11時ごろ作業現場に到着し，まずミーティングを行ってから作業に取り掛かった。午前中は，新築住宅の近くに新しい変圧器の取付け台を設置し，

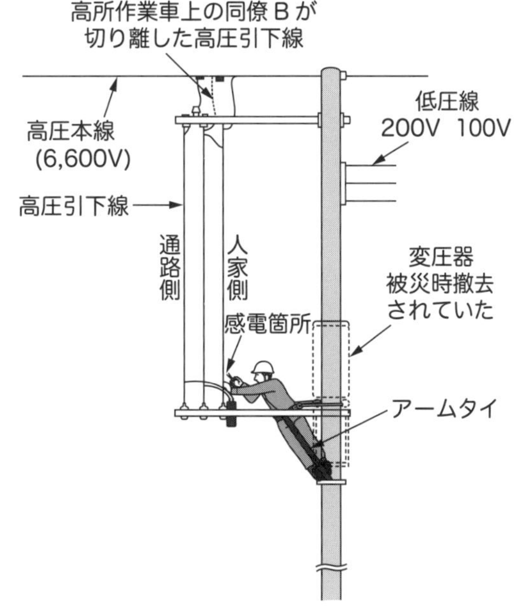

昼休みに入った。

昼休み終了後，被災者は，同僚Bとともに既設の変圧器の撤去作業に入り，A班長は，新しい変圧器を運搬してきた作業者Cとともに変圧器の設置作業に入った。

被災者と同僚Bが既設の変圧器の撤去作業を行っているとき，A班長と作業者Cは新設の変圧器の二次側と低圧線の接続が終了したので，被災者と同僚Bに連絡のうえ，新設の変圧器の高圧カットアウト（PC）にヒューズ管を投入して通電した。

その後，A班長は新設の変圧器が正常に機能しているか確認するため，関係する住宅を見て回りはじめた。一方，同僚Bは変圧器の撤去作業に伴う高圧引下線切り離し作業を行うため，引き続き電気用保護帽，高圧絶縁上衣，高圧絶縁手袋，高圧絶縁長靴を着用して，高所作業車のバケットに乗り込んだ。絶縁シート等で高圧本線等を防護した後，3本のうち中央の高圧引下線を高圧本線から切り離し，次に人家側の高圧引下線の切り離しに取りかかった。このとき，被災者ははしごで電柱に登り，高圧引下線の下側をペンチで切断しようとしたが，それが同僚Bがまだ切り離しをしていない人家側の高圧引下線（充電中）であったため感電したものである。

X社には変圧器撤去の作業手順書はなく，作業指示も具体的に話されていなかった。

原因と対策

① 被災者が無負荷かどうかを確認せずに，高圧引下線を切断しようとしたこと。停電作業を行う場合，保護具を着用したうえで検電し，停電を確認する。

② 高圧活線作業を行うに当たり，作業指揮を行うべき班長が作業場所を離れ，直接作業指揮を行わなかったこと。また，作業手順書も作成されていなかったこと。作業手順書を作成するとともに，停電作業，高圧活線作業または高圧活線近接作業を行う場合は作業指揮者の直接指揮のもと作業を行わせること。

③ ケーブルの撤去作業は，停電状態で行われる前提であったため，切断面が絶縁テープ等で処理されていなかったこと。停電状態での作業が前提であっても，ケーブル切断部分には絶縁処理を行っておくことも重要である。

④ 発注者および請負事業者間の連絡が不十分であったため，通電状態のまま作業が行われたこと。複数の施工業者が作業する場合には，発注者から下請まで，通電・停電の連絡を確実に行う。

事例11　ビルの高圧受電設備の改修工事中に充電されていた断路器のブレードに触れ感電

業種・被害状況

電気通信工事業，死亡者１名

災害発生状況

この災害は，ビルの高圧受電設備の改修工事において発生した。

この工事は，約５カ月かけてビル内にある高圧受変電設備（キュービクルタイプ），非常用発電設備等のリニューアルを行うもので，建物全体の工事を請け負ったＸ建設会社からＹ電気設備会社が受注し，さらに一般電気工事の作業はＺ社が請け負い，実際の作業の一部は工事応援という形で被災者の属するＷ社の３名が行っていた。

災害発生当日，被災者らは前日に引き続き午前７時から電灯系統について停電による作業を行い，この作業は午前中に終了した。午後からは，午前の休憩のときにＺ社から当日の追加作業として指示された「高圧発電引込盤の中に中央監視室用の信号ケーブルを引き込む」作業を，Ｚ社の作業指揮者と被災者および同僚で行うことになった。

引き込み作業は，高圧発電引込盤（幅80cm，高さ230cm）の上方にあるラックから信号ケーブルをキュービクル上部の穴（ちょうど引込盤の上，直径10cm）に差し込み，それを下で引き込む方法で行われることとなり，最初は同僚がラック上で，作業指揮者はキュービクル内の断路器の接触防止用アクリル板を取り外して引込盤の上のところで引き込む作業を行っており，被災者は作業指揮者の後ろで作業を見ていた。

ところが，ケーブル８本を引き込んだところで，作業指揮者はケーブルが２本足りないことに気づいた。作業指揮者は被災者らにケーブル２本を追加で引き込み，全ての引き込みが終わったら留め具を用いて整線するよう指示し，「活きているかも知れないから注意するように」と言った後，地下２階で行われている他の作業箇所の巡視を行ってから地下１階の工事事務所に戻った。

被災者と同僚はケーブル２本をラック伝いに配線した後，同僚が再びラック上で，被災者がキュービクル内で引き込む作業を行っていたが，同僚が２本目のケーブルを差し込んだとき，突然ビル全体が停電となった。

このとき，被災者は高圧発電引込盤の裏側にある電灯用配電盤にもたれ掛るようにして倒れていた。そのため直ちに救出して病院に移送したが，２時間後に電撃症のため死亡が確認された。被災者は，充電状態にあつた断路器のブレードに接触したものと推定される。

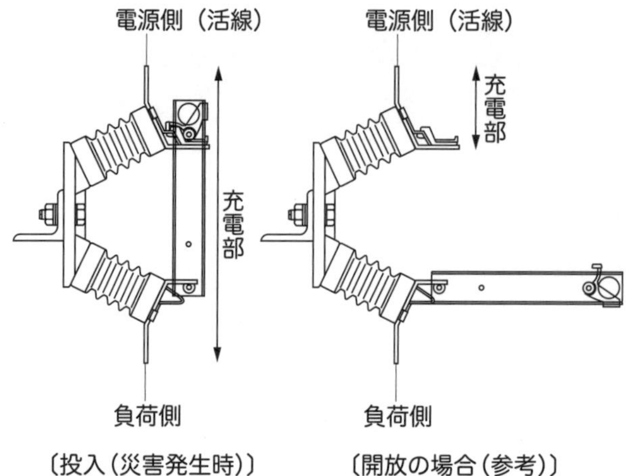

原因と対策

① 断路器の接触防止用のアクリル板を取り外したのに，ブレード部分を絶縁用防具等により防護しなかったこと。停電に使用した断路器の片側が充電されている状態でその充電部分に接近して作業を行う必要がある場合には，充電部分に電路の電圧に適合した絶縁用防具を装着するか絶縁用保護具を着用する。

② 一連の作業計画の中で，当日の作業予定にはなかった信号ケーブルの引き込み作業を停電で実施するのか，活線近接作業で行うのかの計画が定められていなかったこと。また，翌日の作業計画については，前日の午後にY電気設備会社からX建設会社に日報の形で提出するようになっていたが，形式的で計画の変更の手順等についての定めもなかったこと。既設の受変電設備の改修工事を行う場合，ビル全体を停電して行うことが難しい場合も少なくないので，工事全体を通じ，いつ，どこを停電して何の作業を行うかを安全面の事項も含めあらかじめ検討し，その検討結果に基づく毎日の作業計画を明確に定め，関係作業者にその日の作業を開始する前（前日および当日）に周知徹底する。

③ 被災者は，信号ケーブルの引き込み作業について特段の説明，指示を受けることなく，直前に見ていた動作を真似て作業を実施したもので，充電部分があることを認識していなかったこと。高圧または特別高圧の充電電路に近接して作業を行う場合には常に感電の危険が伴うので，その業務に従事する者に対してあらかじめ特別教育を実施するとともに，感電防止の事項も盛り込んだ作業マニュアルを定めて周知する。

④ 電気設備に関する一連のリニューアル工事は，テナントに電気を供給していることから，全停電で行うことが難しく，必然的に活線近接作業が予測されるものであったが，感電防止に関する安全管理等について関係会社間で十分な連絡調整が行われていなかった。事業者は関係会社間での連絡調整の上，関係作業者に対し，作業を行う期間，作業の内容ならびに取り扱う電路およびこれに近接する電路の系統について周知するとともに，作業指揮者を定めて作業を直接指揮させる。

事例 12 絶縁用防具の取外し作業中に短絡アークが発生

業種・被害状況

電気通信工事業，休業者６名・不休者２名

災害発生状況

この災害は，変電所配電室の更新工事において発生した。

X変電所の配電室の更新工事を請け負ったY社は発注者の指示のもと電気工事を行っていた。災害発生当日，更新工事が終了したので，Y社の作業者５名は発注者の立会人１名および運転関係者３名とともに，常設したトランスに接続線を切り替えて電源投入後，工事中に仮設したバイパス電路の撤去作業に取り掛かった。この作業は，バイパス電路を配電室の断路器で遮断し，仮トランスの接続線を切り離してから，作業者Aが断路器の負荷側端子に接続してある仮設ケーブルの撤去を行うというものであった。

電路の遮断後，断路器の電源側端子は充電電路であるので作業中に接触しないように上下端子間にポリカーボネート製の絶縁板を取り付けてから作業を行った。仮設ケーブルの撤去後，取り付けた絶縁板を作業者Aが取り外そうとしたとき，絶縁板が断路器電源側の充電端子に触れて，充電端子間に短絡が起こり，閃光とともに激しい火花と熱が発生し，作業者Aら８名が火傷した。

事故後に調査したところ，ポリカーボネート製絶縁板は透明で見にくいからと，絶縁板の端部にトラ模様のアクリル製蛍光テープを貼りつけたものを使用していた。このテープの中にはアルミ製の反射層が接着されており，蛍光テープを貼った状態の絶縁板の耐電圧性能は2,500Vしかなく，使用電圧の6,600Vを大幅に下回っていた。

原因と対策

① 絶縁板を外すときに，絶縁板の端部の蛍光テープを貼り付けた部分が充電端子に触れ，絶縁板を介して充電端子間が短絡してアークが発生したこと。絶縁板は耐電圧試験で絶縁性能を確認し，使用電圧に適合するものを使用する。端部にテープを貼るなどの加工を行った場合には，その都度耐電圧試験を実施して，安全性を確認する。また，適

切な防護等を実施した上で，万一の事故に備えアーク防止面や耐アーク防護服を使用することを検討する。

② 発注者と請負会社との連絡が悪く，断路器を取り扱う場合の危険範囲内に大勢の作業者が立ち入っていたこと。断路器を取り扱う等危険作業を行うときは，必要最小限の関係者以外は危険範囲に立ち入らせないことなど，万一事故が発生したときに備えた作業計画とする。

③ 発注者では請負会社の使用する絶縁用防具は使用許可制としていたが，耐電圧試験は実施していなかったので，「絶縁用保護具等の規格」に適合するものであることを確認しないまま使用させていたこと。発注者は請負会社が使用する絶縁保護具等は規格に適合したものであることを確認する等，安全管理の徹底を図る。発注者が絶縁保護具・防具等を保有し，適正に管理したものを使用させることも検討する。

事例13 送電線の近くでトラッククレーンを使用して荷卸し作業中に感電

業種・被害状況

鉄骨・鉄筋コンクリート造家屋建築工事業，死亡者１名

災害発生状況

この災害は，個人住宅建設工事において，トラッククレーンを使用した鉄筋の束の運搬作業中に発生した。

この工事は，鉄筋コンクリート造２階建の個人住宅を新築する工事で，災害発生当日は１階の柱筋と擁壁の配筋作業を行っていた。午前10時頃，クレーン運転士付きでリースしたトラッククレーンが到着し，現場管理者Ａはクレーン運転士Ｂと作業の打合せを行った。

午前11時過ぎ，クレーン運転士Ｂは配筋作業を行っていた下請会社の社長から鉄筋の運搬を要請されたので，下請会社の作業者Ｃ（被災者）とともに準備を開始した。Ｂは，クレーンを送電線（特別高圧66,000V）の真下から約4m離れた位置に据え付け，被災者は台

付けワイヤロープにより鉄筋の束を玉掛けし，Bに巻上げ合図をして荷卸し場所へ移動した。Bはクレーンのジブを19.1mとし，右旋回して荷卸し場所に搬送し，約1.5mまで巻き下した。被災者は荷が振れないように両手でワイヤロープを押さえ，準備した角材の上に荷を卸すために位置決めの合図をしたので，Bは合図に従って，ジブの旋回，起伏を行っていると，突然「バチッ」と音がして，被災者が荷の上にうつ伏せに倒れた。

被災者は荷の振れを止めるため，両手でワイヤロープを押さえていたが，トラッククレーンのジブが送電線に接近しすぎていたため送電線から放電が起き，ジブ→ワイヤロープ→被災者と電流が流れ，感電したものである。

原因と対策

① 送電線の下部でトラッククレーンを使用する作業にもかかわらず，感電の危険を防止するための措置を行わなかった結果，トラッククレーンのジブの先端が送電線に0.9mまで接近したため，送電線から放電が起きたこと。66,000V送電線とトラッククレーンのジブとの離隔距離は2.2m以上を確保しなければならない。

② 昭和50年12月17日基発第759号「移動式クレーン等の送配電線類への接触による感電災害の防止対策について」(254頁参照）により，離隔距離の確保のため，的確な作業指揮をとることができる監視責任者を配置する。また，車体の移動範囲やジブ起伏・旋回などの可動範囲を制限するための防護柵等を設けることが望ましい。

③ トラッククレーンによる送電線の下部での作業は，当日に決まったものであったが，送電線の所有者との作業の日程，作業方法，接触等の防止措置，送電線の所有者の立会い等の作業計画の打ち合せを行っていなかったこと。送電線の付近でトラッククレーン等を使用する場合には，事前に送電線の所有者とこれらの事項について打ち合わせる。

④ 関係作業者に対し，送電線に近接する作業における安全離隔距離の確保等感電防止対策を周知していなかったこと。移動式クレーンを使用して作業を行う場合の感電防止に関する作業方法を定めるとともに，これにより作業が行われるように，事業者は必要な作業指示または監督を行うとともに，クレーン運転士や玉掛け作業者に対し，運搬等作業の安全および感電防止についての再教育を行う。なお，被災者が使用した台付けワイヤロープは玉掛けに用いてはならない。

⑤ 本件は特別高圧の送電線の事例であるが，絶縁電線が使用されている高圧配電線であっても同様の接触による感電災害は発生する。絶縁電線や柱上機器などは風雨や紫外線にさらされ，保守も容易ではない。絶縁電線の被覆は電線自体の保護のためと考え，感電防止の上では裸線と同様に取り扱うようにする。また，本件は玉掛け作業者の感電事例であるが，電流が車体を流れ，操作レバーを介して運転者が感電する事例も多い。配電線の付近でクレーン作業等を行う場合は，絶縁用防護具の使用および本件と同様の措置により安全作業を実施する。

事例14 高所作業車により作業中，送電線に接触し感電

業種・被害状況

鉄骨・鉄筋コンクリート造家屋建築工事業，死亡者１名

災害発生状況

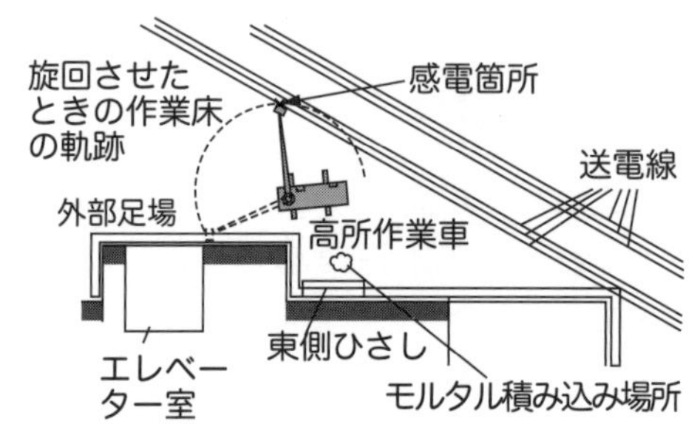

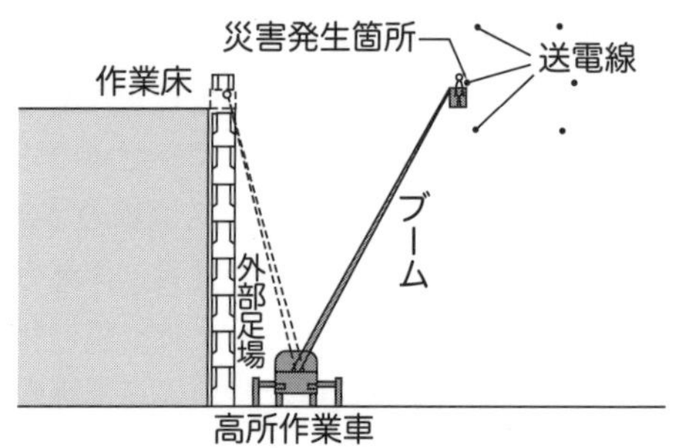

この災害は，鉄骨２階建て一部３階建ての工場の新築工事において，左官工事中に発生した。

この新築工事は，X 社が元請で，左官工事一式を Y 社が請け負い，被災者と同僚の２名が２カ月ほど前から断続的に現場に入って作業をしていた。

左官工事に使用していた高所作業車は Y 社がリース会社から借りたもので，トラック積載形のブーム式（最大作業床地上高さ 24m）であった。また，近くには送電線があり，建屋からは約 13m 離れていた。

この日は午前中に塗装工事，午後からは左官工事の予定であったが，当日は天気が良く，屋根の防水工事を優先させるために朝からエレベーター室の屋上で防水下地のモルタル塗りの左官工事をすることになり，必要なモルタルを地上から建屋の外部足場の最上段に運ぶために高所作業車が使用された。

この高所作業車による荷上げ作業は，バケツに入れたモルタルを高所作業車の作業床上に載せ，同時に被災者と同僚の２名も乗り込み，ブームを起伏し伸長させた後，建屋側に旋回させて外部足場の最上段に着けてモルタルを屋上に運ぶものであった。

このモルタル塗りを終えたあと，２名はバケツを高所作業車の作業床に載せ，被災者の運転のもとに，エレベーター室付近から，東側のひさし部へ場所を移動しようとした。このとき，作業床を送電線側（被災者の背後方向）に 120 度ほど旋回させたところで，被災者の身体が送電線に触れ，感電したものである。

原因と対策

① 高所作業車の作業範囲に送電線があるにもかかわらず，作業床を送電線側に旋回させたこと。高所作業車で作業を行う場合には，あらかじめ，地形，障害物等の状況に応じた作業範囲，操作方法などについて作業計画を作成し，それに基づき行う。特に，危険区域がある場合には，上昇時に通った作業範囲をはずれた移動は危険であり，作業床を

上昇させた手順を逆に追って旋回・降下などを行う。

② 作業床上での操作が，危険区域を背にするような方向となったため，安全確認ができなかったこと。また，高所作業車に乗り込んだ2名だけで作業をしており，作業を監視および指揮するものがいなかったこと。高所作業車の作業範囲内に送電線等がある場合には，監視人を置き作業を監視させるとともに，作業指揮者が作業を直接指揮する。

事例15 送電線点検中に感電し墜落

業種・被害状況

電気通信工事業，死亡者1名

災害発生状況

この災害は，ある工場へ供給する送電線（33,000V）の点検工事において発生した。

X社が請け負った点検は，コンクリート柱で張られている送電線・支持物の目視点検，不良がいし検出等であった。作業手順としては，

① 地上部の支持物のひび，傷み等の有無を確認する。
② ワークポジショニング用器具のロープを電柱に回し掛けして上方へ登る。
③ コンクリート柱中央部でアース線から，アースの抵抗値を確認する（値の確認は地上にいる者が行う）。
④ がいし，支持電線などの目視確認をする。
⑤ コンクリート柱から降りる。

となっていた。

当日の作業は，作業者4名で2組に分かれた上，被災者の組では，被災者が昇柱し，もう1名が地上にて，監視，チェック，アース抵抗値の確認を行うこととなった。地上で支持物のひび，傷み等の有無を確認した後，被災者はコンクリート柱にワークポジショニング用器具のロープをまわして登り，アースの抵抗値確認を終えてからさらに上方へ登り，がいし，支持電線の目視確認を行っていたところ，支線のさびを発見した。被災者は，この箇所の写真を撮るためにコンクリート柱の上端まで登って撮影をしていたが，上り下りの途中の障害物を通過する際，墜落制止用器具のランヤードのフックを掛けないまま，ワークポジショニング用ロープを外したり回し掛けしたりしていた。このロープが外されたとき，被災者は体のバランスを崩し，近くに垂れ下がっていた，送電線の縁回し線（ジャンパー線）に触れて感電し，墜落した。被災者が感電した充電部分（縁回し線）と被災者の水平距離は115cmであった。この間，地上のもう1名はチェックリストに記入を行っていたため，作業を監視していなかった。

原因と対策

① 停電作業としなかったこと。発注者と話し合い，できる限り停電作業とする（ただし，停電の時間帯等に行き違いのないように，電力会社との連絡を十分に行う）。やむを得ず活線近接作業となる場合は，高所作業車を用いるか，接近限界距離（33,000Vの場合，50cm）を必ず保つ作業方法で作業を行う。

② 墜落制止用器具およびワークポジショニング用器具の使い方が適切でなかったこと。電柱の登降の移動で，ワークポジショニング用ロープを外さなければならない場合は，必ず墜落制止用器具のランヤードのフックを掛け，身体を確保することを徹底する。

③ 安全教育が十分でなかったこと。感電および墜落防止に関する安全教育の徹底を図る。

④ 地上の監視人が，チェックリストの記入等を行わなければならないため，一時的に監視の業務ができなくなったこと。監視者が監視の業務に専念できるよう，作業の手順および作業規程を見直す。

第5編

関係法令

第1章 関係法令を学ぶ前に

(1) 関係法令を学ぶ重要性

法令とは，法律とそれに関係する命令（政令，省令など）の総称である。

労働安全衛生法等は，過去に発生した多くの労働災害の貴重な教訓のうえに成り立っているもので，今後どのようにすればその労働災害が防げるかを具体的に示している。そのため，労働安全衛生法等を理解し，守るということは，単に法令遵守ということだけではなく，労働災害の防止を具体的にどのようにしたらよいかを知るために重要である。

もちろん，特別教育のカリキュラムの時間数では，関係法令すべての内容を詳細に説明することは難しい。また，特別教育の受講者に内容の丸暗記を求めるものではない。まずは関係法令のうちの重要な関係条項について内容を確認し，次に作業手順等，会社や現場でのルールを思い出し，それらが各種の関係法令を踏まえて作られているという関係をしっかり理解することが大切である。関係法令は，慣れるまでは非常に難しいと感じるものかもしれないが，今回の特別教育を良い機会と考え，積極的に学習に取り組んでほしい。

(2) 関係法令を学ぶ上で知っておくこと

ア 法律，政令，省令および告示

国が企業や国民にその履行，遵守を強制するものが法律である。しかし，法律の条文だけでは，具体的に何をしなければならないかはよくわからないこともある。法律には，何をしなければならないか，その基本的，根本的なことが書かれ，それが守られないときにはどれだけの処罰を受けるかが明らかにされている。その対象は何か，行うべきことは何かについては，政令や省令（規則）等で具体的に示されていることが多い。

これは，法律にすべてを書くと，その時々の状況や必要に応じて追加や修正を行おうとしたときに時間がかかるため，詳細は比較的容易に改正等が可能な政令や省令に書くこととしているためである。そのため，法律を理解するには，政令，省令（規則）等を含めた関係法令として理解する必要がある。

◆法律…国会が定めるもの。国が企業や国民に履行・遵守を強制するもの。

◆政令…内閣が制定する命令。一般に○○法施行令という名称である。

◆省令…各省の大臣が制定する命令。○○法施行規則，○○省令や○○規則という名称である。

◆告示／公示…一定の事項を法令に基づき広く知らせるためのもの。

イ　労働安全衛生法，政令および省令

労働安全衛生法については，政令としては「労働安全衛生法施行令」があり，労働安全衛生法の各条に定められた規定の適用範囲，用語の定義などを定めている。また，省令には，「労働安全衛生規則」のようにすべての事業場に適用される事項の詳細等を定めるものと，特定の設備や，特定の業務等（粉じんの取扱い業務など）を行う事業場だけに適用される「特別則」がある。労働安全衛生法と関係法令のうち，労働安全衛生にかかわる法令の関係を示すと**図 5-1**のようになる。また，労働安全衛生法に係る行政機関は，**図 5-2** の労働基準監督機関である。

ウ　通達，解釈例規

通達は，法令の適正な運用のために，行政内部で発出される文書のことをいう。これには2つの種類がある。ひとつは，解釈例規といわれるもので，行政として所管する法令の具体的判断や取扱基準を示すものである。もうひとつは，法令の施行の際の留意点や考え方等を示したものである。通達は，番号（基発○○○○第○○号など）と年月日で区別される。

特別教育では，受講者に通達レベルまでの理解を求めるものではないが，法令・通達まで突き詰めて調べていけば，現場での作業で問題となる細かな事項まで触れられていることが多いと言ってよい。これら労働災害防止のための膨大な情報の上に，会社や現場のルールや作業のマニュアル等が作られていることをしっかり理解してほしい。

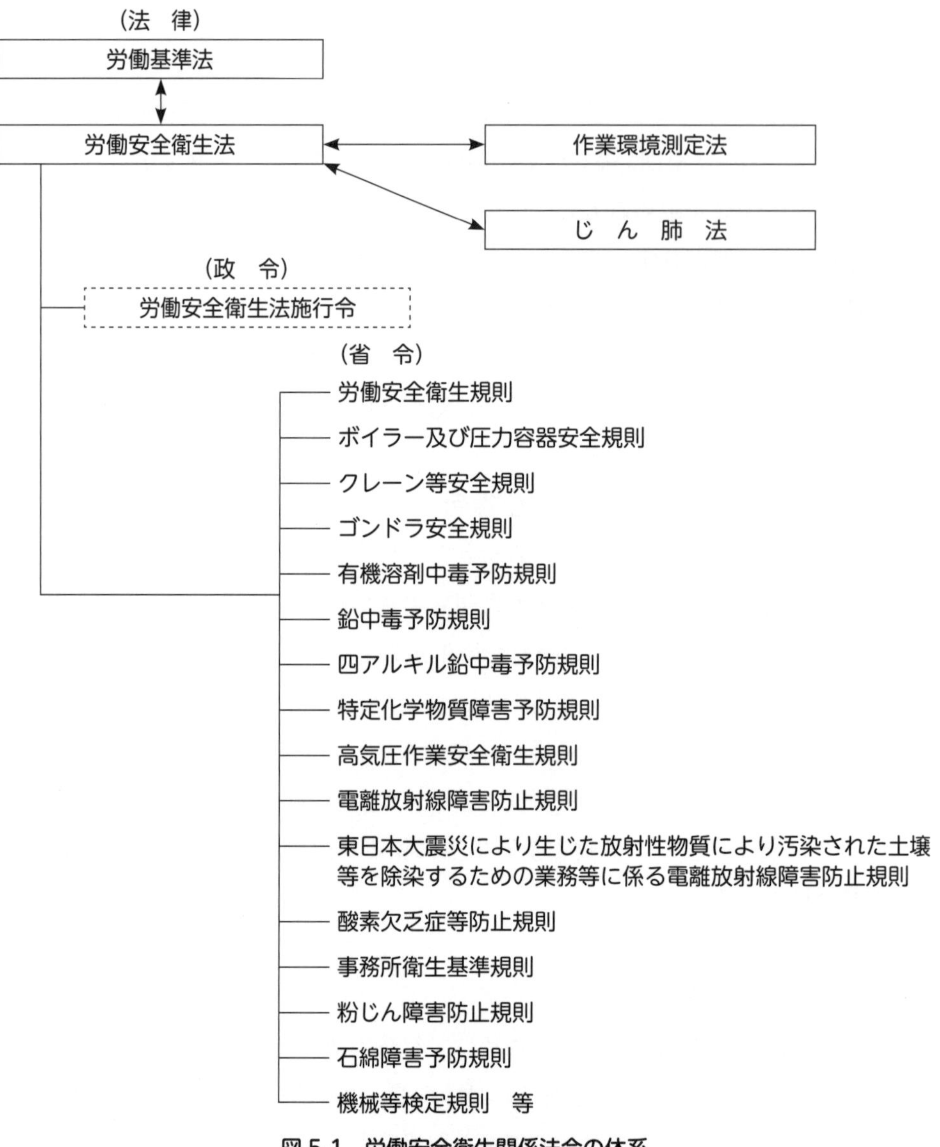

図 5-1　労働安全衛生関係法令の体系

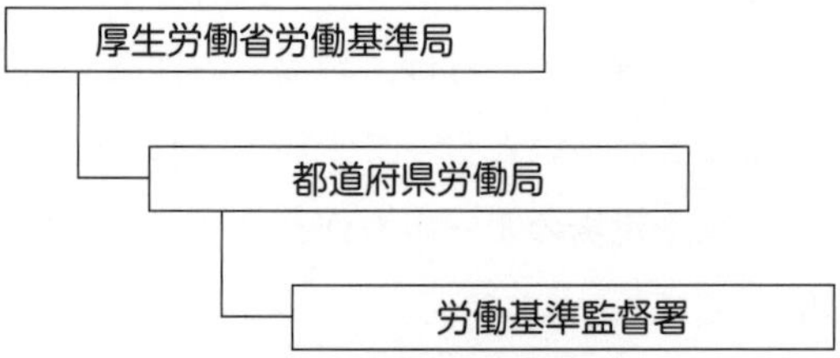

厚生労働省労働基準局
都道府県労働局
労働基準監督署

図 5-2　労働基準監督機関

第2章 労働安全衛生法のあらまし

昭和47年6月8日法律第57号

最終改正：令和元年6月14日法律37号

(1) 総則（第1条～第5条）

労働安全衛生法（安衛法）の目的，法律に出てくる用語の定義，事業者の責務，労働者の協力，事業者に関する規定の適用について定めている。

（目的）

第1条　この法律は，労働基準法（昭和22年法律第49号）と相まつて，労働災害の防止のための危害防止基準の確立，責任体制の明確化及び自主的活動の促進の措置を講ずる等その防止に関する総合的計画的な対策を推進することにより職場における労働者の安全と健康を確保するとともに，快適な職場環境の形成を促進することを目的とする。

安衛法は，昭和47年に従来の労働基準法（労基法）の第5章，すなわち労働条件のひとつである「安全及び衛生」を分離独立させて制定されたものである。第1条は，労基法の賃金，労働時間，休日などの一般的労働条件が労働災害と密接な関係があるため，安衛法と労基法は一体的な運用が図られる必要があることを明確にしながら，本法の目的を宣言したものである。

【労働基準法】

第42条　労働者の安全及び衛生に関しては，労働安全衛生法（昭和47年法律第57号）の定めるところによる。

（定義）

第2条　この法律において，次の各号に掲げる用語の意義は，それぞれ当該各号に定めるところによる。

1　労働災害　労働者の就業に係る建設物，設備，原材料，ガス，蒸気，粉じん等により，又は作業行動その他業務に起因して，労働者が負傷し，疾病にかかり，又は死亡することをいう。
2　労働者　労働基準法第９条に規定する労働者（同居の親族のみを使用する事業又は事務所に使用される者及び家事使用人を除く。）をいう。
3　事業者　事業を行う者で，労働者を使用するものをいう。
3の2～4　略

安衛法の「労働者」の定義は，労基法と同じである。すなわち，職業の種類を問わず，事業または事務所に使用されるもので，賃金を支払われる者である。

労基法は「使用者」を「事業主又は事業の経営担当者その他その事業の労働者に関する事項について，事業主のために行為をするすべての者をいう。」（第10条）と定義しているのに対し，安衛法の「事業者」は，「事業を行う者で，労働者を使用するものをいう。」とし，労働災害防止に関する企業経営者の責務をより明確にしている。

（事業者等の責務）
第３条　事業者は，単にこの法律で定める労働災害の防止のための最低基準を守るだけでなく，快適な職場環境の実現と労働条件の改善を通じて職場における労働者の安全と健康を確保するようにしなければならない。また，事業者は，国が実施する労働災害の防止に関する施策に協力するようにしなければならない。
②　機械，器具その他の設備を設計し，製造し，若しくは輸入する者，原材料を製造し，若しくは輸入する者又は建設物を建設し，若しくは設計する者は，これらの物の設計，製造，輸入又は建設に際して，これらの物が使用されることによる労働災害の発生の防止に資するように努めなければならない。
③　建設工事の注文者等仕事を他人に請け負わせる者は，施工方法，工期等について，安全で衛生的な作業の遂行をそこなうおそれのある条件を附さないように配慮しなければならない。

第１項は，第２条で定義された「事業者」，すなわち「事業を行う者で，労働者を使用するもの」の責務として，法定の最低基準を遵守するだけでなく，積極的に労働者の安全と健康を確保する施策を講ずべきことを規定し，第２項は，機械，器具，設備を設計，製造，輸入する者，建設物を建設，設計する者などについて，それらを使用することによる労働災害防止の努力義務を課している。さらに第３項は，建設工事の注文者などに施工方法や工期等で安全や衛生に配慮した条件で発注することを求めたものである。

> 第４条　労働者は，労働災害を防止するため必要な事項を守るほか，事業者その他の関係者が実施する労働災害の防止に関する措置に協力するように努めなければならない。

第４条では，当然のことだが，労働者もそれぞれの立場で，労働災害の発生の防止のために必要な事項を守るほか，作業主任者等の指揮に従う，保護具の使用を命じられた場合には使用するなど，事業者が実施する措置に協力するよう努めなければならないことを定めている。

(2) 労働災害防止計画（第６条〜第９条）

労働災害の防止に関する総合的な対策を図るために，厚生労働大臣が策定する「労働災害防止計画」の策定等について定めている。

(3) 安全衛生管理体制（第10条〜第19条の3）

労働災害防止のための責任体制の明確化および自主的活動の促進のための管理体制として，①総括安全衛生管理者，②安全管理者，③衛生管理者（衛生工学衛生管理者を含む），④安全衛生推進者（衛生推進者を含む），⑤産業医，⑥作業主任者，があり，安全衛生に関する調査審議機関として，安全委員会および衛生委員会ならびに安全衛生委員会がある。

また，建設業などの下請け混在作業関係の管理体制として，①特定元方事業者，②統括安全衛生責任者，③安全衛生責任者などについて定めている。

(4) 労働者の危険または健康障害を防止するための措置（第20条〜第36条）

労働災害防止の基礎となる，いわゆる危害防止基準を定めたもので，①事業者の講ずべき措置，②厚生労働大臣による技術上の指針の公表，③元方事業者の講ずべき措置，④注文者の講ずべき措置，⑤機械等貸与者等の講ずべき措置，⑥建築物貸与者の講ずべき措置，⑦重量物の重量表示などが定められている。

ア　事業者の講ずべき措置等

（事業者の講ずべき措置等）
第20条　事業者は，次の危険を防止するため必要な措置を講じなければならない。
1　機械，器具その他の設備（以下「機械等」という。）による危険
2　爆発性の物，発火性の物，引火性の物等による危険
3　電気，熱その他のエネルギーによる危険
第21条　事業者は，掘削，採石，荷役，伐木等の業務における作業方法から生ずる危険を防止するため必要な措置を講じなければならない。
②　事業者は，労働者が墜落するおそれのある場所，土砂等が崩壊するおそれのある場所等に係る危険を防止するため必要な措置を講じなければならない。
第22条　事業者は，次の健康障害を防止するため必要な措置を講じなければならない。
1　原材料，ガス，蒸気，粉じん，酸素欠乏空気，病原体等による健康障害
2　放射線，高温，低温，超音波，騒音，振動，異常気圧等による健康障害
3　計器監視，精密工作等の作業による健康障害
4　排気，排液又は残さい物による健康障害
第23条　事業者は，労働者を就業させる建設物その他の作業場について，通路，床面，階段等の保全並びに換気，採光，照明，保温，防湿，休養，避難及び清潔に必要な措置その他労働者の健康，風紀及び生命の保持のため必要な措置を講じなければならない。
第24条　事業者は，労働者の作業行動から生ずる労働災害を防止するため必要な措置を講じなければならない。
第25条　事業者は，労働災害発生の急迫した危険があるときは，直ちに作業を中止し，労働者を作業場から退避させる等必要な措置を講じなければならない。
第26条　労働者は，事業者が第20条から第25条まで及び前条第1項の規定に基づき講ずる措置に応じて，必要な事項を守らなければならない。

労働災害を防止するための一般的規制として，事業者の講ずべき措置が定められている。

イ　事業者の行うべき調査等（リスクアセスメント）

（事業者の行うべき調査等）
第28条の2　事業者は，厚生労働省令で定めるところにより，建設物，設備，原材料，ガス，蒸気，粉じん等による，又は作業行動その他業務に起因する危険性又は有害性等（第57条第1項の政令で定める物及び第57条の2第1項に規定する通知対象物による危険性又は有害性等を除く。）を調査し，その結果に基づいて，この法律又はこれに基づく命令の規定による措置を講ずるほか，労働者の危険又は

健康障害を防止するため必要な措置を講ずるように努めなければならない。ただし，当該調査のうち，化学物質，化学物質を含有する製剤その他の物で労働者の危険又は健康障害を生ずるおそれのあるものに係るもの以外のものについては，製造業その他厚生労働省令で定める業種に属する事業者に限る。
② 厚生労働大臣は，前条第1項及び第3項に定めるもののほか，前項の措置に関して，その適切かつ有効な実施を図るため必要な指針を公表するものとする。
③ 厚生労働大臣は，前項の指針に従い，事業者又はその団体に対し，必要な指導，援助等を行うことができる。

事業者は，建設物，設備，原材料，ガス，蒸気，粉じん等による，または作業行動その他業務に起因する危険性または有害性等を調査し，その結果に基づいて，法令上の措置を講ずるほか，労働者の危険または健康障害を防止するため必要な措置を講ずるように努めなければならない。

第28条の2に定められた危険性または有害性の調査（リスクアセスメント）を実施し，その結果に基づいて労働者への危険または健康障害を防止するための必要な措置を講ずることは，安全衛生管理を進める上で今日的な重要事項となっている。

(5) 機械等ならびに危険物および有害物に関する規制（第37条～第58条）

ア　譲渡等の制限

（譲渡等の制限等）
第42条　特定機械等以外の機械等で，別表第2に掲げるものその他危険若しくは有害な作業を必要とするもの，危険な場所において使用するもの又は危険若しくは健康障害を防止するため使用するもののうち，政令で定めるものは，厚生労働大臣が定める規格又は安全装置を具備しなければ，譲渡し，貸与し，又は設置してはならない。

別表第2（第42条関係）
1～5　略
6　防爆構造電気機械器具
7～11　略
12　交流アーク溶接機用自動電撃防止装置
13　絶縁用保護具
14　絶縁用防具
15　保護帽
16　略

危険な機械，器具その他の設備による労働災害を防止するためには，製造，流通段階において一定の基準により規制することが重要である。そこで，安衛法では，機械等のうち危険または有害な作業を必要とするもの，危険な場所において使用するもの，危険または健康障害を防止するため使用するもののうち一定のものは，厚生労働大臣の定める規格または安全装置を具備しなければ譲渡し，貸与し，または設置してはならないこととしている。

イ　型式検定等

（型式検定）
第44条の2　第42条の機械等のうち，別表第4に掲げる機械等で政令で定めるものを製造し，又は輸入した者は，厚生労働省令で定めるところにより，厚生労働大臣の登録を受けた者（以下「登録型式検定機関」という。）が行う当該機械等の型式についての検定を受けなければならない。ただし，当該機械等のうち輸入された機械等で，その型式について次項の検定が行われた機械等に該当するものは，この限りでない。
②～⑦　略
別表第4（第44条の2関係）
1～2　略
3　防爆構造電気機械器具
4～8　略
9　交流アーク溶接機用自動電撃防止装置
10　絶縁用保護具
11　絶縁用防具
12　保護帽
13　略

上記アの機械等のうち，さらに一定のものについては個別検定または型式検定を受けなければならないこととされている。

ウ　定期自主検査

（定期自主検査）
第45条　事業者は，ボイラーその他の機械等で，政令で定めるものについて，厚生労働省令で定めるところにより，定期に自主検査を行ない，及びその結果を記録しておかなければならない。
②　事業者は，前項の機械等で政令で定めるものについて同項の規定による自主検

査のうち厚生労働省令で定める自主検査（以下「特定自主検査」という。）を行うときは，その使用する労働者で厚生労働省令で定める資格を有するもの又は第54条の3第1項に規定する登録を受け，他人の求めに応じて当該機械等について特定自主検査を行う者（以下「検査業者」という。）に実施させなければならない。

③　厚生労働大臣は，第1項の規定による自主検査の適切かつ有効な実施を図るため必要な自主検査指針を公表するものとする。

④　厚生労働大臣は，前項の自主検査指針を公表した場合において必要があると認めるときは，事業者若しくは検査業者又はこれらの団体に対し，当該自主検査指針に関し必要な指導等を行うことができる。

一定の機械等について，使用開始後一定の期間ごとに定期的に，所定の機能を維持していることを確認するために検査を行わなければならないこととされている。

(6) 労働者の就業にあたっての措置（第59条～第63条）

（安全衛生教育）

第59条　事業者は，労働者を雇い入れたときは，当該労働者に対し，厚生労働省令で定めるところにより，その従事する業務に関する安全又は衛生のための教育を行なわなければならない。

②　前項の規定は，労働者の作業内容を変更したときについて準用する。

③　事業者は，危険又は有害な業務で，厚生労働省令で定めるものに労働者をつかせるときは，厚生労働省令で定めるところにより，当該業務に関する安全又は衛生のための特別の教育を行なわなければならない。

第60条　事業者は，その事業場の業種が政令で定めるものに該当するときは，新たに職務につくこととなつた職長その他の作業中の労働者を直接指導又は監督する者（作業主任者を除く。）に対し，次の事項について，厚生労働省令で定めるところにより，安全又は衛生のための教育を行なわなければならない。

1　作業方法の決定及び労働者の配置に関すること。

2　労働者に対する指導又は監督の方法に関すること。

3　前二号に掲げるもののほか，労働災害を防止するため必要な事項で，厚生労働省令で定めるもの

第60条の2　事業者は，前二条に定めるもののほか，その事業場における安全衛生の水準の向上を図るため，危険又は有害な業務に現に就いている者に対し，その従事する業務に関する安全又は衛生のための教育を行うように努めなければならない。

②　厚生労働大臣は，前項の教育の適切かつ有効な実施を図るため必要な指針を公表するものとする。

③　厚生労働大臣は，前項の指針に従い，事業者又はその団体に対し，必要な指導等を行うことができる。

労働災害を防止するためには，作業に就く労働者に対する安全衛生教育の徹底等もきわめて重要なことである。このような観点から安衛法では，新規雇入れ時のほか，作業内容変更時においても安全衛生教育を行うべきことを定め，また，危険有害業務に従事する者に対する安全衛生特別教育や，職長その他の現場監督者に対する安全衛生教育についても規定している。

(7) 健康の保持増進のための措置（第65条～第71条）

労働者の健康の保持増進のため，作業環境測定や健康診断，面接指導，ストレスチェック等の実施について定めている。

(8) 快適な職場環境の形成のための措置（第71条の2～第71条の4）

労働者がその生活時間の多くを過ごす職場について，疲労やストレスを感じることが少ない快適な職場環境を形成する必要がある。安衛法では，事業者が講ずる措置について規定するとともに，国が快適な職場環境の形成のための指針を公表することを定めている。

(9) 免許等（第72条～第77条）

（免許）
第72条　第12条第1項，第14条又は第61条第1項の免許（以下「免許」という。）は，第75条第1項の免許試験に合格した者その他厚生労働省令で定める資格を有する者に対し，免許証を交付して行う。
②～④　略
（技能講習）
第76条　第14条又は第61条第1項の技能講習（以下「技能講習」という。）は，別表第18〈編注：略〉に掲げる区分ごとに，学科講習又は実技講習によつて行う。
②　技能講習を行なつた者は，当該技能講習を修了した者に対し，厚生労働省令で定めるところにより，技能講習修了証を交付しなければならない。
③　略

危険・有害業務であり労働災害を防止するために管理を必要とする作業について，選任を義務付けられている作業主任者や特殊な業務に就く者に必要とされる資格，技能講習，試験等についての規定がなされている。

(10) 事業場の安全または衛生に関する改善措置等（第78条～第87条）

一定期間内に重大な労働災害を複数の事業場で繰返し発生させた企業に対し，厚生労働大臣が特別安全衛生改善計画の策定を指示し，この指示に従わない場合や計画を実施しない場合には勧告や企業名の公表をすることとなっている。

また，労働災害の防止を図るため，総合的な改善措置を講ずる必要がある事業場については，都道府県労働局長が安全衛生改善計画の作成を指示し，その自主的活動によって安全衛生状態の改善を進めることが制度化されている。

(11) 監督等，雑則および罰則（第88条～第123条）

事業者等が，危害防止基準等の定められた講ずべき措置を怠るなど，法に違反している場合には，国は作業停止，建設物等の使用停止等を命じることができることが定められている。

また，安衛法は，その厳正な運用を担保するため，違反に対する罰則についての規定を置いている。安衛法は，事業者責任主義を採用し，その第122条で両罰規定を設けており，各条が定めた措置義務者（事業者等）の違反について，違反の実行行為者（法人の代表者や使用人その他の従事者）と法人等の両方が罰せられることとなる（法人等に対しては罰金刑）。なお，安衛法第20条から第25条に規定される事業者の講じた危害防止措置または救護措置等に関し，第26条により労働者は遵守義務を負い，これに違反した場合も罰金刑が科せられる。

第3章 労働安全衛生法施行令（抄）

昭和47年8月19日政令第318号
最終改正：令和2年12月2日政令第340号

（厚生労働大臣が定める規格又は安全装置を具備すべき機械等）

第13条　①・②　略

③　法第42条の政令で定める機械等は，次に掲げる機械等（本邦の地域内で使用されないことが明らかな場合を除く。）とする。

1～4　略

5　活線作業用装置（その電圧が，直流にあつては750ボルトを，交流にあつては600ボルトを超える充電電路について用いられるものに限る。）

6　活線作業用器具（その電圧が，直流にあつては750ボルトを，交流にあつては300ボルトを超える充電電路について用いられるものに限る。）

7　絶縁用防護具（対地電圧が50ボルトを超える充電電路に用いられるものに限る。）

8～27　略

28　墜落制止用器具

29～33　略

34　作業床の高さが2メートル以上の高所作業車

④　略

⑤　次の表の上欄〈編注：左欄〉に掲げる機械等には，それぞれ同表の下欄〈編注：右欄〉に掲げる機械等を含まないものとする。

（略）	（略）
法別表第2第6号に掲げる防爆構造電気機械器具	船舶安全法の適用を受ける船舶に用いられる防爆構造電気機械器具
（略）	（略）
法別表第2第13号に掲げる絶縁用保護具	その電圧が，直流にあつては750ボルト，交流にあつては300ボルト以下の充電電路について用いられる絶縁用保護具
法別表第2第14号に掲げる絶縁用防具	その電圧が，直流にあつては750ボルト，交流にあつては300ボルト以下の充電電路に用いられる絶縁用防具
法別表第2第15号に掲げる保護帽	物体の飛来若しくは落下又は墜落による危険を防止するためのもの以外の保護帽

【解　説】

(1)　第３項第５号の「活線作業用装置」とは，活線作業用車，活線作業用絶縁台等のように，対地絶縁を施した絶縁かご，絶縁台等を有するものをいうこと。

(2)　第３項第６号の「活線作業用器具」とは，ホットステックのように，その使用の際に手で持つ部分が絶縁材料で作られた棒状の絶縁工具をいうこと。

(3)　第３項第７号の「絶縁用防護具」とは，建設用防護管，建設用防護シート等のように，建設工事（電気工事を除く。）等を充電電路に近接して行うときに，電路に取り付ける感電防止のための装具で，7,000 ボルト以下の充電電路に用いるものをいうこと。

（昭和 47 年９月 18 日基発第 602 号）

(4)　「高所作業車」とは，高所における工事，点検，補修等の作業に使用される機械であって作業床（各種の作業を行うために設けられた人が乗ることを予定した「床」をいう。）及び昇降装置その他の装置により構成され，当該作業床が昇降装置その他の装置により上昇，下降等をする設備を有する機械のうち，動力を用い，かつ，不特定の場所に自走することができるものをいうものであること。

なお，消防機関が消防活動に使用するはしご自動車，屈折はしご自動車等の消防車は高所作業車に含まないものであること。

（平成２年９月 26 日基発第 583 号）

（型式検定を受けるべき機械等）

第 14 条の２　法第 44 条の２第１項の政令で定める機械等は，次に掲げる機械等（本邦の地域内で使用されないことが明らかな場合を除く。）とする。

1，2　略

3　防爆構造電気機械器具（船舶安全法の適用を受ける船舶に用いられるものを除く。）

4～8　略

9　交流アーク溶接機用自動電撃防止装置

10　絶縁用保護具（その電圧が，直流にあつては 750 ボルトを，交流にあつては 300 ボルトを超える充電電路について用いられるものに限る。）

11　絶縁用防具（その電圧が，直流にあつては 750 ボルトを，交流にあつては 300 ボルトを超える充電電路に用いられるものに限る。）

12　保護帽（物体の飛来若しくは落下又は墜落による危険を防止するためのものに限る。）

13　略

【解　説】

(1)　第 14 条の２第９号の「交流アーク溶接機用自動電撃防止装置」とは，交流アーク溶接機のアークの発生を中断させたとき，短時間内に，当該交流アーク溶接機の出力側の無負荷電圧を自動的に 30 ボルト以下に切り替えることができる電気的な安全装置をいうこと。

(2)　第 14 条の２第 10 号の「絶縁用保護具」とは，電気用ゴム手袋，電気用安全帽等のように，充電電路の取扱いその他電気工事の作業を行なうときに，作業者の身体に着用する感電防止のための保護具で，7,000 ボルト以下の充電電路について用いるものをいうこと。

(3)　第 14 条の２第 11 号の「絶縁用防具」とは，電気用絶縁管，電気用絶縁シート等のように，充電電路の取扱いその他電気工事の作業を行なうときに，電路に取り付ける感電防止のための装具で，7,000 ボルト以下の充電電路に用いるものをいうこと。

（昭和 47 年９月 18 日基発第 602 号）

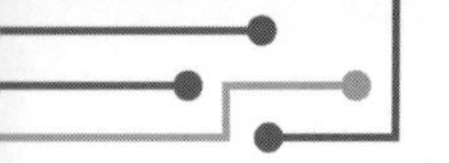

（定期に自主検査を行うべき機械等）

第15条　法第45条第1項の政令で定める機械等は，次のとおりとする。

1　第12条第1項各号に掲げる機械等，第13条第3項第5号，第6号，第8号，第9号，第14号から第19号まで及び第30号から第34号までに掲げる機械等，第14条第2号から第4号までに掲げる機械等並びに前条第10号及び第11号に掲げる機械等

2～11　略

②　法第45条第2項の政令で定める機械等は，第13条第3項第8号，第9号，第33号及び第34号に掲げる機械等並びに前項第2号に掲げる機械等とする。

（職長等の教育を行うべき業種）

第19条　法第60条の政令で定める業種は，次のとおりとする。

1　建設業

2　製造業。ただし，次に掲げるものを除く。

イ　食料品・たばこ製造業（うま味調味料製造業及び動植物油脂製造業を除く。）

ロ　繊維工業（紡績業及び染色整理業を除く。）

ハ　衣服その他の繊維製品製造業

ニ　紙加工品製造業（セロファン製造業を除く。）

ホ　新聞業，出版業，製本業及び印刷物加工業

3　電気業

4　ガス業

5　自動車整備業

6　機械修理業

第4章 労働安全衛生規則（抄）

昭和47年9月30日労働省令第32号
最終改正：令和3年3月22日厚生労働省令第53号

第1編　通則

第3章　機械等並びに危険物及び有害物に関する規制

第1節　機械等に関する規制

（規格に適合した機械等の使用）

第27条　事業者は，法別表第2に掲げる機械等及び令第13条第3項各号に掲げる機械等については，法第42条の厚生労働大臣が定める規格又は安全装置を具備したものでなければ，使用してはならない。

第4章　安全衛生教育

（雇入れ時等の教育）

第35条　事業者は，労働者を雇い入れ，又は労働者の作業内容を変更したときは，当該労働者に対し，遅滞なく，次の事項のうち当該労働者が従事する業務に関する安全又は衛生のため必要な事項について，教育を行なわなければならない。ただし，令第2条第3号に掲げる業種の事業場の労働者については，第1号から第4号までの事項についての教育を省略することができる。

1　機械等，原材料等の危険性又は有害性及びこれらの取扱い方法に関すること。
2　安全装置，有害物抑制装置又は保護具の性能及びこれらの取扱い方法に関すること。
3　作業手順に関すること。
4　作業開始時の点検に関すること。
5　当該業務に関して発生するおそれのある疾病の原因及び予防に関すること。
6　整理，整頓（とん）及び清潔の保持に関すること。
7　事故時等における応急措置及び退避に関すること。
8　前各号に掲げるもののほか，当該業務に関する安全又は衛生のために必要な事項

②　事業者は，前項各号に掲げる事項の全部又は一部に関し十分な知識及び技能を有していると認められる労働者については，当該事項についての教育を省略することができる。

【解　説】

(1)　第１項の教育は，当該労働者が従事する業務に関する安全又は衛生を確保するために必要な内容および時間をもつて行なうものとすること。
(2)　第１項第２号中「有害物抑制装置」とは，局所排気装置，除じん装置，排ガス処理装置のごとく有害物を除去し，又は抑制する装置をいう趣旨であること。
(3)　第１項第３号の事項は，現場に配属後，作業見習の過程において教えることを原則とするものであること。
(4)　第２項は，職業訓練を受けた者等教育すべき事項について十分な知識及び技能を有していると認められる労働者に対し，教育事項の全部又は一部の省略を認める趣旨であること。

(昭和47年９月18日基発第601号の１)

（特別教育を必要とする業務）

第36条　法第59条第3項の厚生労働省令で定める危険又は有害な業務は，次のとおりとする。

1～3　略

4　高圧（直流にあつては750ボルトを，交流にあつては600ボルトを超え，7,000ボルト以下である電圧をいう。以下同じ。）若しくは特別高圧（7,000ボルトを超える電圧をいう。以下同じ。）の充電電路若しくは当該充電電路の支持物の敷設，点検，修理若しくは操作の業務，低圧（直流にあつては750ボルト以下，交流にあつては600ボルト以下である電圧をいう。以下同じ。）の充電電路（対地電圧が50ボルト以下であるもの及び電信用のもの，電話用のもの等で感電による危害を生ずるおそれのないものを除く。）の敷設若しくは修理の業務（次号に掲げる業務を除く。）又は配電盤室，変電室等区画された場所に設置する低圧の電路（対地電圧が50ボルト以下であるもの及び電信用のもの，電話用のもの等で感電による危害の生ずるおそれのないものを除く。）のうち充電部分が露出している開閉器の操作の業務

4の2　対地電圧が50ボルトを超える低圧の蓄電池を内蔵する自動車の整備の業務

5～10の4　略

10の5　作業床の高さ（令第10条第4号の作業床の高さをいう。）が10メートル未満の高所作業車（令第10条第4号の高所作業車をいう。以下同じ。）の運転（道路上を走行させる運転を除く。）の業務

11～40　略

41　高さが2メートル以上の箇所であつて作業床を設けることが困難なところにおいて，墜落制止用器具（令第13条第3項第28号の墜落制止用器具をいう。第130条の5第1項において同じ。）のうちフルハーネス型のものを用いて行う作業に係る業務（前号に掲げる業務を除く。）

（特別教育の科目の省略）

第37条　事業者は，法第59条第3項の特別の教育（以下「特別教育」という。）の科目の全部又は一部について十分な知識及び技能を有していると認められる労働者については，当該科目についての特別教育を省略することができる。

（特別教育の記録の保存）

第38条　事業者は，特別教育を行なつたときは，当該特別教育の受講者，科目等の記録

を作成して，これを3年間保存しておかなければならない。

（特別教育の細目）

第39条　前二条及び第592条の7に定めるもののほか，第36条第1号から第13号まで，第27号，第30号から第36号まで及び第39号から第41号に掲げる業務に係る特別教育の実施について必要な事項は，厚生労働大臣が定める。

第2編　安全基準

第2章　建設機械等

第2節　くい打機，くい抜機及びボーリングマシン

（ガス導管等の損壊の防止）

第194条　事業者は，くい打機又はボーリングマシンを使用して作業を行う場合において，ガス導管，地中電線路その他地下に存する工作物（以下この条において「ガス導管等」という。）の損壊により労働者に危険を及ぼすおそれのあるときは，あらかじめ，作業箇所について，ガス導管等の有無及び状態を当該ガス導管等を管理する者に確かめる等の方法により調査し，これらの事項について知り得たところに適応する措置を講じなければならない。

【解　説】

「当該ガス導管等を管理する者に確かめる等」の「等」には，当該ガス導管等の配置図により調べること，試し掘りを行なうこと等があること。　（昭和46年4月15日基発第309号）

（作業指揮者）

第194条の10　事業者は，高所作業車を用いて作業を行うときは，当該作業の指揮者を定め，その者に前条第1項〈編注：略〉の作業計画に基づき作業の指揮を行わせなければならない。

（要求性能墜落制止用器具等の使用）

第194条の22　事業者は，高所作業車（作業床が接地面に対し垂直にのみ上昇し，又は下降する構造のものを除く。）を用いて作業を行うときは，当該高所作業車の作業床上の労働者に要求性能墜落制止用器具等を使用させなければならない。

②　前項の労働者は，要求性能墜落制止用器具等を使用しなければならない。

【解　説】

「要求性能墜落制止用器具」＝墜落による危険のおそれに応じた性能を有する墜落制止用器具。
「要求性能墜落制止用器具等」＝要求性能墜落制止用器具その他の命綱。以下同じ。

第5章　電気による危険の防止

第1節　電気機械器具

（電気機械器具の囲い等）

第329条　事業者は，電気機械器具の充電部分（電熱器の発熱体の部分，抵抗溶接機の電極の部分等電気機械器具の使用の目的により露出することがやむを得ない充電部分を除く。）で，労働者が作業中又は通行の際に，接触（導電体を介する接触を含む。以下この章において同じ。）し，又は接近することにより感電の危険を生ずるおそれのあるものについては，感電を防止するための囲い又は絶縁覆（おお）いを設けなければならない。ただし，配電盤室，変電室等区画された場所で，事業者が第36条第4号の業務に就いている者（以下「電気取扱者」という。）以外の者の立入りを禁止したところに設置し，又は電柱上，塔上等隔離された場所で，電気取扱者以外の者が接近するおそれのないところに設置する電気機械器具については，この限りでない。

【解　説】

(1)「導電体を介する接触」とは，金属製工具，金属材料等の導電体を取り扱っている際に，これらの導電体が露出充電部分に接触することをいうこと。

(2)「接近することにより感電の危険を生ずる」とは，高圧又は特別高圧の充電電路に接近した場合に，接近アーク又は誘導電流により，感電の危害を生ずることをいうこと。

(3)「絶縁覆いを設け」とは，当該露出充電部分と絶縁されている金属製箱に当該露出充電部分を収めること，ゴム，ビニール，ベークライト等の絶縁材料を用いて当該露出充電部分を被覆すること等をいうこと。

(4)「電柱上，塔上等隔離された場所で，電気取扱者以外の者が接近するおそれのないところに設置する電気機械器具」には，配電用の電柱または鉄塔の上に施設された低圧側ケッチヒューズ等が含まれること。

（昭和35年11月22日基発第990号）

(5)〔電気機械器具〕

電動機，変圧器，コード接続器，開閉器，分電盤，配電盤等電気を通ずる機械，器具その他の設備のうち配線及び移動電線以外のものをいう。以下同じ。（第280条第1項より引用）

（手持型電灯等のガード）

第330条　事業者は，移動電線に接続する手持型の電灯，仮設の配線又は移動電線に接続する架空つり下げ電灯等には，口金に接触することによる感電の危険及び電球の破損による危険を防止するため，ガードを取り付けなければならない。

②　事業者は，前項のガードについては，次に定めるところに適合するものとしなければならない。

1　電球の口金の露出部分に容易に手が触れない構造のものとすること。

2　材料は，容易に破損又は変形をしないものとすること。

【解　説】

(1)「手持型の電燈」とは，ハンドランプのほか，普通の白熱灯であって手に持って使用するものをいい，電池式又は発電式の携帯電燈は含まないこと。

(2)「電球の破損による危険」とは，電球が破損した場合に，そのフィラメント又は導入線に接触することによる感電の危害及び電球のガラスの破片による危害をいうこと。

（昭和35年11月22日基発第990号）

(3)　第1項の「仮設の配線」とは，第338条の解説(1)に示すものと同じものであること。

(4)　第1項の「架空つり下げ電燈」とは，屋外または屋内において，コードペンダント等の正規工事によらないつり下げ電燈や電飾方式による電燈（建設工事等において仮設の配線に多数の防水ソケットを連ね電球をつり下げて点灯する方式のもので，通称タコづり，鈴らん燈，ちょうちんづり等ともいう。）をいうものであること。

なお，移動させないで使用するもの又は作業箇所から離れて使用するものであって，作業中に接触又は破損のおそれが全くないものについては，この規定は適用されないものであること。

(5)　第1項の「架空つり下げ電燈等」の「等」には，反射型投光電球を使用した電燈が含まれるものであること。

(6)　第2項第1号の「電球の口金の露出部分に容易に手が触れない構造」とは，ガードの根元部分が当該露出部分を覆うことができ，かつ，ガードと電球の間から指が電球の口金部分に入り難い構造をいうものであること。

なお，ソケットが，カバー，ホルダ等に覆われているとき又は防水ソケットのように電球の口金の露出しないときは，この規定は，適用されないものであること。

(7)　第2項第2号の「容易に破損又は変形をしない材料」とは，堅固な金属のほか，耐熱性が良好なプラスティックであって使用中に外力又は熱により破損し又は変形をし難いものを含むものであること。

(8)　〔接地側電線の接続措置〕

第1項に規定する措置のほか，ソケットの受金側（電球の口金側）に接続されるソケット内部端子には接地側電線を接続することが望ましいこと。　　（昭和44年2月5日基発第59号）

〈編注：第331条（溶接棒等のホルダー）略〉

（交流アーク溶接機用自動電撃防止装置）

第332条　事業者は，船舶の二重底若しくはピークタンクの内部，ボイラーの胴若しくはドームの内部等導電体に囲まれた場所で著しく狭あいなところ又は墜落により労働者に危険を及ぼすおそれのある高さが2メートル以上の場所で鉄骨等導電性の高い接地物に労働者が接触するおそれがあるところにおいて，交流アーク溶接等（自動溶接を除く。）の作業を行うときは，交流アーク溶接機用自動電撃防止装置を使用しなければならない。

【解　説】

(1)　「著しく狭あいなところ」とは，動作に際し，身体の部分が通常周囲（足もとの部分を除く。）の導電体に接触するおそれがある程度に狭あいな場所をいうこと。

（昭和35年11月22日基発第990号）

(2)　「自動溶接」とは，溶接棒の送給及び溶接棒の運棒又は被溶接材の運進を自動的に行うものをいい，これらの一部のみを自動的に行うもの又はグラビティ溶接はこれに含まれないものであること。

(3)　「墜落により労働者に危険を及ぼすおそれのある高さが2メートル以上の場所」とは，高さが2メートル以上の箇所で安全に作業する床がなく，第518条，第519条の規定による足場，囲い，手すり，覆い等を設けていない場所をいうものであること。

(4)　「導電性の高い接地物」とは，鉄骨，鉄筋，鉄柱，金属製水道管，ガス管，鋼船の鋼材部分等であって，大地に埋設される等電気的に接続された状態にあるものをいうこと。

（昭和44年2月5日基発第59号）

（漏電による感電の防止）

第333条　事業者は，電動機を有する機械又は器具（以下「電動機械器具」という。）で，対地電圧が150ボルトをこえる移動式若しくは可搬式のもの又は水等導電性の高い液体によつて湿潤している場所その他鉄板上，鉄骨上，定盤上等導電性の高い場所において使用する移動式若しくは可搬式のものについては，漏電による感電の危険を防止するため，当該電動機械器具が接続される電路に，当該電路の定格に適合し，感度が良好であり，かつ，確実に作動する感電防止用漏電しや断装置を接続しなければならない。

② 事業者は，前項に規定する措置を講ずることが困難なときは，電動機械器具の金属製外わく，電動機の金属製外被等の金属部分を，次に定めるところにより接地して使用しなければならない。

1 接地極への接続は，次のいずれかの方法によること。

イ 一心を専用の接地線とする移動電線及び一端子を専用の接地端子とする接続器具を用いて接地極に接続する方法

ロ 移動電線に添えた接地線及び当該電動機械器具の電源コンセントに近接する箇所に設けられた接地端子を用いて接地極に接続する方法

2 前号イの方法によるときは，接地線と電路に接続する電線との混用及び接地端子と電路に接続する端子との混用を防止するための措置を講ずること。

3 接地極は，十分に地中に埋設する等の方法により，確実に大地と接続すること。

【解 説】

(1) 「電動機械器具」には，非接地式電源に接続して使用する電動機械器具は含まれないこと。

(2) 「水その他導電性の高い液体によつて湿潤している場所」とは，常態において，作業床等が水，アルカリ溶液等の導電性の高い液体によってぬれていることにより，漏電の際に感電の危害を生じやすい場所をいい，湧水ずい道内，基礎掘削工事現場，製氷作業場，水洗作業場等はおおむねこれに含まれること。

(3) 「移動式のもの」とは，移動式空気圧縮機，移動式ベルトコンベヤ，移動式コンクリートミキサ，移動式クラッシャ等，移動させて使用する電動機付の機械器具をいい，電車，電気自動車等の電気車両は含まないこと。

(4) 「可搬式のもの」とは，可搬式電気ドリル，可搬式電気グラインダ，可搬式振動機等手に持って使用する電動機械器具をいうこと。

(昭和35年11月22日基発第990号)

(5) 第1項の「当該電路の定格に適合し」とは，電動機械器具が接続される電路の相，線式，電圧，電流，及び周波数に適合することをいうこと。

(6) 第1項の「感度が良好」とは，電圧動作形のものにあっては動作感度電圧がおおむね20ボルトないし30ボルト，電流動作形のもの（電動機器の接地線が切断又は不導通の場合電路をしゃ断する保護機構を有する装置を除く。）にあっては動作感度電流がおおむね30ミリアンペアであり，かつ，動作時限が，電圧動作形にあっては0.2秒以下，電流動作形にあっては0.1秒以下であるものをいうこと。

(7) 第1項の「確実に作動する感電防止用漏電しゃ断装置」とは，JIS C 8370（配線しゃ断器）に定める構造のしゃ断器若しくはJIS C 8325（交流電磁開閉器）に定める構造の開閉器又はこれらとおおむね同等程度の性能を有するしゃ断装置を有するものであって，水又は粉じんの侵入により装置の機能に障害を生じない構造であり，かつ，漏電検出しゃ断動作の試験装置を有するものをいうものであること。

(8) 第1項の「感電防止用漏電しゃ断装置」とは，電路の対地絶縁が低下した場合に電路をじん速にしゃ断して感電による危害を防止するものをいうこと。その動作方式は，電圧動作形と電流動作形に大別され，前者は電気機械器具のケースや電動機のフレームの対地電圧が所定の値に達したときに作動し，後者は漏えい電流が所定の値に達したときに作動するものであること。

なお，この装置を接続した電動機械器具の接地については，特に規定していないが，電気設備の技術基準（旧電気工作物規程）に定めるところにより本条第2項第1号に定める方法又は電動機械器具の使用場所において接地極に接続する方法により接地することは当然であること。ただし，この場合の接地抵抗値は，昭和35年11月22日付け基発第990号通達の7の(11)〈編注：本解説(12)〉に示すところによらなくてもさしつかえないこと。

(昭和44年2月5日基発第59号)

(9) 各号の「接地極」には，地中に埋設された金属製水道管，鋼船の船体等が含まれること。

(10) 第1号及び第2号の「接地線」とは，電動機械器具の金属部分と接地極とを接続する導線をいうこと。

(11) 第2項第2号の「混用を防止するための措置」とは，色，形状等を異にすること，標示すること等の方法により，接地線と電路に接続する電線との区別及び接地端子と電路に接続する端子との区別を明確にすることをいうこと。
⑿　第2項第3号の「確実に」とは，十分に低い接地抵抗値を保つように（電動機械器具の金属部分の接地抵抗値がおおむね25オーム以下になるように）の意であること。
（昭和35年11月22日基発第990号）

（適用除外）
第334条　前条の規定は，次の各号のいずれかに該当する電動機械器具については，適用しない。
1　非接地方式の電路（当該電動機械器具の電源側の電路に設けた絶縁変圧器の二次電圧が300ボルト以下であり，かつ，当該絶縁変圧器の負荷側の電路が接地されていないものに限る。）に接続して使用する電動機械器具
2　絶縁台の上で使用する電動機械器具
3　電気用品安全法（昭和36年法律第234号）第2条第2項の特定電気用品であつて，同法第10条第1項の表示が付された二重絶縁構造の電動機械器具

【解　説】
⑴「非接地方式の電路」とは，電源変圧器の低圧側の中性点又は低圧側の一端子を接地しない配電電路のことをいい，人が電圧側の一線に接触しても地気回路が構成され難く，電動機のフレーム等について漏電による対地電位の上昇が少なく，感電の危険が少ないものをいうこと。
⑵「絶縁台」とは，使用する電動機械器具の対地電圧に応じた絶縁性能を有する作業台をいい，低圧の電動機械器具の場合には，リノリウム張りの床，木の床等であっても十分に乾燥したものは含まれるが，コンクリートの床は含まれないものであること。
なお，「絶縁台の上で使用する」とは作業者が常時絶縁台の上にあって使用する意であり，作業者がゴム底靴を着用して使用することは含まれないものであること。
⑶「二重絶縁構造の電動機械器具」とは，電動機械器具の充電部と人の接触するおそれのある非充電金属部の間に，機能絶縁と，それが役に立たなくなったときに感電危険を防ぐ保護絶縁とを施した構造のものをいうが，二重絶縁を行い難い部分に強化絶縁（電気的，熱的及び機械的機能が二重絶縁と同等以上の絶縁物を使用した絶縁をいう。）を施したものも含まれるものであること。
（昭和44年2月5日基発第59号）

（電気機械器具の操作部分の照度）
第335条　事業者は，電気機械器具の操作の際に，感電の危険又は誤操作による危険を防止するため，当該電気機械器具の操作部分について必要な照度を保持しなければならない。

【解　説】
⑴「電気機械器具の操作」とは，開閉器の開閉操作，制御器の制御操作，電圧調整器の操作等電気機械器具の電気についての操作をいうこと。
⑵「誤操作による危険」とは，電路の系統，操作順序等を誤って操作した場合に，操作者又は関係労働者が受ける感電又は電気火傷をいうこと。
⑶「必要な照度」とは，操作部分の位置，区分等を容易に判別することができる程度の明るさをいい，照明の方法は，局部照明，全般照明又は自然採光による照明のいずれであっても差しつかえないこと。なお，本条は，操作の際における照度の保持について定めたものであって，操作時以外の場合における照度の保持まで規制する趣旨ではないこと。
（昭和35年11月22日基発第990号）

第2節　配線及び移動電線

（配線等の絶縁被覆）

第336条　事業者は，労働者が作業中又は通行の際に接触し，又は接触するおそれのある配線で，絶縁被覆を有するもの（第36条第4号の業務において電気取扱者のみが接触し，又は接触するおそれがあるものを除く。）又は移動電線については，絶縁被覆が損傷し，又は老化していることにより，感電の危険が生ずることを防止する措置を講じなければならない。

【解　説】

⑴「接触するおそれのある」とは，作業し，若しくは通行する者の側方おおむね60センチメートル以内又は作業床若しくは通路面からおおむね2メートル以内の範囲にあることをいうこと。

⑵「防止する措置」とは，当該配線又は移動電線を絶縁被覆の完全なものと取り換えること。絶縁被覆が損傷し，又は老化している部分を補修すること等の措置をいうこと。

（昭和35年11月22日基発第990号）

（移動電線等の被覆又は外装）

第337条　事業者は，水その他導電性の高い液体によつて湿潤している場所において使用する移動電線又はこれに附属する接続器具で，労働者が作業中又は通行の際に接触するおそれのあるものについては，当該移動電線又は接続器具の被覆又は外装が当該導電性の高い液体に対して絶縁効力を有するものでなければ，使用してはならない。

【解　説】

「導電性の高い液体に対して絶縁効力を有するもの」とは，当該液体が侵入しない構造で，かつ，使用する電圧に応じて絶縁性能を有するもの（腐蝕性の液体に対しては耐蝕性をも具備するもの）をいい，移動電線についてはキャブタイヤケーブル，クロロプレン外装ケーブル，防湿2個よりコード等が，また，接続器具については防水型，防滴型，屋外型等の構造のものがこれに該当すること。

（昭和35年11月22日基発第990号）

（仮設の配線等）

第338条　事業者は，仮設の配線又は移動電線を通路面において使用してはならない。ただし，当該配線又は移動電線の上を車両その他の物が通過すること等による絶縁被覆の損傷のおそれのない状態で使用するときは，この限りでない。

【解　説】

⑴「仮設の配線」とは，短期間臨時的に使用する目的で，工作物等に仮取り付けした配線をいうこと。

⑵ ただし書の「その他の物」とは，通路面をころがして移送するボンベ，ドラム罐等の重量物をいうこと。

⑶ ただし書の「絶縁被覆の損傷のおそれがない状態」とは，当該配線又は移動電線に防護覆を装置すること，当該配線又は移動電線を金属管内又はダクト内に収めること等の方法により，絶縁被覆について損傷防護の措置を講じてある状態及び当該配線又は移動電線を通路面の側端に，かつ，これに添って配置し，車両等がその上を通過すること等のおそれがない状態をいう。

（昭和35年11月22日基発第990号）

第3節　停電作業

（停電作業を行なう場合の措置）

第339条　事業者は，電路を開路して，当該電路又はその支持物の敷設，点検，修理，塗装等の電気工事の作業を行なうときは，当該電路を開路した後に，当該電路について，次に定める措置を講じなければならない。当該電路に近接する電路若しくはその支持物の敷設，点検，修理，塗装等の電気工事の作業又は当該電路に近接する工作物（電路の支持物を除く。以下この章において同じ。）の建設，解体，点検，修理，塗装等の作業を行なう場合も同様とする。

1　開路に用いた開閉器に，作業中，施錠し，若しくは通電禁止に関する所要事項を表示し，又は監視人を置くこと。

2　開路した電路が電力ケーブル，電力コンデンサー等を有する電路で，残留電荷による危険を生ずるおそれのあるものについては，安全な方法により当該残留電荷を確実に放電させること。

3　開路した電路が高圧又は特別高圧であつたものについては，検電器具により停電を確認し，かつ，誤通電，他の電路との混触又は他の電路からの誘導による感電の危険を防止するため，短絡接地器具を用いて確実に短絡接地すること。

②　事業者は，前項の作業中又は作業を終了した場合において，開路した電路に通電しようとするときは，あらかじめ，当該作業に従事する労働者について感電の危険が生ずるおそれのないこと及び短絡接地器具を取りはずしたことを確認した後でなければ，行なつてはならない。

【解　説】

⑴　第1項の「電路の支持物」とは，がいし及びその支持金具，電柱及びその控線，腕木，腕金等の附属物，変圧器，避雷器，コンデンサ等の電力装置の支持台，配線を固定するための金属管，線ぴ等の配線支持具等電路を支持する物をいうこと。

⑵　第1項の「塗装等」の「等」には，がいし掃除，通信線の配電柱への架設又は配電柱からの撤去等が含まれること。

⑶　第1項の「事業者は，電路を開路して」とは，同項後段についてもかかっているものであること。

⑷　第1項の「近接する」とは，昭和34年2月18日付基発第101号通ちょう記の9の⑹の表〈編注：第570条の解説⑶参照〉に示す離隔距離以内にあることをいうこと。

（昭和35年11月22日基発第990号）

⑸　第1項前段「電路を開路して……電気工事の作業を行なうとき」とは，作業後に通電することを予定している場合に限る趣旨ではない。

⑹　第1項前段「電路を開路して当該電路又はその他支持物の敷設，点検，修理，塗装等……」の「等」には撤去及び解体が含まれる。

（昭和49年10月22日基収第3267号）

⑺　第1項第1号の「通電禁止に関する所要事項」とは，通電操作責任者の氏名，停電作業箇所，当該開閉器を不意に投入することを防止するため必要な事項をいうこと。なお，上記のほか，通電操作責任者の許可なく通電することを禁止する意を含むものである。

（昭和35年11月22日基発第990号，
昭和44年2月5日基発第59号）

⑻　第1項第2号の「安全な方法」とは，当該電路に放電線輪等を施設し，開路と同時に自動的に残留電荷を放電させる方法，放電専用の器具を用いて開路後すみやかに残留電荷を放電させる方法等の方法をいうこと。

⑼　第1項第3号の「混触」には，低圧側電路の故障等に起因するステップ・アップ（高電圧誘起）が含まれること。

⑽　第1項第3号の「誘導」とは，近接する交流の高圧又は特別高圧の電路の相間の不平衡等により，開路した電路に高電圧が誘起される場合をいうこと。

⑾ 第1項第3号の「検電器具」とは，電路の電圧に応じた絶縁耐力及び検電性能を有する携帯型の検電器をいい，当該電路の電圧に応じた絶縁耐力を有する断路器操作用フック棒であって当該電路に近接させて，コロナ放電により，検電することができるもの，作業箇所に近接し，かつ，作業に際して確認することができる位置に施設された電圧計（各相間の電圧を計測できるものに限る。）等が含まれること。

（昭和35年11月22日基発第990号）

（断路器等の開路）

第340条　事業者は，高圧又は特別高圧の電路の断路器，線路開閉器等の開閉器で，負荷電流をしや断するためのものでないものを開路するときは，当該開閉器の誤操作を防止するため，当該電路が無負荷であることを示すためのパイロツトランプ，当該電路の系統を判別するためのタブレツト等により，当該操作を行なう労働者に当該電路が無負荷であることを確認させなければならない。ただし，当該開閉器に，当該電路が無負荷でなければ開路することができない緊錠装置を設けるときは，この限りでない。

【解　説】

⑴ 本条の「負荷電流」には，変圧器の励磁電流又は短距離の電線路の充電電流は含まれないこと。

⑵ 「遮断するためのものではないもの」とは，それ自体を遮断の用には供しない構造のものであって，遮断に用いればアークを発して危害を生ずるおそれがあるものをいうこと。

⑶ 「パイロツトランプにより」とは，当該操作の対象となる断路器，線路開閉器等に近接した位置にパイロットランプを取りつけ，操作する者が確認することができるようにすること。

⑷ 「タブレツト等により」とは，電源遮断用の操作盤と当該操作の対象となる断路器，線路開閉器等に近接した位置とにタブレット受を備えつけて，操作する者が確認することができるようにすることをいうこと。

⑸ 「タブレツト等」の「等」には，同期信号方式の操作指示計を当該操作の対象となる断路器，線路開閉器等に近接した位置に備えつけて操作の指示をする方法，インターホンによって操作の指令をする方法等が含まれること。

⑹ ただし書の「緊錠装置」とは，当該電路の遮断器によって負荷を遮断した後でなければ，断路器，線路開閉器等の操作を行なうことができないようにインタロック（電気的インタロック又は機械的インタロック）した装置をいうこと。

（昭和35年11月22日基発第990号）

⑺ 〔プライマリカットアウト等〕

問　プライマリカットアウト又はがいし型スイッチについても本条の誤操作防止措置を行なわなければならないか。

答　プライマリカットアウト又はヒューズ付きのがいし製スイッチは，開閉器に該当しない。

（昭和38年7月18日基収第4113号）

第4節　活線作業及び活線近接作業

（高圧活線作業）

第341条　事業者は，高圧の充電電路の点検，修理等当該充電電路を取り扱う作業を行なう場合において，当該作業に従事する労働者について感電の危険が生ずるおそれのあるときは，次の各号のいずれかに該当する措置を講じなければならない。

1　労働者に絶縁用保護具を着用させ，かつ，当該充電電路のうち労働者が現に取り扱つている部分以外の部分が，接触し，又は接近することにより感電の危険が生ずるおそれのあるものに絶縁用防具を装着すること。

2　労働者に活線作業用器具を使用させること。

3　労働者に活線作業用装置を使用させること。この場合には，労働者が現に取り扱つている充電電路と電位を異にする物に，労働者の身体又は労働者が現に取り扱つている金属製の工具，材料等の導電体（以下「身体等」という。）が接触し，又は接近することによる感電の危険を生じさせてはならない。

② 労働者は，前項の作業において，絶縁用保護具の着用，絶縁用防具の装着又は活線作業用器具若しくは活線作業用装置の使用を事業者から命じられたときは，これを着用し，装着し，又は使用しなければならない。

【解　説】

(1) 「高圧の充電電路」とは，高圧の裸電線，電気機械器具の高圧の露出充電部分のほか，高圧電路に用いられている高圧絶縁電線，引下げ用高圧絶縁電線，高圧用ケーブル又は特別高圧用ケーブル，高圧用キャブタイヤケーブル，電気機械器具の絶縁物で覆われた高圧充電部分等であって，絶縁被覆又は絶縁覆いの老化，欠如若しくは損傷している部分が含まれるものであること。（昭和44年2月5日基発第59号）

(2) 「点検，修理等露出充電部分を取り扱う作業」には，電線の分岐，接続，切断，引どめ，バインド等の作業が含まれること。

(3) 「絶縁用保護具」とは，電気用ゴム手袋，電気用帽子，電気用ゴム袖，電気用ゴム長靴等作業を行なう者の身体に着用する感電防止の保護具をいうこと。

(4) 「絶縁用防具」とは，ゴム絶縁管，ゴムがいしカバ，ゴムシート，ビニールシート等電路に対して取り付ける感電防止用の装具をいうこと。

(5) 「活線作業用器具」とは，その使用の際に作業を行なう者の手で持つ部分が絶縁材料で作られた棒状の絶縁工具をいい，いわゆるホットステックのごときものをいうこと。

(6) 「活線作業用装置」とは，対地絶縁を施こした活線作業用車又は活線作業用絶縁台をいうこと。

（昭和35年11月22日基発第990号）

（高圧活線近接作業）

第342条　事業者は，電路又はその支持物の敷設，点検，修理，塗装等の電気工事の作業を行なう場合において，当該作業に従事する労働者が高圧の充電電路に接触し，又は当該充電電路に対して頭上距離が30センチメートル以内又は躯側距離若しくは足下距離が60センチメートル以内に接近することにより感電の危険が生ずるおそれのあるときは，当該充電電路に絶縁用防具を装着しなければならない。ただし，当該作業に従事する労働者に絶縁用保護具を着用させて作業を行なう場合において，当該絶縁用保護具を着用する身体の部分以外の部分が当該充電電路に接触し，又は接近することにより感電の危険が生ずるおそれのないときは，この限りでない。

② 労働者は，前項の作業において，絶縁用防具の装着又は絶縁用保護具の着用を事業者から命じられたときは，これを装着し，又は着用しなければならない。

【解　説】

(1) 「頭上距離30センチメートル以内又は躯側距離若しくは足下距離60センチメートル以内」とは，頭上30センチメートルの水平面，躯幹部の表面からの水平距離60センチメートルの鉛直面及び足下60センチメートルの水平面により囲まれた範囲内をいうこと。

(2) 「身体の部分以外の部分」とは，身体のうち，保護具によって保護されていない部分をいうこと。（昭和35年11月22日基発第990号）

(3) 第1項の「高圧の充電電路に接触する」の「接触」には，労働者が現に取り扱っている金具製の工具，材料等の導電体を介しての接触を含むものであること。

(4) 第1項の「躯側距離」には，架空電線の場合であって風による電線の動揺があるときは，その動揺幅を加算した距離を保つ必要があること。

（昭和44年2月5日基発第59号）

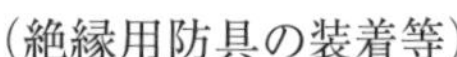

（絶縁用防具の装着等）

第343条　事業者は，前二条の場合において，絶縁用防具の装着又は取りはずしの作業を労働者に行なわせるときは，当該作業に従事する労働者に，絶縁用保護具を着用させ，又は活線作業用器具若しくは活線作業用装置を使用させなければならない。

② 労働者は，前項の作業において，絶縁用保護具の着用又は活線作業用器具若しくは活線作業用装置の使用を事業者から命じられたときには，これを着用し，又は使用しなければならない。

（特別高圧活線作業）

第344条　事業者は，特別高圧の充電電路又はその支持がいしの点検，修理，清掃等の電気工事の作業を行なう場合において，当該作業に従事する労働者について感電の危険が生ずるおそれのあるときは，次の各号のいずれかに該当する措置を講じなければならない。

1　労働者に活線作業用器具を使用させること。この場合には，身体等について，次の表の上欄〈編注：左欄〉に掲げる充電電路の使用電圧に応じ，それぞれ同表の下欄〈編注：右欄〉に掲げる充電電路に対する接近限界距離を保たせなければならない。

充電電路の使用電圧（単位　キロボルト）	充電電路に対する接近限界距離（単位　センチメートル）
22以下	20
22をこえ33以下	30
33をこえ66以下	50
66をこえ77以下	60
77をこえ110以下	90
110をこえ154以下	120
154をこえ187以下	140
187をこえ220以下	160
220をこえる場合	200

2　労働者に活線作業用装置を使用させること。この場合には，労働者が現に取り扱つている充電電路若しくはその支持がいしと電位を異にする物に身体等が接触し，又は接近することによる感電の危険を生じさせてはならない。

② 労働者は，前項の作業において，活線作業用器具又は活線作業用装置の使用を事業者から命じられたときは，これを使用しなければならない。

【解　説】

(1) 本条は，現段階においては特別高圧用の絶縁用保護具，絶縁用防具がないため，危害防止の措置については活線作業用装置又は活線作業用器具の使用に限ることとしたものであること。
（昭和35年11月22日基発第990号）

(2)「特別高圧の充電電路」とは，特別高圧の裸電線，電気機械器具の特別高圧の露出充電部分のほか，特別高圧電路に用いられている特別高圧用ケーブル，電気機械器具の絶縁物で覆われた特別高圧充電部分等であって，絶縁被覆又は絶縁覆いの老化，欠如若しくは損傷している部分が含まれるものであること。
なお，特別高圧の充電部に接近している絶縁物に静電誘導により電位を生じたものは含まれないものであること。

(3) 第1項の「清掃」とは，特別高圧の充電電路の支持がいしの清掃をいうものであること。
なお，「清掃等」の「等」には，特別高圧の電路又はその支持がいしの移設，取り替え等が含まれるものであること。

(4) 本条の「活線作業用器具」とは，使用の際に，手で持つ部分が絶縁材料で作られた棒状の特別高圧用絶縁工具をいい，ホットスティック，開閉器操作用フック棒等のほか不良がいし検出器が含まれるものであること。ただし，注水式の活線がいし洗浄器は，活線作業用器具に含まれないこと。

(5) 第1項第1号の「使用電圧」とは，電路の公称電圧（電路を代表する線間電圧をいう。）をいうものであること。

(6) 第1項第1号の「接近限界距離」は，労働者の身体または労働者が現に取り扱っている金属製の工具，材料等の導電体のうち，特別高圧の充電電路に最も近接した部分と，当該充電電路との最短直線距離においてアーク閃絡のおそれがある距離として，当該電路の常規電圧だけでなく電路内部に発生する異常電圧（開閉サージ及び持続性異常電圧）をも考慮して定めたものであること。

なお，架空電線の場合であって，風による電線の動揺があるときはその動揺幅を加算した距離を保つ必要があること。

(7) 第1項第1号の表の上欄〈編注：左欄〉の「充電電路の使用電圧」の最上限を「220キロボルトをこえる場合」と規定しその場合に必要な接近限界距離を200センチメートルとしているが，これは，現行の送電電圧の最高値である275キロボルトを予定して定めたものであるから，充電電路の使用電圧が275キロボルトをこえる場合には十分でないので，その場合は，当該使用電圧に応じて安全な接近限界距離を保たせるように指導する必要があること。

(8) 本条の「活線作業用装置」とは，対地絶縁を施した活線作業用車，活線作業用絶縁台等であって，対象とする特別高圧の電圧について絶縁効力を有するものをいうこと。

（昭和44年2月5日基発第59号）

（特別高圧活線近接作業）

第345条　事業者は，電路又はその支持物（特別高圧の充電電路の支持がいしを除く。）の点検，修理，塗装，清掃等の電気工事の作業を行なう場合において，当該作業に従事する労働者が特別高圧の充電電路に接近することにより感電の危険が生ずるおそれのあるときは，次の各号のいずれかに該当する措置を講じなければならない。

1　労働者に活線作業用装置を使用させること。

2　身体等について，前条第1項第1号に定める充電電路に対する接近限界距離を保たせなければならないこと。この場合には，当該充電電路に対する接近限界距離を保つ見やすい箇所に標識等を設け，又は監視人を置き作業を監視させること。

②　労働者は，前項の作業において，活線作業用装置の使用を事業者から命じられたときは，これを使用しなければならない。

【解　説】

(1) 第1項の「清掃」とは，特別高圧の充電電路以外の電路の支持がいしの清掃をいうものであること。

(2) 第1項の「特別高圧の充電電路に接近することにより感電の危険を生ずるおそれがあるとき」とは，特別高圧の充電電路の使用電圧に応じて，当該充電電路に対する接近限界距離以内に接近することにより感電の危害を生ずるおそれのあるときをいうものであること。

(3) 第1項第2号の「標識等」の「等」には，鉄構，鉄塔等に設ける区画ロープ，立入禁止棒のほか，発変電室等に設ける区画ネット，柵等が含まれるものであること。

（昭和44年2月5日基発第59号）

（低圧活線作業）

第346条　事業者は，低圧の充電電路の点検，修理等当該充電電路を取り扱う作業を行なう場合において，当該作業に従事する労働者について感電の危険が生ずるおそれのあるときは，当該労働者に絶縁用保護具を着用させ，又は活線作業用器具を使用させなければならない。

② 労働者は，前項の作業において，絶縁用保護具の着用又は活線作業用器具の使用を事業者から命じられたときは，これを着用し，又は使用しなければならない。

【解　説】

(1) 本条の「感電の危険を生ずるおそれがあるとき」とは，作業を行なう場所の足もとが湿潤しているとき，導電性の高い物の上であるとき，降雨，発汗等により作業衣が湿潤しているとき等感電しやすい状態となっていることをいうこと。
（昭和35年11月22日基発第990号）

(2) 「低圧の充電電路」とは，低圧の裸電線，電気機械器具の低圧の露出充電部分のほか，低圧用電路に用いられている屋外用ビニル絶縁電線，引込用ビニル絶縁電線，600ボルトビニル絶縁電線，600ボルトゴム絶縁電線，電気温床線，ケーブル，高圧用の絶縁電線，電気機械器具の絶縁物で覆われた低圧充電部分等であって絶縁被覆または絶縁覆いが欠如若しくは損傷している部分が含まれるものであること。

(3) 本条の「絶縁用保護具」とは，身体に着用する感電防止用保護具であって，交流で300ボルトをこえる低圧の充電電路について用いるものは第348条に定めるものでなければならないが，直流で750ボルト以下又は交流で300ボルト以下の充電電路について用いるものは，対象とする電路の電圧に応じた絶縁性能を有するものであればよく，ゴム引又はビニル引の作業手袋，皮手袋，ゴム底靴等であって濡れていないものが含まれるものであること。

(4) 本条の「活線作業用器具」とは，使用の際に手で持つ部分が絶縁材料で作られた棒状の絶縁工具であって，交流で300ボルトをこえる低圧の充電電路について用いるものは，第348条に定めるものでなければならないが，直流で750ボルト以下又は交流で300ボルト以下の充電電路について用いるものは，対象とする電路の電圧に応じた絶縁性能を有するものであればよく，絶縁棒その他絶縁性のものの先端部に工具部分を取り付けたもの等が含まれるものであること。
（昭和44年2月5日基発第59号）

（低圧活線近接作業）

第347条　事業者は，低圧の充電電路に近接する場所で電路又はその支持物の敷設，点検，修理，塗装等の電気工事の作業を行なう場合において，当該作業に従事する労働者が当該充電電路に接触することにより感電の危険が生ずるおそれのあるときは，当該充電電路に絶縁用防具を装着しなければならない。ただし，当該作業に従事する労働者に絶縁用保護具を着用させて作業を行なう場合において，当該絶縁用保護具を着用する身体の部分以外の部分が当該充電電路に接触するおそれのないときは，この限りでない。

② 事業者は，前項の場合において，絶縁用防具の装着又は取りはずしの作業を労働者に行なわせるときは，当該作業に従事する労働者に，絶縁用保護具を着用させ，又は活線作業用器具を使用させなければならない。

③ 労働者は，前二項の作業において，絶縁用防具の装着，絶縁用保護具の着用又は活線作業用器具の使用を事業者から命じられたときは，これを装着し，着用し，又は使用しなければならない。

【解　説】

本条の「絶縁用防具」とは，電路に取り付ける感電防止のための装具であって，交流で300ボルトをこえる低圧の充電電路について用いるものは第348条に定めるものでなければならないが，直流で750ボルト以下又は交流で300ボルト以下の充電電路について用いるものは，対象とする電路の電圧に応じた絶縁性能を有するものであればよく，割竹，当て板等であって乾燥しているものが含まれるものであること。

（昭和44年2月5日基発第59号）

（絶縁用保護具等）

第348条　事業者は，次の各号に掲げる絶縁用保護具等については，それぞれの使用の目的に適応する種別，材質及び寸法のものを使用しなければならない。

1　第341条から第343条までの絶縁用保護具

2　第341条及び第342条の絶縁用防具

3　第341条及び第343条から第345条までの活線作業用装置

4　第341条，第343条及び第344条の活線作業用器具

5　第346条及び第347条の絶縁用保護具及び活線作業用器具並びに第347条の絶縁用防具

②　事業者は，前項第5号に掲げる絶縁用保護具，活線作業用器具及び絶縁用防具で，直流で750ボルト以下又は交流で300ボルト以下の充電電路に対して用いられるものにあつては，当該充電電路の電圧に応じた絶縁効力を有するものを使用しなければならない。

【解　説】

本条第2項は，直流で750ボルト以下又は交流で300ボルト以下の充電電路に対して用いられる絶縁用保護具，活線作業用器具及び絶縁用防具については，法第42条の労働大臣が定める規格を具備すべき機械等とされておらず，したがって絶縁効力についての規格が定められていないが，これらを使用するときは，その使用する充電電路の電圧に応じた絶縁効力を有するものでなければ使用してはならないことを定めたものであること。

（昭和50年7月21日基発第415号）

（工作物の建設等の作業を行なう場合の感電の防止）

第349条　事業者は，架空電線又は電気機械器具の充電電路に近接する場所で，工作物の建設，解体，点検，修理，塗装等の作業若しくはこれらに附帯する作業又はくい打機，くい抜機，移動式クレーン等を使用する作業を行なう場合において，当該作業に従事する労働者が作業中又は通行の際に，当該充電電路に身体等が接触し，又は接近することにより感電の危険が生ずるおそれのあるときは，次の各号のいずれかに該当する措置を講じなければならない。

1　当該充電電路を移設すること。

2　感電の危険を防止するための囲いを設けること。

3　当該充電電路に絶縁用防護具を装着すること。

4　前三号に該当する措置を講ずることが著しく困難なときは，監視人を置き，作業を監視させること。

【解　説】

⑴　本条の「架空電線」とは，送電線，配電線，引込線，電気鉄道又はクレーンのトロリ線等の架設の配線をいうものであること。

⑵　本条の「工作物」（第339条において同じ。）と

第5編　関係法令

は，人為的な労作を加えることによって，通常，土地に固定して設備される物をいうものであること。ただし，電路の支持物は除かれること。

(3) 「これらに附帯する作業」には，調査，測量，掘削，運搬等が含まれるものであること。

(4) 「くい打機，くい抜機，移動式クレーン等」の「等」には，ウインチ，レッカー車，機械集材装置，運材索道等が含まれるものであること。

(5) 「くい打機，くい抜機，移動式クレーン等を使用する作業を行なう場合」の「使用する作業を行なう場合」とは，運転及びこれに附帯する作業のほか，組立，移動，点検，調整又は解体を行なう場合が含まれるものであること。

(6) 本条の「囲い」とは，乾燥した木材，ビニル板等絶縁効力のあるもので作られたものでなければならないものであること。

(7) 本条の「絶縁用防護具」とは，建設工事（電気工事を除く。）等を活線に近接して行なう場合の線カバ，がいしカバ，シート等電路に装着する感電防止用装具であって，第341条，第342条及び第347条に規定する電気工事用の絶縁用防具とは異なるものであるが，これらの絶縁用防具の構造，材質，絶縁性能等が第348条に基づいて労働大臣が告示で定める規格に適合するものは，本条の絶縁用防護具に含まれるものであること。ただし，電気工事用の絶縁用防具のうち天然ゴム製のものは，耐候性の点から本条の絶縁用防護具には含まれない。

(8) 「前三号に該当する措置を講ずることが著しく困難な場合」とは，充電電路の電圧の種別を問わず第1号の措置が不可能な場合，特別高圧の電路であって第2号又は第3号の措置が不可能な場合その他電路が高圧又は低圧の架空電線であって，その径間が長く，かつ径間の中央部分に近接して短時間の作業を行なうため第2号又は第3号の措置が困難な場合をいうものであること。

（昭和44年2月5日基発第59号）

〔移動式クレーン等の送配電線類への接触による感電災害の防止対策について〕

(9) 送配電線類に対して安全な離隔距離を保つこと。

移動式クレーン等〈編注：移動式クレーン，くい打機，機械集材装置等〉の機体，ワイヤーロープ等と送配電線類〈編注：送電線，配電線，電車用饋電線等〉の充電部分との離隔距離を，次の表の左欄に掲げる電路の電圧に応じ，それぞれ同表の右欄に定める値以上とするよう指導すること。

電路の電圧	離隔距離
特別高圧	2m，ただし，60,000V以上は10,000Vまたはその端数を増すごとに20cm増し。
高圧	1.2m
低圧	1m

なお，移動式クレーン等の機体，ワイヤーロープ等が目測上の誤差等によりこの離隔距離内に入ることを防止するために，移動式クレーン等の行動範囲を規制するための木柵，移動式クレーンのジブ等の行動範囲を制限するためのゲート等を設けることが望ましいこと。

(10) 監視責任者を配置すること。

移動式クレーン等を使用する作業について的確な作業指揮をとることができる監視責任者を当該作業現場に配置し，安全な作業の遂行に努めること。

(11) 作業計画の事前打合せをすること。

この種作業の作業計画の作成に当たっては，事前に，電力会社等送配電線類の所有者と作業の日程，方法，防護措置，監視の方法，送配電線類の所有者の立会い等について，十分打ち合わせるように努めること。

(12) 関係作業者に対し，作業標準を周知徹底させること。

関係作業者に対して，感電の危険性を十分周知させるとともに，その作業準備を定め，これにより作業が行われるよう必要な指導を行うこと。

（昭和50年12月17日基発第759号）

第5節　管理

（電気工事の作業を行なう場合の作業指揮等）

第350条　事業者は，第339条，第341条第1項，第342条第1項，第344条第1項又は第345条第1項の作業を行なうときは，当該作業に従事する労働者に対し，作業を行なう期間，作業の内容並びに取り扱う電路及びこれに近接する電路の系統について周知させ，かつ，作業の指揮者を定めて，その者に次の事項を行なわせなければならない。

1　労働者にあらかじめ作業の方法及び順序を周知させ，かつ，作業を直接指揮すること。
2　第345条第1項の作業を同項第2号の措置を講じて行なうときは，標識等の設置又は監視人の配置の状態を確認した後に作業の着手を指示すること。
3　電路を開路して作業を行なうときは，当該電路の停電の状態及び開路に用いた開閉器の施錠，通電禁止に関する所要事項の表示又は監視人の配置の状態並びに電路を開路した後における短絡接地器具の取付けの状態を確認した後に作業の着手を指示すること。

【解　説】

(1)　本条の「作業の内容」とは，実施を予定している作業の内容，活線作業又は活線近接作業の必要の有無のほか，作業上の禁止事項を含むものであること。
(2)　「電路の系統」とは，発変電所，開閉所，電気使用場所等の間を連絡する配線，これらの支持物及びこれらに接続される電気機械器具の一連の系統をいうものであること。
（昭和44年2月5日基発第59号）

（絶縁用保護具等の定期自主検査）
第351条　事業者は，第348条第1項各号に掲げる絶縁用保護具等（同項第5号に掲げるものにあつては，交流で300ボルトを超える低圧の充電電路に対して用いられるものに限る。以下この条において同じ。）については，6月以内ごとに1回，定期に，その絶縁性能について自主検査を行わなければならない。ただし，6月を超える期間使用しない絶縁用保護具等の当該使用しない期間においては，この限りでない。
②　事業者は，前項ただし書の絶縁用保護具等については，その使用を再び開始する際に，その絶縁性能について自主検査を行なわなければならない。
③　事業者は，第1項又は第2項の自主検査の結果，当該絶縁用保護具等に異常を認めたときは，補修その他必要な措置を講じた後でなければ，これらを使用してはならない。
④　事業者は，第1項又は第2項の自主検査を行つたときは，次の事項を記録し，これを3年間保存しなければならない。
1　検査年月日
2　検査方法
3　検査箇所
4　検査の結果
5　検査を実施した者の氏名
6　検査の結果に基づいて補修等の措置を講じたときは，その内容

【解　説】

(1)　本条の絶縁性能についての定期自主検査を行う場合の耐電圧試験は，絶縁用保護具等の規格（昭和47年労働省告示第144号）に定める方法によること。ただし，絶縁用保護具及び絶縁用防具の耐電圧試験の試験電圧については，次の表〈編注：右の表〉の左欄に掲げる種類に応じ，それぞれ同表の右欄に定める電圧以上とすること。
（昭和50年7月21日基発第415号）
(2)　高所作業車のうち，活線作業車として使用するものにあっては，6月以内ごとに1回，定期に，その絶縁性能についても自主検査を行うこと。（昭和53年4月10日基発第208号の2）

絶縁用保護具又は絶縁用防具の種類	電　圧
交流の電圧が300ボルトを超え600ボルト以下である電路について用いるもの。	交流1,500ボルト
交流の電圧が600ボルトを超え3,500ボルト以下である電路又は直流の電圧が750ボルトを超え3,500ボルト以下である電路について用いるもの。	交流6,000ボルト
電圧が3,500ボルトを超える電路について用いるもの。	交流10,000ボルト

（電気機械器具等の使用前点検等）

第352条　事業者は，次の表の上欄〈編注：左欄〉に掲げる電気機械器具等を使用するときは，その日の使用を開始する前に当該電気機械器具等の種別に応じ，それぞれ同表の下欄〈編注：右欄〉に掲げる点検事項について点検し，異常を認めたときは，直ちに，補修し，又は取り換えなければならない。

電気機械器具等の種別	点　検　事　項
（略）	（略）
（略）	作動状態
第333条第1項の感電防止用漏電しや断装置	
第333条の電動機械器具で，同条第2項に定める方法により接地をしたもの	接地線の切断，接地極の浮上がり等の異常の有無
第337条の移動電線及びこれに附属する接続器具	被覆又は外装の損傷の有無
第339条第1項第3号の検電器具	検電性能
第339条第1項第3号の短絡接地器具	取付金具及び接地導線の損傷の有無
第341条から第343条までの絶縁用保護具	ひび，割れ，破れその他の損傷の有無及び乾燥状態
第341条及び第342条の絶縁用防具	
第341条及び第343条から第345条までの活線作業用装置	
第341条，第343条及び第344条の活線作業用器具	
第346条及び第347条の絶縁用保護具及び活線作業用器具並びに第347条の絶縁用防具	
第349条第3号及び第570条第1項第6号の絶縁用防護具	

【解　説】

(1)　充電電路に近接した場所で使用する高所作業車は原則として活線作業用装置としての絶縁が施されたものを使用すること。

(2)　高所作業車のうち，活線作業用装置として使用するものにあっては，絶縁部分のひび，割れ，破れその他の損傷の有無及び乾燥状態についても点検を行うこと。

（昭和53年4月10日基発第208号の2）

（電気機械器具の囲い等の点検等）

第353条　事業者は，第329条の囲い及び絶縁覆（おお）いについて，毎月1回以上，その損傷の有無を点検し，異常を認めたときは，直ちに補修しなければならない。

【解　説】

本条の「点検」とは，取付部のゆるみ，はずれ，破損状態等についての点検を指すものであり，分解検査，絶縁抵抗試験等を含む趣旨ではないこと。

（昭和35年11月22日基発第990号）

第6節　雑則

（適用除外）

第354条　この章の規定は，電気機械器具，配線又は移動電線で，対地電圧が50ボルト以下であるものについては，適用しない。

【解　説】

(1)「配線」とは，がいし引工事，線ぴ工事，金属管工事，ケーブル工事等の方法により，固定して施設されている電線をいい，電気使用場所に施設されているもののほか，送電線，配電線，引込線等をも含むこと。なお，電気機械器具内の電線は含まないこと。

(2)「移動電線」とは，移動型または可搬型の電気機械器具に接続したコード，ケーブル等固定して使用しない電線をいい，つり下げ電燈のコード，電気機械器具内の電線等は含まないこと。

（昭和35年11月22日基発第990号）

第6章　掘削作業等における危険の防止

第1節　明り掘削の作業

第1款　掘削の時期及び順序等

（掘削機械等の使用禁止）

第363条　事業者は，明り掘削の作業を行なう場合において，掘削機械，積込機械及び運搬機械の使用によるガス導管，地中電線路その他地下に在する工作物の損壊により労働者に危険を及ぼすおそれのあるときは，これらの機械を使用してはならない。

第9章　墜落，飛来崩壊等による危険の防止

第1節　墜落等による危険の防止

（作業床の設置等）

第518条　事業者は，高さが2メートル以上の箇所（作業床の端，開口部等を除く。）で作業を行なう場合において墜落により労働者に危険を及ぼすおそれのあるときは，足場を組み立てる等の方法により作業床を設けなければならない。

② 事業者は，前項の規定により作業床を設けることが困難なときは，防網を張り，労働者に要求性能墜落制止用器具を使用させる等墜落による労働者の危険を防止するための措置を講じなければならない。

【解　説】

(1) 第1項の「作業床の端，開口部等」には，物品揚卸口，ピット，たて坑又はおおむね40度以上の斜坑の坑口及びこれが他の坑道と交わる場所並びに井戸，船舶のハッチ等が含まれること。

（昭和44年2月5日基発第59号）

(2)「足場を組み立てる等の方法により作業床を設ける」には，配管，機械設備等の上に作業床を設けること等が含まれるものであること。

（昭和47年9月18日基発第601号の1）

(3) 第518条第2項の「労働者に要求性能墜落制止用器具を使用させる等」の「等」には，荷の上の作業等であって，労働者に要求性能墜落制止用器具を使用させることが著しく困難な場合において，墜落による危害を防止するための保護帽を着用させる等の措置が含まれること。

（昭和43年6月14日安発第100号，
昭和50年7月21日基発第415号を一部修正）

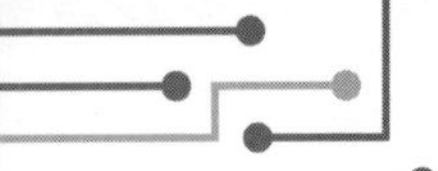

第519条　事業者は，高さが2メートル以上の作業床の端，開口部等で墜落により労働者に危険を及ぼすおそれのある箇所には，囲い，手すり，覆（おお）い等（以下この条において「囲い等」という。）を設けなければならない。

②　事業者は，前項の規定により，囲い等を設けることが著しく困難なとき又は作業の必要上臨時に囲い等を取りはずすときは，防網を張り，労働者に要求性能墜落制止用器具を使用させる等墜落による労働者の危険を防止するための措置を講じなければならない。

第520条　労働者は，第518条第2項及び前条第2項の場合において，要求性能墜落制止用器具等の使用を命じられたときは，これを使用しなければならない。

（要求性能墜落制止用器具等の取付設備等）

第521条　事業者は，高さが2メートル以上の箇所で作業を行なう場合において，労働者に要求性能墜落制止用器具等を使用させるときは，要求性能墜落制止用器具等を安全に取り付けるための設備等を設けなければならない。

②　事業者は，労働者に要求性能墜落制止用器具等を使用させるときは，要求性能墜落制止用器具等及びその取付け設備等の異常の有無について，随時点検しなければならない。

【解　説】

「要求性能墜落制止用器具等を安全に取り付けるための設備等」の「等」には，はり，柱等がすでに設けられており，これらに要求性能墜落制止用器具等を安全に取り付けるための設備として利用することができる場合が含まれること。

（昭和43年6月14日安発第100号，昭和50年7月21日基発第415号を一部修正）

（悪天候時の作業禁止）

第522条　事業者は，高さが2メートル以上の箇所で作業を行なう場合において，強風，大雨，大雪等の悪天候のため，当該作業の実施について危険が予想されるときは，当該作業に労働者を従事させてはならない。

【解　説】

〔悪天候〕

(1)「強風」とは，10分間の平均風速が毎秒10m以上の風を，「大雨」とは1回の降雨量が50mm以上の降雨を，「大雪」とは1回の降雪量が25cm以上の降雪をいうこと。

(2)「強風，大雨，大雪等の悪天候のため」には，当該作業地域が実際にこれらの悪天候となった場合のほか，当該地域に強風，大雨，大雪等の気象注意報または気象警報が発せられ悪天候となることが予想される場合を含む趣旨であること。（昭和46年4月15日基発第309号）

（照度の保持）

第523条　事業者は，高さが2メートル以上の箇所で作業を行なうときは，当該作業を安全に行なうため必要な照度を保持しなければならない。

（スレート等の屋根上の危険の防止）

第524条　事業者は，スレート，木毛板等の材料でふかれた屋根の上で作業を行なう場合において，踏み抜きにより労働者に危険を及ぼすおそれのあるときは，幅が30センチメートル以上の歩み板を設け，防網を張る等踏み抜きによる労働者の危険を防止するための措置を講じなければならない。

【解　説】

(1)「木毛板等」の「等」には，塩化ビニール板等であって労働者が踏み抜くおそれがある材料が含まれること。
(2) スレート，木毛板等ぜい弱な材料でふかれた屋根であっても，当該材料の下に野地板，間隔が30センチメートル以下の母屋等が設けられており，労働者が踏み抜きによる危害を受けるおそれがない場合には，本条を適用しないこと。
(3)「防網を張る等」の「等」には，労働者に命綱を使用させる等の措置が含まれること。

（昭和43年6月14日安発第100号）

（昇降するための設備の設置等）

第526条　事業者は，高さ又は深さが1.5メートルをこえる箇所で作業を行なうときは，当該作業に従事する労働者が安全に昇降するための設備等を設けなければならない。ただし，安全に昇降するための設備等を設けることが作業の性質上著しく困難なときは，この限りでない。

② 前項の作業に従事する労働者は，同項本文の規定により安全に昇降するための設備等が設けられたときは，当該設備等を使用しなければならない。

【解　説】

(1)「安全に昇降するための設備等」の「等」には，エレベータ，階段等がすでに設けられており労働者が容易にこれらの設備を利用し得る場合が含まれること。
(2)「作業の性質上著しく困難な場合」には，立木等を昇降する場合があること。
　なお，この場合，労働者に当該立木等を安全に昇降するための用具を使用させなければならないことは，いうまでもないこと。

（昭和43年6月14日安発第100号）

（移動はしご）

第527条　事業者は，移動はしごについては，次に定めるところに適合したものでなければ使用してはならない。

1　丈夫な構造とすること。
2　材料は，著しい損傷，腐食等がないものとすること。
3　幅は，30センチメートル以上とすること。
4　すべり止め装置の取付けその他転位を防止するために必要な措置を講ずること。

【解　説】

(1)「転位を防止するために必要な措置」には，はしごの上方を建築物等に取り付けること，他の労働者がはしごの下方を支えること等の措置が含まれること。
(2) 移動はしごは，原則として継いで用いることを禁止し，やむを得ず継いで用いる場合には，次によるよう指導すること。
　イ　全体の長さは9メートル以下とすること。
　ロ　継手が重合せ継手のときは，接続部において1.5メートル以上を重ね合せて2箇所以上において堅固に固定すること。
　ハ　継手が突合せ継手のときは1.5メートル以上の添木を用いて4箇所以上において堅固に固定すること。
(3) 移動はしごの踏み桟は，25センチメートル以上35センチメートル以下の間隔で，かつ，等間隔に設けられていることが望ましいこと。

（昭和43年6月14日安発第100号）

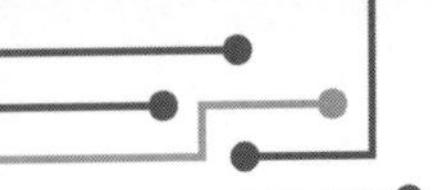

（脚立）

第528条　事業者は，脚立については，次に定めるところに適合したものでなければ使用してはならない。

1　丈夫な構造とすること。

2　材料は，著しい損傷，腐食等がないものとすること。

3　脚と水平面との角度を75度以下とし，かつ，折りたたみ式のものにあつては，脚と水平面との角度を確実に保つための金具等を備えること。

4　踏み面は，作業を安全に行なうため必要な面積を有すること。

（立入禁止）

第530条　事業者は，墜落により労働者に危険を及ぼすおそれのある箇所に関係労働者以外の労働者を立ち入らせてはならない。

第2節　飛来崩壊災害による危険の防止

（高所からの物体投下による危険の防止）

第536条　事業者は，3メートル以上の高所から物体を投下するときは，適当な投下設備を設け，監視人を置く等労働者の危険を防止するための措置を講じなければならない。

②　労働者は，前項の規定による措置が講じられていないときは，3メートル以上の高所から物体を投下してはならない。

（物体の落下による危険の防止）

第537条　事業者は，作業のため物体が落下することにより，労働者に危険を及ぼすおそれのあるときは，防網の設備を設け，立入区域を設定する等当該危険を防止するための措置を講じなければならない。

（物体の飛来による危険の防止）

第538条　事業者は，作業のため物体が飛来することにより労働者に危険を及ぼすおそれのあるときは，飛来防止の設備を設け，労働者に保護具を使用させる等当該危険を防止するための措置を講じなければならない。

【解　説】

飛来防止の設備は，物体の飛来自体を防ぐべき措置を設けることを第一とし，この予防措置を設け難い場合，もしくはこの予防措置を設けるもなお危害のおそれのある場合に，保護具を使用せしめること。

（昭和23年5月11日基発第737号，昭和33年2月13日基発第90号）

（保護帽の着用）

第539条　事業者は，船台の附近，高層建築場等の場所で，その上方において他の労働者が作業を行なつているところにおいて作業を行なうときは，物体の飛来又は落下による労働者の危険を防止するため，当該作業に従事する労働者に保護帽を着用させなければならない。

②　前項の作業に従事する労働者は，同項の保護帽を着用しなければならない。

【解　説】

第１項は，物体が飛来し，又は落下して本項に掲げる作業に従事する労働者に危害を及ぼすおそれがない場合には適用しない趣旨であること。

（昭和43年１月13日安発第２号）

第10章　通路，足場等

第２節　足場

第４款　鋼管足場

（鋼管足場）

第570条　事業者は，鋼管足場については，次に定めるところに適合したものでなければ使用してはならない。

１～５　略

６　架空電路に近接して足場を設けるときは，架空電路を移設し，架空電路に絶縁用防護具を装着する等架空電路との接触を防止するための措置を講ずること。

②　略

【解　説】

⑴　第６号は，足場と電路とが接触して，足場に電流が通ずることを防止することとしたものであって，足場上の労働者が架空電路に接触することによる感電防止の措置については，第349条の規定によるものであること。

⑵　第６号の「架空電路」とは，送電線，配電線等空中に架設された電線のみでなく，これらに接続している変圧器，しゃ断器等の電気機器類の露出充電部をも含めたものをいうものであること。

⑶　第６号の「架空電路に近接する」とは，電路と足場との距離が上下左右いずれの方向においても，電路の電圧に対して，それぞれ次表〈編注：右の表〉の離隔距離以内にある場合をいうものであること。従って，同号の「電路を移設」とは，この離隔距離以上に離すことをいうものであること。

電路の電圧	離　隔　距　離
特別高圧	２メートル。ただし，60,000ボルト以上は10,000ボルトまたはその端数を増すごとに20センチメートル増し。
高　　圧	1.2メートル
低　　圧	１メートル

⑷　送電を中止している架空電路，絶縁の完全な電線若しくは電気機器又は電圧の低い電路は，接触通電のおそれが少ないものであるが，万一の場合を考慮して接触防止の措置を講ずるよう指導すること。

（昭和34年２月18日基発第101号）

(5)　第１項第６号の「絶縁用防護具」とは，第349条に規定するものと同じものであること。

(6)　第１項第６号の「装着する等」の「等」には，架空電路と鋼管との接触を防止するための囲いを設けることのほか，足場側に防護壁を設けること等が含まれるものであること。

（昭和44年２月５日基発第59号）

第5章 労働基準法（抄）（年少者の就業制限関係）

昭和22年4月7日法律第49号
最終改正：令和2年3月31日法律第14号

年少者労働基準規則
昭和29年6月19日労働省令第13号
最終改正：令和2年12月22日厚生労働省令第203号

第6章　年少者

（危険有害業務の就業制限）

第62条　使用者は，満18才に満たない者に，運転中の機械若しくは動力伝導装置の危険な部分の掃除，注油，検査若しくは修繕をさせ，運転中の機械若しくは動力伝導装置にベルト若しくはロープの取付け若しくは取りはずしをさせ，動力によるクレーンの運転をさせ，その他厚生労働省令で定める危険な業務に就かせ，又は厚生労働省令で定める重量物を取り扱う業務に就かせてはならない。

② 使用者は，満18才に満たない者を，毒劇薬，毒劇物その他有害な原料若しくは材料又は爆発性，発火性若しくは引火性の原料若しくは材料を取り扱う業務，著しくじんあい若しくは粉末を発散し，若しくは有害ガス若しくは有害放射線を発散する場所又は高温若しくは高圧の場所における業務その他安全，衛生又は福祉に有害な場所における業務に就かせてはならない。

③ 前項に規定する業務の範囲は，厚生労働省令で定める。

年少者労働基準規則

（年少者の就業制限の範囲）

第8条　法第62条第1項の厚生労働省令で定める危険な業務及び同条第2項の規定により満18歳に満たない者を就かせてはならない業務は，次の各号に掲げるものとする。ただし，第41号に掲げる業務は，保健師助産師看護師法（昭和23年法律第203号）により免許を受けた者及び同法による保健師，助産師，看護師又は准看護師の養成中の者については，この限りでない。

1～7　略

8　直流にあつては750ボルトを，交流にあつては300ボルトを超える電圧の充電電路又はその支持物の点検，修理又は操作の業務
9～46　略

【解　説】

〔電路〕
年少則第８条第８号において「電路」とは，電気を通ずるために相互に接続する電気機械器具，配線又は移動電線により構成された回路をいうこと。

〔充電電路〕
年少則第８条第８号において「充電電路」とは，電圧を有する電路をいい，負荷電流が流れていないものを含むこと。
（昭和35年11月22日基発第990号）

第6章 安全衛生特別教育規程（抄）

昭和47年9月30日労働省告示第92号
最終改正：令和元年8月8日厚生労働省告示第83号

（電気取扱業務に係る特別教育）

第5条　安衛則第36条第4号に掲げる業務のうち，高圧若しくは特別高圧の充電電路又は当該充電電路の支持物の敷設，点検，修理又は操作の業務に係る特別教育は，学科教育及び実技教育により行なうものとする。

② 前項の学科教育は，次の表の上欄〈編注：左欄〉に掲げる科目に応じ，それぞれ，同表の中欄に掲げる範囲について同表の下欄〈編注：右欄〉に掲げる時間以上行なうものとする。

科　目	範　囲	時　間
高圧又は特別高圧の電気に関する基礎知識	高圧又は特別高圧の電気の危険性　接近限界距離　短絡　漏電　接地　静電誘導　電気絶縁	1.5時間
高圧又は特別高圧の電気設備に関する基礎知識	発電設備　送電設備　配電設備　変電設備　受電設備　電気使用設備　保守及び点検	2時間
高圧又は特別高圧用の安全作業用具に関する基礎知識	絶縁用保護具（高圧に係る業務を行なう者に限る。）　絶縁用防具（高圧に係る業務を行なう者に限る。）　活線作業用器具　活線作業用装置　検電器　短絡接地器具　その他の安全作業用具　管理	1.5時間
高圧又は特別高圧の活線作業及び活線近接作業の方法	充電電路の防護　作業者の絶縁保護　活線作業用器具及び活線作業用装置の取扱い　安全距離の確保　停電電路に対する措置　開閉装置の操作　作業管理　救急処置　災害防止	5時間
関係法令	法，令及び安衛則〈編注：労働安全衛生法，労働安全衛生法施行令及び労働安全衛生規則〉中の関係条項	1時間

③ 第1項の実技教育は，高圧又は特別高圧の活線作業及び活線近接作業の方法について，15時間以上（充電電路の操作の業務のみを行なう者については，1時間以上）行なうものとする。

第6条　安衛則第36条第4号に掲げる業務のうち，低圧の充電電路の敷設若しくは修理の業務又は配電盤室，変電室等区画された場所に設置する低圧の電路のうち充電部分が露出している開閉器の操作の業務に係る特別教育は，学科教育及び実技教育により行なうものとする。

② 前項の学科教育は，次の表の上欄〈編注：左欄〉に掲げる科目に応じ，それぞれ，同表の中欄に掲げる範囲について同表の下欄〈編注：右欄〉に掲げる時間以上行なうものとする。

科　目	範　囲	時　間
低圧の電気に関する基礎知識	低圧の電気の危険性　短絡　漏電　接地　電気絶縁	1時間
低圧の電気設備に関する基礎知識	配電設備　変電設備　配線　電気使用設備　保守及び点検	2時間
低圧用の安全作業用具に関する基礎知識	絶縁用保護具　絶縁用防具　活線作業用器具　検電器　その他の安全作業用具　管理	1時間
低圧の活線作業及び活線近接作業の方法	充電電路の防護　作業者の絶縁保護　停電電路に対する措置　作業管理　救急処置　災害防止	2時間
関係法令	法，令及び安衛則中の関係条項	1時間

③ 第1項の実技教育は，低圧の活線作業及び活線近接作業の方法について，7時間以上（開閉器の操作の業務のみを行なう者については，1時間以上）行なうものとする。

第7章 絶縁用保護具等の規格

昭和47年12月4日労働省告示第144号
最終改正：昭和50年3月29日労働省告示第33号

労働安全衛生法（昭和47年法律第57号）第42条の規定に基づき，絶縁用保護具等の規格を次のように定め，昭和48年1月1日から適用する。

絶縁用保護具等の性能に関する規程（昭和36年労働省告示第8号）は，廃止する。

（絶縁用保護具の構造）

第１条　絶縁用保護具は，着用したときに容易にずれ，又は脱落しない構造のものでなければならない。

（絶縁用保護具の強度等）

第２条　絶縁用保護具は，使用の目的に適合した強度を有し，かつ，品質が均一で，傷，気ほう，巣その他の欠陥のないものでなければならない。

（絶縁用保護具の耐電圧性能等）

第３条　絶縁用保護具は，常温において試験交流（50ヘルツ又は60ヘルツの周波数の交流で，その波高率が，1.34から1.48までのものをいう。以下同じ。）による耐電圧試験を行つたときに，次の表の上欄〈編注：左欄〉に掲げる種別に応じ，それぞれ同表の下欄〈編注：右欄〉に掲げる電圧に対して1分間耐える性能を有するものでなければならない。

絶縁用保護具の種別	電圧（単位　ボルト）
交流の電圧が300ボルトを超え600ボルト以下である電路について用いるもの	3,000
交流の電圧が600ボルトを超え3,500ボルト以下である電路又は直流の電圧が750ボルトを超え，3,500ボルト以下である電路について用いるもの	12,000
電圧が3,500ボルトを超え7,000ボルト以下である電路について用いるもの	20,000

② 前項の耐電圧試験は，次の各号のいずれかに掲げる方法により行うものとする。

1　当該試験を行おうとする絶縁用保護具（以下この条において「試験物」という。）を，コロナ放電又は沿面放電により試験物に損傷が生じない限度まで水槽（そう）に浸し，試験物の内外の水位が同一となるようにし，その内外の水中に電極を設け，当該電極に試験交流の電圧を加える方法

2　表面が平滑な金属板の上に試験物を置き，その上に金属板，水を十分に浸潤させた

綿布等導電性の物をコロナ放電又は沿面放電により試験物に損傷が生じない限度に置き，試験物の下部の金属板及び上部の導電性の物を電極として試験交流の電圧を加える方法

3　試験物と同一の形状の電極，水を十分に浸潤させた綿布等導電性の物を，コロナ放電又は沿面放電により試験物に損傷が生じない限度に試験物の内面及び外面に接触させ，内面に接触させた導電性の物と外面に接触させた導電性の物とを電極として試験交流の電圧を加える方法

（絶縁用防具の構造）

第4条　絶縁用防具の構造は，次の各号に定めるところに適合するものでなければならない。

1　防護部分に露出箇所が生じないものであること。

2　防護部分からずれ，又は離脱しないものであること。

3　相互に連結して使用するものにあつては，容易に連結することができ，かつ，振動，衝撃等により連結部分から容易にずれ，又は離脱しないものであること。

（絶縁用防具の強度等及び耐電圧性能等）

第5条　第2条及び第3条の規定は，絶縁用防具について準用する。

（活線作業用装置の絶縁かご等）

第6条　活線作業用装置に用いられる絶縁かご及び絶縁台は，次の各号に定めるところに適合するものでなければならない。

1　最大積載荷重をかけた場合において，安定した構造を有するものであること。

2　高さが2メートル以上の箇所で用いられるものにあつては，囲い，手すりその他の墜落による労働者の危険を防止するための設備を有するものであること。

（活線作業用装置の耐電圧性能等）

第7条　活線作業用装置は，常温において試験交流による耐電圧試験を行なつたときに，当該装置の使用の対象となる電路の電圧の2倍に相当する試験交流の電圧に対して5分間耐える性能を有するものでなければならない。

②　前項の耐電圧試験は，当該試験を行なおうとする活線作業用装置（以下この条において「試験物」という。）が活線作業用の保守車又は作業台である場合には活線作業に従事する者が乗る部分と大地との間を絶縁する絶縁物の両端に，試験物が活線作業用のはしごである場合にはその両端の踏さんに，金属箔（はく）その他導電性の物を密着させ，当該導電性の物を電極とし，当該電極に試験交流の電圧を加える方法により行なうものとする。

③　第1項の活線作業用装置のうち，特別高圧の電路について使用する活線作業用の保守車又は作業台については，同項に規定するもののほか，次の式により計算したその漏えい電流の実効値が0.5ミリアンペアをこえないものでなければならない。

$$I = 50 \cdot \frac{Ix}{Fx}$$

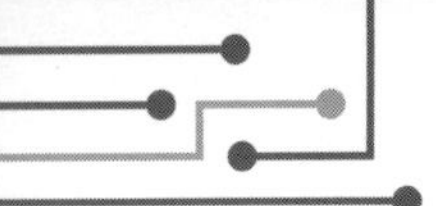

この式において，I，Ix 及び Fx は，それぞれ第１項の試験交流の電圧に至つた場合における次の数値を表わすものとする。
I　計算した漏えい電流の実効値（単位　ミリアンペア）
Ix　実測した漏えい電流の実効値（単位　ミリアンペア）
Fx　試験交流の周波数（単位　ヘルツ）

（活線作業用器具の絶縁棒）

第８条　活線作業用器具は，次の各号に定めるところに適合する絶縁棒（絶縁材料で作られた棒状の部分をいう。）を有するものでなければならない。

1　使用の目的に適応した強度を有するものであること。
2　品質が均一で，傷，気ほう，ひび，割れその他の欠陥がないものであること。
3　容易に変質し，又は耐電圧性能が低下しないものであること。
4　握り部（活線作業に従事する者が作業の際に手でつかむ部分をいう。以下同じ。）と握り部以外の部分との区分が明らかであるものであること。

（活線作業用器具の耐電圧性能等）

第９条　活線作業用器具は，常温において試験交流による耐電圧試験を行つたときに，当該器具の頭部の金物と握り部のうち頭部寄りの部分との間の絶縁部分が，当該器具の使用の対象となる電路の電圧の２倍に相当する試験交流の電圧に対して５分間（活線作業用器具のうち，不良がいし検出器その他電路の支持物の絶縁状態を点検するための器具については，１分間）耐える性能を有するものでなければならない。

②　前項の耐電圧試験は，当該試験を行おうとする活線作業用器具について，握り部のうち頭部寄りの部分に金属箔（はく）その他の導電性の物を密着させ，当該導電性の物と頭部の金物とを電極として試験交流の電圧を加える方法により行うものとする。

（表　示）

第10条　絶縁用保護具，絶縁用防具，活線作業用装置及び活線作業用器具は，見やすい箇所に，次の事項が表示されているものでなければならない。

1　製造者名
2　製造年月
3　使用の対象となる電路の電圧

附　則（略）

第8章 絶縁用防護具の規格

昭和47年12月4日労働省告示第145号

労働安全衛生法（昭和47年法律第57号）第42条の規定に基づき，絶縁用防護具の規格を次のように定め，昭和48年1月1日から適用する。

絶縁用防護具に関する規程（昭和44年労働省告示第15号）は，廃止する。

（構　造）

第１条　絶縁用防護具の構造は，次に定めるところに適合するものでなければならない。

1　装着したときに，防護部分に露出箇所が生じないものであること。

2　防護部分から移動し，又は離脱しないものであること。

3　線カバー状のものにあつては，相互に容易に連結することができ，かつ，振動，衝撃等により連結部分から容易に離脱しないものであること。

4　がいしカバー状のものにあつては，線カバー状のものと容易に連結することができるものであること。

（材　質）

第２条　絶縁用防護具の材質は，次に定めるところに適合するものでなければならない。

1　厚さが2ミリメートル以上であること。

2　品質が均一であり，かつ，容易に変質し，又は燃焼しないものであること。

（耐電圧性能）

第３条　絶縁用防護具は，常温において試験交流（周波数が50ヘルツ又は60ヘルツの交流で，その波高率が1.34から1.48までのものをいう。以下同じ。）による耐電圧試験を行なつたときに，次の表の上欄〈編注：左欄〉に掲げる種別に応じ，それぞれ同表の下欄〈編注：右欄〉に掲げる電圧に対して1分間耐える性能を有するものでなければならない。

絶縁用防護具の種別	試験交流の電圧（単位　ボルト）
低圧の電路について用いるもの	1,500
高圧の電路について用いるもの	15,000

②　高圧の電路について用いる絶縁用防護具のうち線カバー状のものにあつては，前項に定めるもののほか，日本工業規格〈編注：現在は日本産業規格〉C0920（電気機械器具及び配線材料の防水試験通則）に定める防雨形の散水試験の例により散水した直後の状態で，試験交流による耐電圧試験を行なつたときに，10,000ボルトの試験交流の電圧に対して，常温において1分間耐える性能を有するものでなければならない。

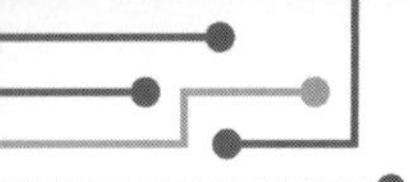

（耐電圧試験）

第４条　前条の耐電圧試験は，次に定める方法により行なうものとする。

1　線カバー状又はがいしカバー状の絶縁用防護具にあつては，当該絶縁用防護具と同一の形状の電極，水を十分に浸潤させた綿布等導電性の物を，コロナ放電又は沿面放電が生じない限度に当該絶縁用防護具の内面及び外面に接触させ，内面及び外面に接触させた導電性の物を電極として試験交流の電圧を加える方法

2　シート状の絶縁用防護具にあつては，表面が平滑な金属板の上に当該絶縁用防護具を置き，当該絶縁用防護具に金属板，水を十分に浸潤させた綿布等導電性の物をコロナ放電又は沿面放電が生じない限度に重ね，当該絶縁用防護具の下部の金属板及び上部の導電性の物を電極として試験交流の電圧を加える方法

②　線カバー状の絶縁用防護具にあつては，前項第１号に定める方法による耐電圧試験は，管の全長にわたり行ない，かつ，管の連結部分については，管を連結した状態で行なうものとする。

（表　示）

第５条　絶縁用防護具は，見やすい箇所に，対象とする電路の使用電圧の種別を表示したものでなければならない。

参考資料 1　関係法令についての補足

(1) 電気取扱者特別教育と作業資格

労働安全衛生法第 59 条第 3 項により，事業者は危険または有害な業務に労働者をつかせるときは，当該業務に関する安全または衛生のための特別の教育を行わなければならない。電気取扱業務に関する特別教育については，労働安全衛生規則第 36 条第 4 号で規定されている。

一方で，作業を行う上で別途，国家資格（電気工事士）が必要な場合があり，そのほか，事業場において作業者に国家検定（職業能力開発促進法に基づく技能検定など）や公的資格，民間資格，内部資格などの合格・取得を課していたり，奨励している場合もある。それらの関係を以下に示すとともに，電気工事士免状に関する法令の抜粋（概要）を示す。

業務に従事する際の安全または衛生のための特別の教育（労働安全衛生法）	作業を行うための資格等
電路の電圧により， 直流 750 V・交流 600 V 以下：低圧電気取扱者特別教育 上記を超える電圧：高圧・特別高圧電気取扱者特別教育	・必要に応じ電気工事士（電気工事士法）：下の法令抜粋を参照。 ・別途，事業場で課されている検定・資格など

○　電気工事士法（昭和 35 年法律第 139 号，最終改正：令和 2 年法律第 49 号）

※　下線部のうち，「政令」は電気工事士法施行令を，「経済産業省令」は電気工事士法施行規則を参照。

（用語の定義）

第 2 条　この法律において「一般用電気工作物」とは，電気事業法（昭和 39 年法律第 170 号）第 38 条第 1 項に規定する一般用電気工作物をいう。

②　この法律において「自家用電気工作物」とは，電気事業法第 38 条第 3 項に規定する自家用電気工作物（発電所，変電所，最大電力 500 キロワット以上の需要設備（電気を使用するために，その使用の場所と同一の構内（発電所又は変電所の構内を除く。）に設置する電気工作物（同法第 2 条第 1 項第 18 号に規定する電気工作物をいう。）の総合体をいう。）その他の経済産業省令で定めるものを除く。）をいう。

③　この法律において「電気工事」とは，一般用電気工作物又は自家用電気工作物を設置し，又は変更する工事をいう。ただし，政令で定める軽微な工事を除く。

④　この法律において「電気工事士」とは，次条第 1 項に規定する第一種電気工事士及び同条第 2 項に規定する第二種電気工事士をいう。

（電気工事士等）

第 3 条　第一種電気工事士免状の交付を受けている者（以下「第一種電気工事士」という。）でなければ，自家用電気工作物に係る電気工事（第 3 項に規定する電気工事を除く。第

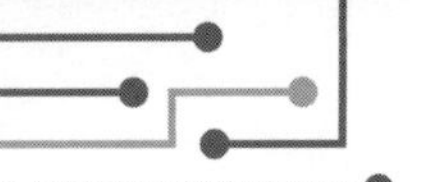

4項において同じ。）の作業（自家用電気工作物の保安上支障がないと認められる作業であつて，経済産業省令で定めるものを除く。）に従事してはならない。

② 第一種電気工事士又は第二種電気工事士免状の交付を受けている者（以下「第二種電気工事士」という。）でなければ，一般用電気工作物に係る電気工事の作業（一般用電気工作物の保安上支障がないと認められる作業であつて，経済産業省令で定めるものを除く。以下同じ。）に従事してはならない。

③・④ 略

○ 電気工事士法施行令（昭和35年政令第260号，最終改正：令和元年政令第183号）

（軽微な工事）

第1条 電気工事士法（以下「法」という。）第2条第3項ただし書の政令で定める軽微な工事は，次のとおりとする。

1 電圧600ボルト以下で使用する差込み接続器，ねじ込み接続器，ソケット，ローゼットその他の接続器又は電圧600ボルト以下で使用するナイフスイッチ，カットアウトスイッチ，スナップスイッチその他の開閉器にコード又はキャブタイヤケーブルを接続する工事

2 電圧600ボルト以下で使用する電気機器（配線器具を除く。以下同じ。）又は電圧600ボルト以下で使用する蓄電池の端子に電線（コード，キャブタイヤケーブル及びケーブルを含む。以下同じ。）をねじ止めする工事

3 電圧600ボルト以下で使用する電力量計若しくは電流制限器又はヒューズを取り付け，又は取り外す工事

4 電鈴，インターホーン，火災感知器，豆電球その他これらに類する施設に使用する小型変圧器（二次電圧が36ボルト以下のものに限る。）の二次側の配線工事

5 電線を支持する柱，腕木その他これらに類する工作物を設置し，又は変更する工事

6 地中電線用の暗渠（きょ）又は管を設置し，又は変更する工事

○ 電気工事士法施行規則（昭和35年通商産業省令第97号，最終改正：令和3年経済産業省令第21号）

（軽微な作業）

第2条 法第3条第1項の自家用電気工作物の保安上支障がないと認められる作業であつて，経済産業省令で定めるものは，次のとおりとする。

1 次に掲げる作業以外の作業

イ 電線相互を接続する作業（電気さく（定格一次電圧300ボルト以下であつて感電により人体に危害を及ぼすおそれがないように出力電流を制限することができる電気さく用電源装置から電気を供給されるものに限る。以下同じ。）の電線を接続するものを除く。）

ロ　がいしに電線（電気さくの電線及びそれに接続する電線を除く。ハ，ニ及びチにおいて同じ。）を取り付け，又はこれを取り外す作業

ハ　電線を直接造営材その他の物件（がいしを除く。）に取り付け，又はこれを取り外す作業

ニ　電線管，線樋（ぴ），ダクトその他これらに類する物に電線を収める作業

ホ　配線器具を造営材その他の物件に取り付け，若しくはこれを取り外し，又はこれに電線を接続する作業（露出型点滅器又は露出型コンセントを取り換える作業を除く。）

ヘ　電線管を曲げ，若しくはねじ切りし，又は電線管相互若しくは電線管とボックスその他の附属品とを接続する作業

ト　金属製のボックスを造営材その他の物件に取り付け，又はこれを取り外す作業

チ　電線，電線管，線樋（ぴ），ダクトその他これらに類する物が造営材を貫通する部分に金属製の防護装置を取り付け，又はこれを取り外す作業

リ　金属製の電線管，線樋（ぴ），ダクトその他これらに類する物又はこれらの附属品を，建造物のメタルラス張り，ワイヤラス張り又は金属板張りの部分に取り付け，又はこれらを取り外す作業

ヌ　配電盤を造営材に取り付け，又はこれを取り外す作業

ル　接地線（電気さくを使用するためのものを除く。以下この条において同じ。）を自家用電気工作物（自家用電気工作物のうち最大電力500キロワット未満の需要設備において設置される電気機器であつて電圧600ボルト以下で使用するものを除く。）に取り付け，若しくはこれを取り外し，接地線相互若しくは接地線と接地極（電気さくを使用するためのものを除く。以下この条において同じ。）とを接続し，又は接地極を地面に埋設する作業

ヲ　電圧600ボルトを超えて使用する電気機器に電線を接続する作業

2　第一種電気工事士が従事する前号イからヲまでに掲げる作業を補助する作業

②　法第3条第2項の一般用電気工作物の保安上支障がないと認められる作業であつて，経済産業省令で定めるものは，次のとおりとする。

1　次に掲げる作業以外の作業

イ　前項第1号イからヌまで及びヲに掲げる作業

ロ　接地線を一般用電気工作物（電圧600ボルト以下で使用する電気機器を除く。）に取り付け，若しくはこれを取り外し，接地線相互若しくは接地線と接地極とを接続し，又は接地極を地面に埋設する作業

2　電気工事士が従事する前号イ及びロに掲げる作業を補助する作業

○　電気事業法（昭和39年法律第170号，最終改正：令和2年法律第49号）

※　下線部のうち，「政令」は電気事業法施行令を，「経済産業省令」は電気事業法施行規則を参照。

（定義）

第2条　この法律において，次の各号に掲げる用語の意義は，当該各号に定めるところ

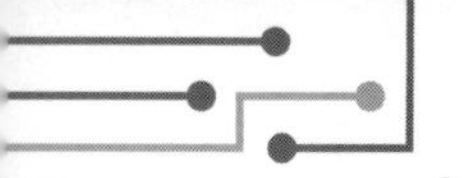

による。

1～17　略

18　電気工作物　発電，変電，送電若しくは配電又は電気の使用のために設置する機械，器具，ダム，水路，貯水池，電線路その他の工作物（船舶，車両又は航空機に設置されるものその他の政令で定めるものを除く。）をいう。

②・③　略

第38条　この法律において「一般用電気工作物」とは，次に掲げる電気工作物をいう。ただし，小出力発電設備（経済産業省令で定める電圧以下の電気の発電用の電気工作物であつて，経済産業省令で定めるものをいう。以下この項，第106条第7項及び第107条第5項において同じ。）以外の発電用の電気工作物と同一の構内（これに準ずる区域内を含む。以下同じ。）に設置するもの又は爆発性若しくは引火性の物が存在するため電気工作物による事故が発生するおそれが多い場所であつて，経済産業省令で定めるものに設置するものを除く。

1　他の者から経済産業省令で定める電圧以下の電圧で受電し，その受電の場所と同一の構内においてその受電に係る電気を使用するための電気工作物（これと同一の構内に，かつ，電気的に接続して設置する小出力発電設備を含む。）であつて，その受電のための電線路以外の電線路によりその構内以外の場所にある電気工作物と電気的に接続されていないもの

2　構内に設置する小出力発電設備（これと同一の構内に，かつ，電気的に接続して設置する電気を使用するための電気工作物を含む。）であつて，その発電に係る電気を前号の経済産業省令で定める電圧以下の電圧で他の者がその構内において受電するための電線路以外の電線路によりその構内以外の場所にある電気工作物と電気的に接続されていないもの

3　前二号に掲げるものに準ずるものとして経済産業省令で定めるもの

②　この法律において「事業用電気工作物」とは，一般用電気工作物以外の電気工作物をいう。

③　この法律において「自家用電気工作物」とは，次に掲げる事業の用に供する電気工作物及び一般用電気工作物以外の電気工作物をいう。

1　一般送配電事業

2　送電事業

3　特定送配電事業

4　発電事業であつて，その事業の用に供する発電用の電気工作物が主務省令で定める要件に該当するもの

○　電気事業法施行令（昭和40年政令第206号，最終改正：令和2年政令第186号）

（電気工作物から除かれる工作物）

第1条　電気事業法（以下「法」という。）第2条第1項第18号の政令で定める工作物は，

次のとおりとする。

1　鉄道営業法（明治33年法律第65号），軌道法（大正10年法律第76号）若しくは鉄道事業法（昭和61年法律第92号）が適用され若しくは準用される車両若しくは搬器，船舶安全法（昭和8年法律第11号）が適用される船舶，陸上自衛隊の使用する船舶（水陸両用車両を含む。）若しくは海上自衛隊の使用する船舶又は道路運送車両法（昭和26年法律第185号）第2条第2項に規定する自動車に設置される工作物であつて，これらの車両，搬器，船舶及び自動車以外の場所に設置される電気的設備に電気を供給するためのもの以外のもの

2　航空法（昭和27年法律第231号）第2条第1項に規定する航空機に設置される工作物

3　前二号に掲げるもののほか，電圧30ボルト未満の電気的設備であつて，電圧30ボルト以上の電気的設備と電気的に接続されていないもの

○　電気事業法施行規則（平成7年通商産業省令第77号，最終改正：令和3年経済産業省令第41号）

（一般用電気工作物の範囲）

第48条　法第38条第1項の経済産業省令で定める電圧は，600ボルトとする。

②　法第38条第1項の経済産業省令で定める発電用の電気工作物は，次のとおりとする。ただし，次の各号に定める設備であって，同一の構内に設置する次の各号に定める他の設備と電気的に接続され，それらの設備の出力の合計が50キロワット以上となるものを除く。

1～6　略〈編注：出力が50キロワット未満の太陽電池発電設備等〉

③　法第38条第1項の経済産業省令で定める場所は，次のとおりとする。

1・2　略〈編注：火薬類製造事業場および石炭坑〉

④　法第38条第1項第1号の経済産業省令で定める電圧は，600ボルトとする。

(2) 元方事業者，注文者，請負人等の講ずべき措置の概要

労働安全衛生法上の規定の概要は次のとおりである。

○　労働安全衛生法

（元方事業者の講ずべき措置等）

第29条　元方事業者は，関係請負人及び関係請負人の労働者が，当該仕事に関し，この法律又はこれに基づく命令の規定に違反しないよう必要な指導を行なわなければならない。

②　元方事業者は，関係請負人又は関係請負人の労働者が，当該仕事に関し，この法律又はこれに基づく命令の規定に違反していると認めるときは，是正のため必要な指示を行なわなければならない。

③　前項の指示を受けた関係請負人又はその労働者は，当該指示に従わなければならない。

第29条の2　建設業に属する事業の元方事業者は，土砂等が崩壊するおそれのある場所，機械等が転倒するおそれのある場所その他の厚生労働省令で定める場所〈編注：架空電線の充電電路に近接する場所であつて，当該充電電路に労働者の身体等が接触し，又は接近することにより感電の危険が生ずるおそれのあるものなど〉において関係請負人の労働者が当該事業の仕事の作業を行うときは，当該関係請負人が講ずべき当該場所に係る危険を防止するための措置が適正に講ぜられるように，技術上の指導その他の必要な措置を講じなければならない。

（特定元方事業者等の講ずべき措置）

第30条　特定元方事業者〈編注：元方事業者のうち建設業および造船業の事業を行う者〉は，その労働者及び関係請負人の労働者の作業が同一の場所において行われることによつて生ずる労働災害を防止するため，次の事項に関する必要な措置を講じなければならない。

1　協議組織の設置及び運営を行うこと。

2　作業間の連絡及び調整を行うこと。

3　作業場所を巡視すること。

4　関係請負人が行う労働者の安全又は衛生のための教育に対する指導及び援助を行うこと。

5　仕事を行う場所が仕事ごとに異なることを常態とする業種で，厚生労働省令で定めるもの〈編注：建設業〉に属する事業を行う特定元方事業者にあつては，仕事の工程に関する計画及び作業場所における機械，設備等の配置に関する計画を作成するとともに，当該機械，設備等を使用する作業に関し関係請負人がこの法律又はこれに基づく命令の規定に基づき講ずべき措置についての指導を行うこと。

6　前各号に掲げるもののほか，当該労働災害を防止するため必要な事項

②～④　略

第30条の2　製造業その他政令で定める業種〈編注：いまのところ定めなし〉に属する事業（特定事業を除く。）の元方事業者は，その労働者及び関係請負人の労働者の作業が同一の場所において行われることによつて生ずる労働災害を防止するため，作業間の連絡及び調整を行うことに関する措置その他必要な措置を講じなければならない。

②～④　略

（注文者の講ずべき措置）

第31条　特定事業〈編注：建設業および造船業の事業〉の仕事を自ら行う注文者は，建設物，設備又は原材料（以下「建設物等」という。）を，当該仕事を行う場所においてその請負人（当該仕事が数次の請負契約によつて行われるときは，当該請負人の請負契約の後次のすべての請負契約の当事者である請負人を含む。第31条の4において同じ。）の労働者に使用させるときは，当該建設物等について，当該労働者の労働災害を防止するため必要な措置を講じなければならない。

②　前項の規定は，当該事業の仕事が数次の請負契約によつて行なわれることにより同一の建設物等について同項の措置を講ずべき注文者が2以上あることとなるときは，

後次の請負契約の当事者である注文者については，適用しない。

（違法な指示の禁止）

第 31 条の 4　注文者は，その請負人に対し，当該仕事に関し，その指示に従つて当該請負人の労働者を労働させたならば，この法律又はこれに基づく命令の規定に違反することとなる指示をしてはならない。

（請負人の講ずべき措置等）

第 32 条　第 30 条第 1 項又は第 4 項の場合において，同条第 1 項に規定する措置を講ずべき事業者以外の請負人で，当該仕事を自ら行うものは，これらの規定により講ぜられる措置に応じて，必要な措置を講じなければならない。

② 第 30 条の 2 第 1 項又は第 4 項の場合において，同条第 1 項に規定する措置を講ずべき事業者以外の請負人で，当該仕事を自ら行うものは，これらの規定により講ぜられる措置に応じて，必要な措置を講じなければならない。

③～⑦　略

（機械等貸与者等の講ずべき措置等）

第 33 条　機械等で，政令で定めるもの〈編注：作業床の高さが 2 メートル以上となる高所作業車など〉を他の事業者に貸与する者で，厚生労働省令で定めるもの（以下「機械等貸与者」という。）は，当該機械等の貸与を受けた事業者の事業場における当該機械等による労働災害を防止するため必要な措置を講じなければならない。

②・③　略

（ガス工作物等設置者の義務）

第 102 条　ガス工作物その他政令で定める工作物〈編注：電気工作物など〉を設けている者は，当該工作物の所在する場所又はその附近で工事その他の仕事を行なう事業者から，当該工作物による労働災害の発生を防止するためにとるべき措置についての教示を求められたときは，これを教示しなければならない。

○　労働安全衛生規則

（電動機械器具についての措置）

第 649 条　注文者は，法第 31 条第 1 項の場合において，請負人の労働者に電動機を有する機械又は器具（以下この条において「電動機械器具」という。）で，対地電圧が 150 ボルトをこえる移動式若しくは可搬式のもの又は水等導電性の高い液体によつて湿潤している場所その他鉄板上，鉄骨上，定盤上等導電性の高い場所において使用する移動式若しくは可搬式のものを使用させるときは，当該電動機械器具が接続される電路に，当該電路の定格に適合し，感度が良好であり，かつ，確実に作動する感電防止用漏電しや断装置を接続しなければならない。

② 前項の注文者は，同項に規定する措置を講ずることが困難なときは，電動機械器具の金属性外わく，電動機の金属製外被等の金属部分を，第 333 条第 2 項各号に定めるところにより接地できるものとしなければならない。

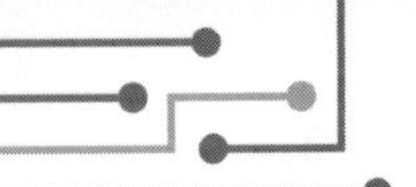

(3) 電気工事作業指揮者に対する安全教育について

昭和63年12月28日基発第782号
(労働省労働基準局長通達)

安全衛生教育の推進については，昭和59年2月16日付け基発第76号「安全衛生教育の推進について」及び同年3月26日付け基発第148号「安全衛生教育の推進に当たって留意すべき事項について」等により，その推進を図っているところである。

今般，これらの通達に基づき行うこととされている作業指揮者に対する安全衛生教育のうち，標記教育について，その実施要領を別添のとおり定めたので，関係事業者に対し本実施要領に基づく実施を勧奨するとともに，事業者に代わって当該教育を行う安全衛生団体に対し指導援助をされたい。

電気工事作業指揮者安全教育実施要領

1. 目　的

我が国における産業活動の発展とともに，電気設備の高電圧化等が進んでいる。電気工事においては，毎年多くの作業者の命が失われており，感電災害は，他の労働災害と比較して重篤度が極めて高く，いったん事故が発生すると死亡災害になりやすいという特徴があるので，さらに安全対策の充実と徹底を図る必要がある。

このため，電気工事の作業を指揮する者に対して，本実施要領に基づく電気工事作業指揮者安全教育を実施することにより，作業指揮者としての職務に必要な知識等を付与し，もって当該作業従事労働者の安全衛生の一層の確保に資することとする。

2. 対象者

電気工事作業指揮者として選任された者又は新たに選任される予定の者とすること。

3. 実施者

上記2の対象者を使用する事業者又は事業者に代って当該教育を行う安全衛生団体とする。

4. 実施方法

⑴ 教育カリキュラムは，別紙〈編注：次ページの表〉の「電気工事作業指揮者安全教育カリキュラム」によること。

⑵ 教材としては，「電気工事作業指揮者安全必携」(中央労働災害防止協会発行) 等が適当と認められること。

⑶ 1回の教育対象人員は，100人以内とすること。

⑷ 講師については，別紙のカリキュラムの科目について十分な学識経験等を有するものを充てること。

5. 修了の証明等

⑴ 事業者は，当該教育を実施した結果について，その旨記録し，保管すること。

⑵ 教育修了者に対し，その修了を証する書面を交付する等の方法により，所定の教育を受けたことを証明するとともに，教育修了者名簿を作成し，保存すること。

電気工事作業指揮者安全教育カリキュラム

科　目	範　囲	時 間
電気工事指揮者の職務	1　電気取扱作業における災害発生状況と問題点 2　作業指揮者の選任とその職務	1.5
現場作業の安全	1　作業時の注意事項 2　感電，墜落災害等の防止	1.5
個別作業の管理	1　架空送電設備の作業 2　架空配電設備の作業 3　地中配送電設備の作業 4　特別高圧受変電設備の作業 5　高圧受変電設備の作業 6　工場電気設備の作業	2.5
関係法令	労働安全衛生法，同施行令及び労働安全衛生規則の関係条項	0.5

参考資料2　附　録

(1) 高圧の電路・機械器具等の絶縁耐力試験

電路・機械器具等は，接地工事の接地点（接地線と電路との接続点）等を除き，原則として大地から絶縁しなければならない（電技省令第5条および電技解釈第13条）が，この場合，その絶縁性能に関する信頼度の判定が必要である。現在一般的に行われている判定方法には，**絶縁抵抗試験**によるものと**絶縁耐力試験**によるものがある（ここでいう絶縁耐力試験は，耐電圧試験のひとつであるが，「絶縁用保護具等の規格」上の耐電圧試験とは目的や内容が異なるものである）。

低圧電路で必要な絶縁性能は絶縁抵抗値で表され，その値は電技省令第58条に定められている。絶縁抵抗試験による方法は，その測定が簡単であり，低圧の電路・機械器具等（変圧器，回転機，整流器，燃料電池，太陽電池モジュール等を除く）に関しては漏電による火災事故の防止に十分な目安となるものであるので，一般的にこれによる方法が採用されている。電技解釈第14条では，絶縁抵抗値の測定が困難な場合（一般家庭の屋内配線等の測定などで停電が困難な場合）において，停電せずに絶縁性能を判定するための漏えい電流の基準についても規定している。

高圧または特別高圧の電路（屋内配線，移動電線，電気使用機械器具，架空電線路，地中電線路，交流電車線路など），変圧器，回転機，整流器，燃料電池，太陽電池モジュール等については，電技解釈第15条・第16条で必要な絶縁耐力（所定の試験電圧を連続して10分間加えたとき，これに耐える性能を有すること※）を規定している。

高圧または特別高圧の電路に必要な絶縁性能の判定は，簡易な判定方法として絶縁抵抗計でその絶縁抵抗値を測定する方法が広く用いられているが，より詳細な判定が必要な場合は，電技解釈で定められた電圧と時間による絶縁耐力試験を実施することが有効である。高圧用または特別高圧用ケーブルの場合等では，交流または直流（ケーブルの場合，直流の試験電圧は交流の2倍）による絶縁耐力試験に耐える性能を有することとしているが，これは長距離のケーブルの場合に

※　法令上は，有していなければならない絶縁性能について規定しているが，絶縁抵抗試験や絶縁耐力試験自体の実施を義務づけてはいないため，ここでは「…耐える性能を有すること」等の表現を用いている。

は静電容量が大きくなり，交流による試験を行うと大容量の電源設備が必要となって実施困難な場合が多いが，直流試験であればケノトロン等を使用して比較的簡単に実施し得ること等による。

高圧の電路・機械器具等について規定されている絶縁性能の概要を**表 6-1**，**表 6-2** に示す。電路の新設または増設時や機器の修理時，また機器やケーブルなどを長期間放置して再び使用する場合には，定められた絶縁性能を有していることを確認する必要がある。

表 6-1　高圧の電路・機械器具等の絶縁性能（絶縁耐力）の概要

<table>
<tr><th colspan="3">種　類</th><th>試験箇所</th><th>試験電圧</th><th>試験時間</th></tr>
<tr><td rowspan="2">高圧の電路（以下の変圧器，器具等を除く）</td><td>直流の電路</td><td rowspan="4">最大使用電圧 7,000V 以下</td><td rowspan="2">電路と大地との間（ケーブルの場合は各線相互間を含む。）</td><td>最大使用電圧の 1.5 倍の直流電圧または 1 倍の交流電圧</td><td rowspan="9">連続して 10 分間</td></tr>
<tr><td>交流の電路</td><td>最大使用電圧の 1.5 倍の交流電圧</td></tr>
<tr><td colspan="2">変圧器</td><td>巻線と大地との間</td><td rowspan="2">最大使用電圧の 1.5 倍の電圧</td></tr>
<tr><td colspan="2">回転機（電動機，発電機など）</td><td>巻線と他の巻線，鉄心，外箱と間</td></tr>
<tr><td colspan="2">整流器</td><td>最大使用電圧 60,000V 以下</td><td>充電部分と外箱との間</td><td>直流側の最大使用電圧の 1 倍の交流電圧</td></tr>
<tr><td colspan="3">燃料電池</td><td rowspan="2">充電部分と大地の間</td><td rowspan="3">最大使用電圧の 1.5 倍の直流電圧または 1 倍の交流電圧</td></tr>
<tr><td colspan="3">太陽電池モジュール</td></tr>
<tr><td rowspan="2">開閉器および遮断器等の器具ならびに接続線，母線の電路</td><td>直流の器具・電路等</td><td rowspan="2">使用電圧が高圧のもの</td><td rowspan="2">器具・電路等と大地との間（ケーブルの場合は各線相互間を含む。）</td></tr>
<tr><td>交流の器具・電路等</td><td>最大使用電圧の 1.5 倍の交流電圧</td></tr>
</table>

（電技解釈第 15 条，第 16 条より作成）

表 6-2　高圧・交流の電路等の試験電圧の例

種　類	公称電圧	最大使用電圧	試験電圧	備考
変圧器	3,300V	3,450V	交流　5,175V	・公称電圧が 1,000V 超 500,000V 以下において，最大使用電圧 ＝公称電圧 ÷ 1.1 × 1.15（電技解釈第 1 条） ・ケーブルの場合，直流試験電圧は交流の 2 倍 ・回転機の場合，直流試験電圧は交流の 1.6 倍
	6,600V	6,900V	交流 10,350V	
ケーブル	3,300V	3,450V	交流　5,175V 直流 10,350V	
	6,600V	6,900V	交流 10,350V 直流 20,700V	
回転機（回転変流器を除く）	3,300V	3,450V	交流　5,175V 直流　8,280V	
	6,600V	6,900V	交流 10,350V 直流 16,560V	

(2) 構内電線路の概要

構内電線路とは，需要場所（電気使用場所を含み，電気を使用する構内全体をいう）の構内に施設した電線路（発電所，変電所などや電気使用場所相互間の電線および支持物などをいう）をいい，下記に区分されるが，施設場所に応じて選定し，施設する（**図 6-1**）。

① 架空電線路（架空電線，架空ケーブル）
② 地中電線路
③ 屋側電線路
④ 屋上電線路
⑤ トンネル内電線路
⑥ 水上電線路
⑦ 水底電線路
⑧ 地上に施設する電線路
⑨ 橋に施設する電線路
⑩ 電線路専用橋等に施設する電線路
⑪ がけに施設する電線路
⑫ 屋内に施設する電線路
⑬ 引込線
⑭ 臨時電線路

以下，構内電線路として主要なもの（上記のうち①～④，⑧，⑫および⑬）について述べるが，詳細は，配電規程（JEAC7001）および内線規程（JEAC8001）を参照されたい。

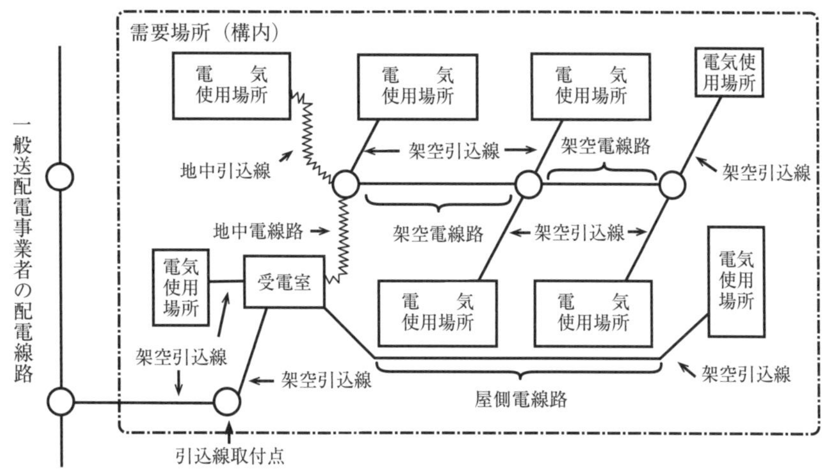

図 6-1　構内電線路の例

（（一社）日本電気協会「内線規程　JEAC8001-2016」より作成）

1　高圧架空電線路

高圧架空電線路は，架空電線または架空ケーブルにより施設する。

(1)　高圧絶縁電線を使用する場合（電技解釈第 65，74，75，90 条）

高圧架空電線に高圧絶縁電線または特別高圧絶縁電線を使用する場合には，その使用電圧および施設条件により，**表 6-3** の太さ以上の硬銅線または引張り強さ以上のものを使用する。

(2)　高圧架空ケーブルを使用する場合（電技解釈第 67 条）

高圧架空電線にケーブルを使用する場合には，**表 6-4** のケーブルを使用し，メッセンジャーワイヤ（ちょう架用線）にハンガーを使用してちょう架する方法と，ハンガーを使用しないメッセンジャーワイヤ付きケーブルを使用して施設する方法とがある（**図 6-2**）。

表 6-3　架空電線の太さ又は引張強さ

使用電圧の区分	施設場所の区分	電線の種類		電線の太さ又は引張強さ
300V 以下	全て	絶縁電線	硬銅線	直径 2.6mm
			その他	引張強さ 2.3kN
		絶縁電線以外	硬銅線	直径 3.2mm
			その他	引張強さ 3.44kN
300V 超過	市街地	硬銅線		直径 5mm
		その他		引張強さ 8.01kN
	市街地外	硬銅線		直径 4mm
		その他		引張強さ 5.26kN

（電技解釈第 65 条）

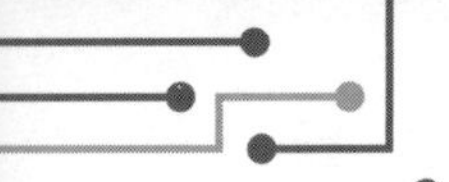

2　高圧地中電線路（電技解釈第 120 条）

高圧地中電線路は，電線にケーブルを使用し，管路式，暗きょ式，または直接埋設式により施設する。

管路式および暗きょ式については，地中送電設備における敷設方式（第 2 編第 2 章 2）と同様であるので，ここでは直接埋設式の具体的な工事方法を**図 6-3** に示す。高圧地中電線には**表 6-5** のケーブルを使用する。

表 6-4　ケーブルの種類（電技解釈第 9，10 条関係）

電圧の種別	ケーブルの種類
低　　圧	低圧用の鉛被ケーブル，アルミ被ケーブル，クロロプレン外装ケーブル，ビニル外装ケーブル，ポリエチレン外装ケーブル，又は MI ケーブル（これらのものに保護被覆を施したものを含む。）
高　　圧	高圧用の鉛被ケーブル，アルミ被ケーブル，クロロプレン外装ケーブル，ビニル外装ケーブル，又はポリエチレン外装ケーブル（これらのものに保護被覆を施したものを含む。）

（（一社）日本電気協会「内線規程　JEAC8001-2016」）

(a) ハンガーによるちょう架の場合

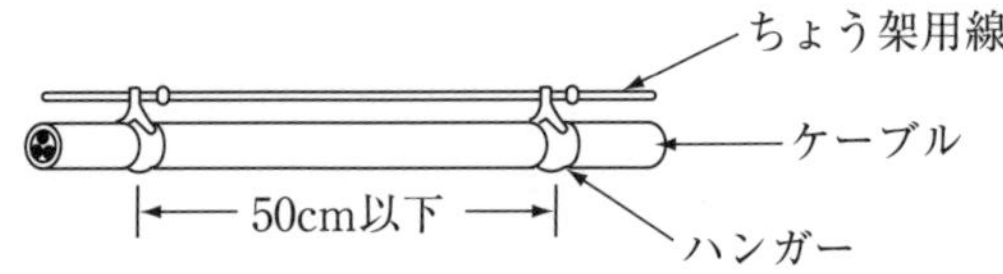

(b) 金属テープなどを巻き付けてちょう架する場合

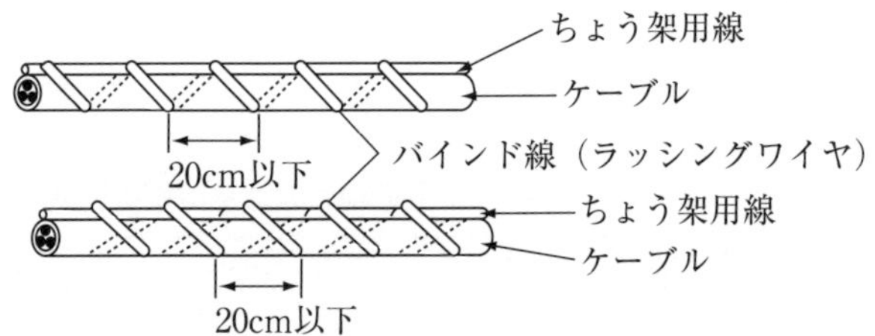

(c) ちょう架用線をケーブルの外装に堅ろうに取り付けてちょう架する場合

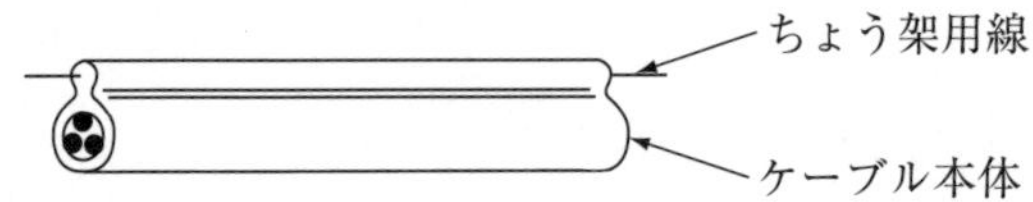

ちょう架用線は引張り強さ5.93kN以上のもの，又は断面積22mm²以上の亜鉛めっき鉄より線。

図 6-2　ケーブルによるちょう架の例図

（（一社）日本電気協会「高圧受電設備規程　JEAC8011-2020」）

3　高圧屋側電線路（電技解釈第 111 条）

イ　施設の条件

高圧屋側電線路は，次に該当する場合に限り施設することができる（**図 6-4**）。

① 1構内または同一基礎構造物およびこれに構築された複数の建物ならびに構造的に一体化した1つの建物に施設する電線路の全部または一部として施設する場合

② 1構内等専用の電線路中その構内等に施設する部分の全部または一部として施設する場合

③ 屋外に施設された複数の電線路から送受電するように施設する場合

ロ　電線および工事方法

高圧屋側電線路は，電線にはケーブルを使用し，そのケーブルは堅ろうな管もしくはトラフに収めるか，または人が触れるおそれがないように施設し，管その他のケーブルを収める防護装置の金属製部分，金属製の電線接続箱およびケーブルの被覆に使用する金属体にはA種接地工事（人が触れるおそれがないように施設する場合はD種接地工事）を施さなければならない。ただし，防食措置を施した部分および大地との間の電気抵抗値が 10 Ω以下である部分は除く。

4　高圧屋上電線路（電技解釈第 114 条）

高圧屋上電線路は,「3　高圧屋側電線路」に準じて施設するほか, 1⑵の高圧架空ケーブルを使用し, 造営材との離隔距離を1.2m 以上とするか, 堅ろうな管またはトラフに収め, トラフには取扱者以外の者が容易にあけることができないような構造を有する鉄製または鉄筋コンクリート製その他の堅ろうなふたを設けて施設する（**図6-5, 図6-6**）。

（トラフに収める場合）

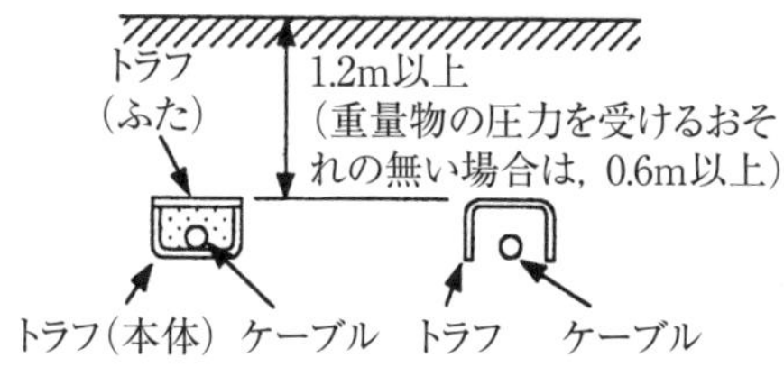

（重量物の圧力を受けるおそれがない場合でケーブルの上部を堅ろうな板又はといで覆う場合）

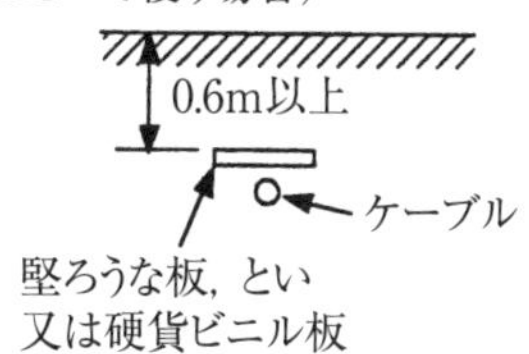

図 6-3　直接埋設方式の埋設深さ

（（一社）日本電気協会「高圧受電設備規程　JEAC8011-2020」）

表 6-5　ケーブルの種類（電技解釈第 10 条関係）

電圧の種類	ケーブルの種類
高　　圧	高圧用の鉛被ケーブル，アルミ被ケーブル，クロロプレン外装ケーブル，ビニル外装ケーブル若しくはポリエチレン外装ケーブル（これらのものに保護被覆を施したものを含む。）又はCDケーブル

（（一社）日本電気協会「内線規程　JEAC8001-2016」）

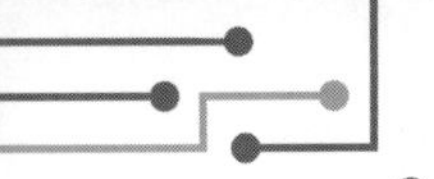

5　地上に施設する高圧電線路（電技解釈第128条）

地上に施設する高圧電線路は，交通に支障を及ぼすおそれがない場所において，ケーブルまたは高圧用の3種クロロプレンキャブタイヤケーブル，もしくは3種クロロスルホン化ポリエチレンキャブタイヤケーブルを使用する。

電線がケーブルの場合は，鉄筋コンクリート製の堅ろうな開きょまたはトラフに収め，かつ，開きょ（通常，ダクトまたはトレンチといわれる。）またはトラフには，取扱者以外の者が容易にあけることができないような構造を有する鉄製または鉄筋コンクリート製その他の堅ろうなふたを設けて施設する。

電線がキャブタイヤケーブルの場合は，電線路の途中に接続点を設けてはならず，損傷を受けるおそれがないよう開きょ等に収めて施設する。

電線路の電源側電路には，専用の開閉器および過電流遮断器を各極に施設するとともに，電路に地絡を生じたときに自動的に電流を遮断する装置を施設する。

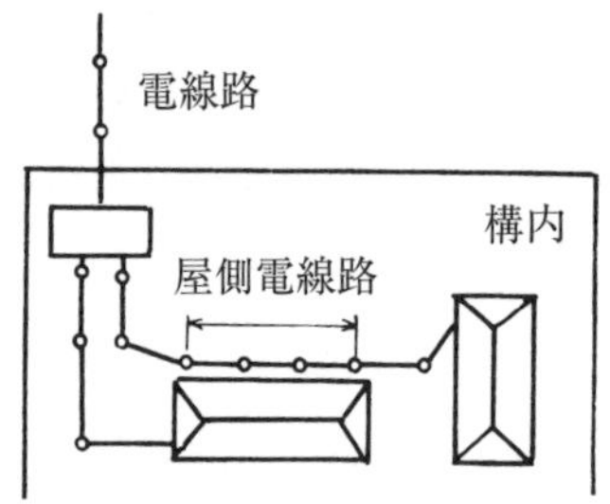

(a) 1構内だけに施設する電線路

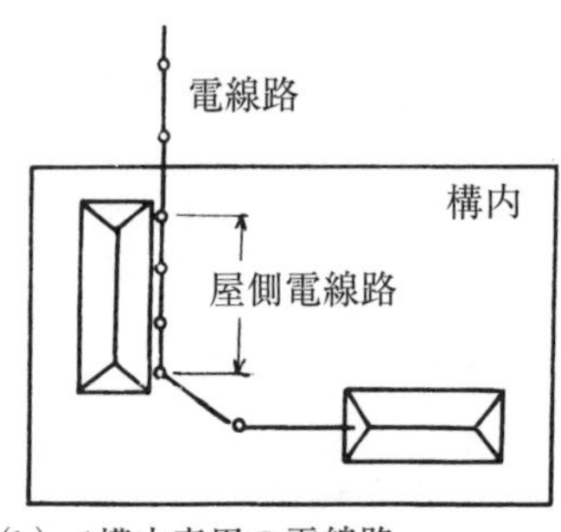

(b) 1構内専用の電線路

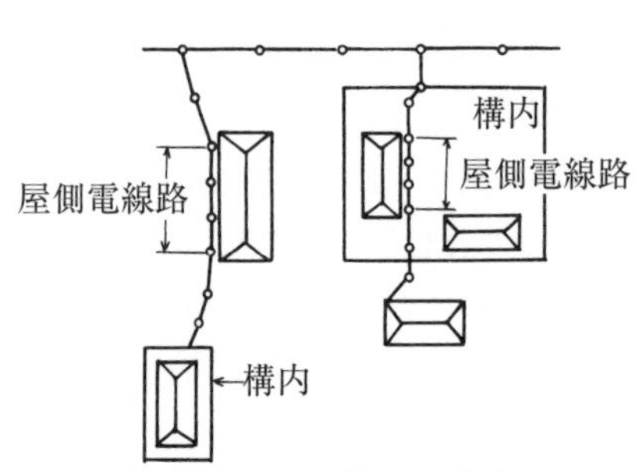

(c) 禁止された屋側電線路

図6-4　屋側電線路の例図

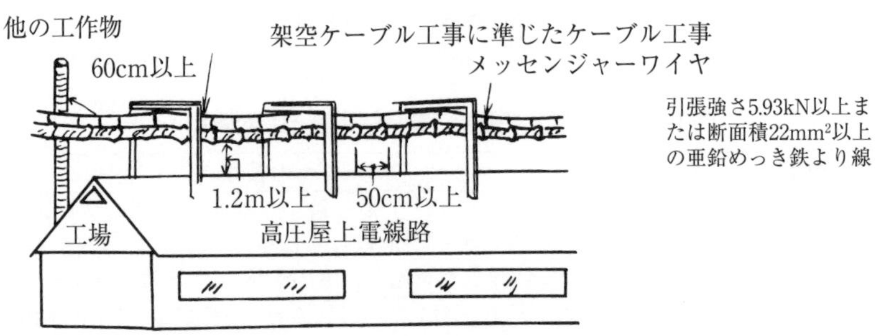

図6-5　高圧屋上電線路の施設例

6　屋内に施設する高圧電線路

イ　施設の条件

屋内に施設する高圧電線路は，次に該当する場合に限り施設することができる（**図6-7**，**図6-8**）。

① 1構内，同一基礎構造物およびこれに構築された複数の建物ならびに構造的に一体化した1つの建物に施設する電線路の全部または一部として施設する場合

② 1構内等専用の電線路中，その1構内等施設する部分の全部または一部として施設する場合

③ 屋外に施設された複数の電線路から送受電するように施設する場合

ロ　施設できない場所

屋内に施設する高圧電線路は，次のような危険な場所には施設できない。

① 粉じんの多い場所

② 可燃性のガスなどの存在する場所

③ 危険物等の存在する場所

④ 火薬類の製造所

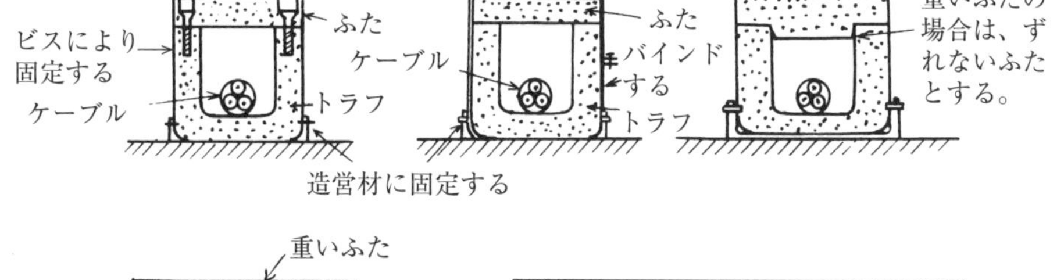

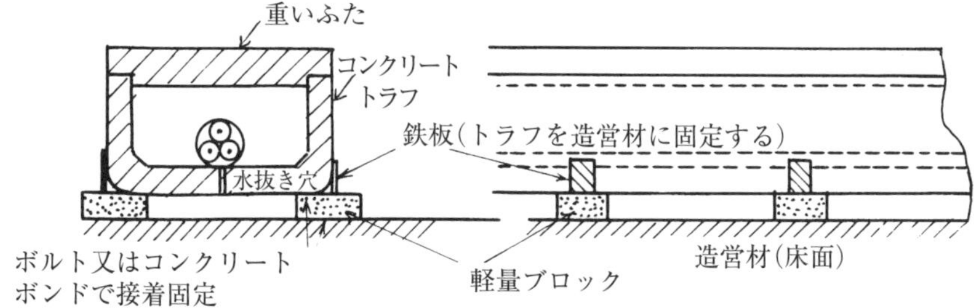

図6-6　屋上電線路をトラフに収めた施設例

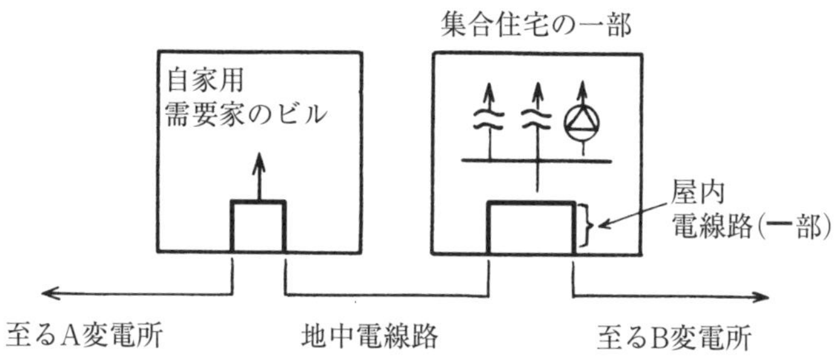

図6-7　屋内電線路のパイ引込部分の例

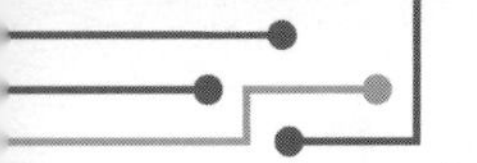

7　高圧引込線

構内引込線は，一般送配電事業者の配電線路から次の点に留意して施設する。

一般送配電事業者の標準的な取扱いは，高圧受電設備規程の付録に掲載されている。

(1)　電線の種類および太さ

高圧引込線には，架空引込線と地中引込線とがある。また，これらには一般送配電事業者が施設するものと自家用需要家が施設するものとがあるが，需要家が施設する引込線およびその延長部分の電線の種類および太さは，次による。ただし，特別高圧絶縁電線も使用することができる。

イ　高圧絶縁電線の場合（主なものを示す）

①　屋外用架橋ポリエチレン絶縁電線（OC）
②　屋外用ポリエチレン絶縁電線（OE）
③　高圧引下用架橋ポリエチレン絶縁電線（POC）
④　高圧引下用エチレンプロピレンゴム絶縁電線（PDP）

ロ　高圧ケーブルの場合（主なものを示す）

①　架橋ポリエチレン絶縁ビニルシースケーブル（CV）
②　トリプレックス形架橋ポリエチレン絶縁ビニルシースケーブル（CVT）
③　架橋ポリエチレン絶縁ポリエチレンシースケーブル（CE）

ハ　電線の太さ

高圧引込電線は，その許容電流値（**表 6-6** ～**表 6-8**）が受電する電流以上のものであり，短時間耐電流も考慮する。その電線の太さの選定にあたっては，一般送配電事業者と協議する。

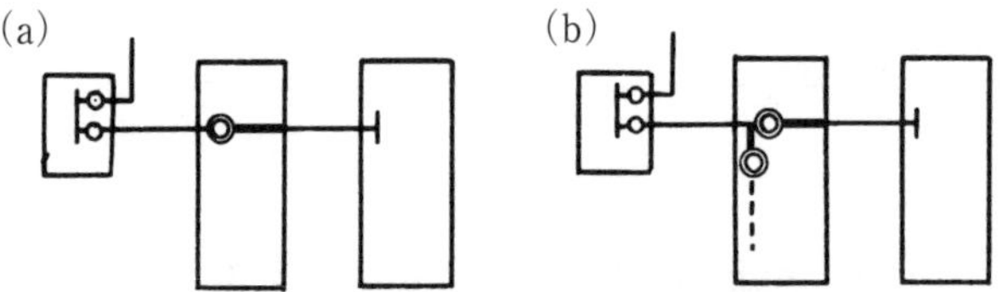

備考 1　記号の意味は，次のとおりとする。

━━ 屋内に施設する電線路
--- 屋内配線
□ 建　物
◎ 開閉器及び過電流遮断器を必要とする箇所
○ 開閉器及び過電流遮断器

備考 2　上図(a) の――の部分は屋内に施設する電線路であるが，(b) の----の部分は屋内配線であって，屋内に施設する電線路ではない。

図 6-8　屋内電線路と屋内配線の例

表 6-6 ＊架空絶縁電線の許容電流の例

（OC　公称電圧 6.6kV）

公称断面積 (mm^2)	22	38	60	100
許容電流 (A)	150	210	280	390

計算条件　1　導体最高許容温度　90℃
　　　　　2　周囲温度　　　　　40℃
　　　　　3　計算式　JCS0168-1（2016）「33kV 以下電力ケーブルの許容電流計算-第 1 部：計算式及び定数」

＊「気中・暗渠（日射影響有）」の布設条件

（（一社）日本電気協会「高圧受電設備規程　JEAC8011-2020」より作成）

表 6-7 ＊架空ケーブルの許容電流の例

（CV3 心　公称電圧 6.6kV）

公称断面積 (mm^2)	14	22	38	60	100	150
許容電流 (A)	76	98	130	170	230	295

計算条件　1　導体最高許容温度　90℃
　　　　　2　周囲温度　　　　　40℃
　　　　　3　計算式　JCS0168-1（2016）「33kV 以下電力ケーブルの許容電流計算-第 1 部：計算式及び定数」

＊「気中・暗渠（日射影響有）」の布設条件

（（一社）日本電気協会「高圧受電設備規程　JEAC8011-2020」より作成）

表 6-8 地中ケーブルの許容電流の例

（CV3 心　公称電圧 6.6kV）

公称断面積 (mm^2)		14	22	38	60	100	150
許容電流 (A)	暗渠布設	83	105	145	195	265	345
	直接布設	—	120	160	210	280	—
	管路布設	—	100	135	175	235	—

計算条件　1　導体最高許容温度　90℃
　　　　　2　土壌抵抗　100℃ cm/W
　　　　　3　損失率　1.0
　　　　　4　周囲温度　暗渠布設　40℃
　　　　　　　　　　　直接布設又は管路布設　25℃
　　　　　5　計算式　JCS0168-1（2016）「33kV 以下電力ケーブルの許容電流計算-第 1 部：計算式及び定数」

（（一社）日本電気協会「高圧受電設備規程　JEAC8011-2020」より作成）

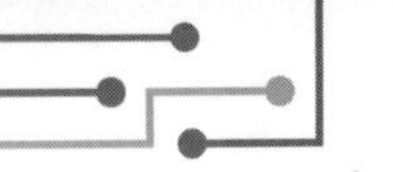

⑵　高圧架空引込線の施設

高圧架空引込線の取付点は，次により選定することを原則とする。

① 架空配電線路から最短距離で引込線が施設できること。

② 引込線が外傷を受けにくいこと。

(注) 氷雪が多い地方では，屋根から落ちる氷雪，雪降ろしなどに特に注意する。

③ 引込線がなるべく屋上を通過しないで施設できること。

④ 引込線が他の電線路または弱電流電線路と十分離隔できること。

⑤ 引込線が煙突，アンテナ，これらの支線および樹木と接近しないで施設できること。

鉄筋コンクリート建築（コンクリートブロック建築，軽量鉄骨建築などを含み，建築が完了後引込線の取付金具などが取り付けにくいもの）における引込線取付点には，建築工事の際に引込線取付金具を取り付けておく。

イ　高圧絶縁電線による架空引込線の施設

① 電線には，引張強度 8.01kN 以上の高圧絶縁電線，特別高圧絶縁電線または直径 5mm 以上の硬銅線の高圧絶縁電線，特別高圧絶縁電線を使用し，がいし引き工事により施設する。

② 架空引込線の高さおよび離隔距離は，**表 6-9** による。ただし「道路以外の地上」については，電線の下方に危険である旨の表示をする場合は，3.5m までに減ずることができる。

③ 電線が造営材を貫通する場合は，その貫通する部分の電線を電線ごとに高圧がい管に収める。なお，高圧がい管は，雨水が浸入しないように屋外側を下向きにする（**図 6-9**）。

表 6-9　高圧架空引込線の高さおよび離隔距離

<table>
<tr><td colspan="2">施設場所</td><td colspan="2">高さ</td></tr>
<tr><td colspan="2">道路横断</td><td colspan="2">地表上　6m 以上</td></tr>
<tr><td colspan="2">道路以外の地上</td><td colspan="2">地表上　5m 以上</td></tr>
<tr><td colspan="2">横断歩道橋</td><td colspan="2">路面上　3.5m 以上</td></tr>
<tr><td colspan="2">鉄道・軌道</td><td colspan="2">レール面上　5.5m 以上</td></tr>
<tr><td colspan="2"></td><td>絶縁電線の場合</td><td>ケーブルの場合</td></tr>
<tr><td rowspan="2">上部造営材</td><td>上方</td><td>2m 以上</td><td>1m 以上</td></tr>
<tr><td>側方
下方</td><td>1.2m 以上（電線に人が容易に触れるおそれがない場合は，0.8m 以上）</td><td>0.4m 以上</td></tr>
<tr><td colspan="2">その他の造営材</td><td>1.2m 以上（電線に人が容易に触れるおそれがない場合は，0.8m 以上）</td><td>0.4m 以上</td></tr>
</table>

ロ 高圧ケーブルによる架空引込線の施設

高圧ケーブルによる架空引込線は，**図6-2** および**図6-10**，**図6-11** の施設方法による。

(3) 地中引込線の施設

イ 地中引込線には高圧ケーブルを使用し，その経路および建物への引込口は，次により施設する。

① 引込線が外傷を受けにくいこと。

② 引込線が他の地中電線路または地中弱電流電線路と十分離隔できること。

③ 埋設施設（ガス，上下水道）に障害を与えないこと。

ロ ケーブルの埋設は，管路式，暗きょ式または直接埋設式により，かつ，埋設方法の別に従い，それぞれ次により施設する。

(イ) 管路式に使用する管は，管に加わる車両その他の重量物の圧力に耐えるものを使用する。

（注）管路式の管路には，鋼管，鉄筋コンクリート管または堅ろうな合成樹脂管などを使用し，かつ，その端末は，ケーブルを引き込む場合，ケーブルが損傷を受けないよう面取りを施す。

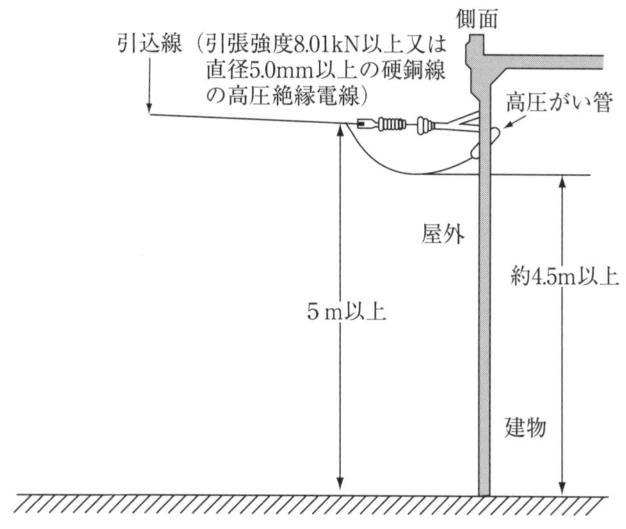

図6-9 架空引込線施設例（市街地。道路以外の場合）

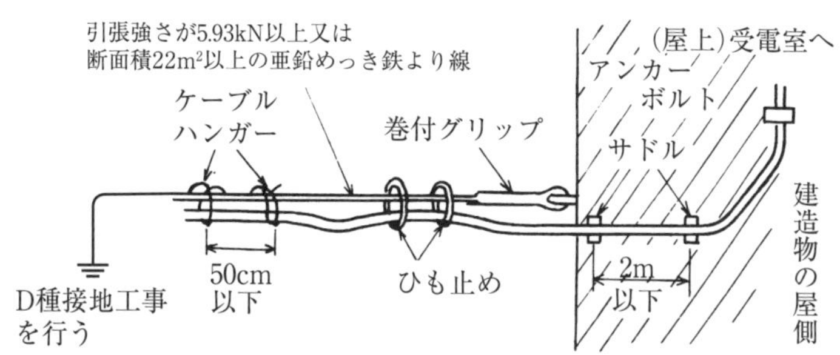

図6-10 建物におけるケーブル引込部分の施設例

(ロ) 暗きょ式により施設する場合は，暗きょに加わる車両その他の圧力に耐えるものを使用し，下記のいずれかにより施設する。

① 地中電線に次のいずれかによる耐燃措置を施す。

・ 不燃性または自消性のある難燃性の被覆を有する地中電線を使用する。

・ 不燃性または自消性のある難燃性の延焼防止テープ，延焼防止シートまたは延焼防止塗料その他これらに類するもので地中電線を被覆する。

・ 不燃性または自消性のある難燃性の管またはトラフに地中電線を収めて施設する。

② 暗きょ内に自動消火設備を施設する。

(ハ) 直接埋設式により施設する場合は，土冠を車両その他の重量物の圧力を受けるおそれがある場所においては1.2m以上，その他の場所においては60cm以上とする。また，ケーブルは，堅ろうなトラフその他の防護物に収めるか車両その他の重量物の圧力を受けるおそれのない場所においては，その上部を堅ろう

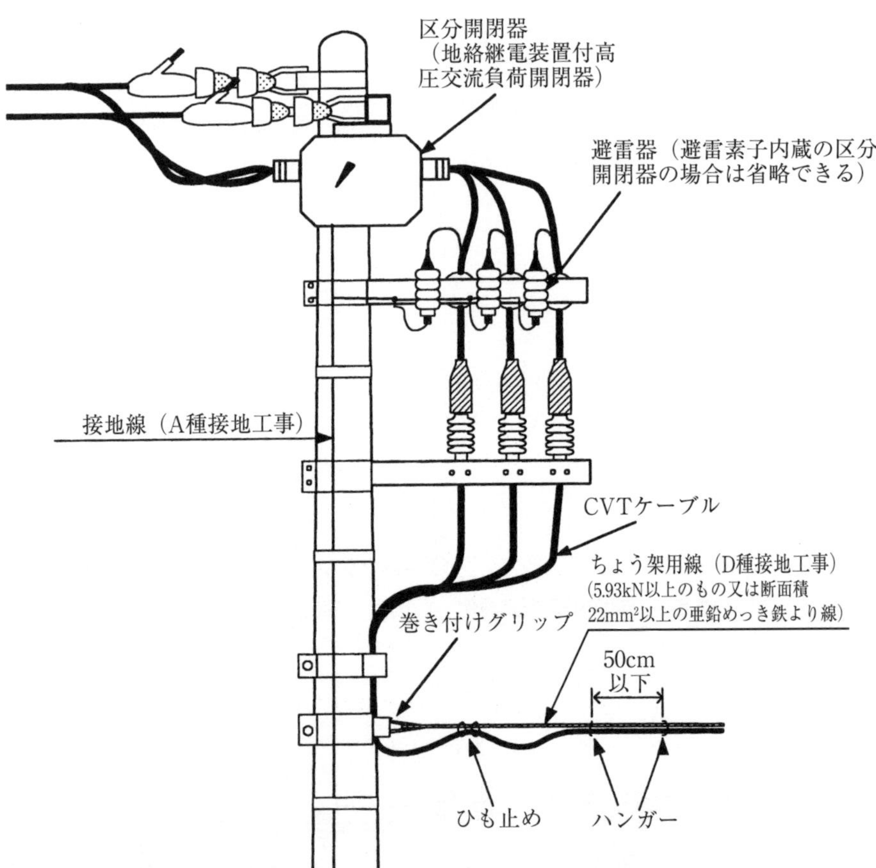

図 6-11　第 1 号柱等の支持物におけるケーブルの引込線部分の施設例

（(一社) 日本電気協会「高圧受電設備規程　JEAC8011-2020」）

な板またはといで覆い施設するなど，ケーブルを衝撃から防護する必要がある。ただし，CDケーブルについては，この限りでない（**図6-12**）。

ハ 高圧地中ケーブル引込線において，ケーブルの立下り，立上りの地上露出部分および地表付近は，次のように施設すること。

① ケーブルの立下り，立上り部分は，損傷のおそれがない位置に施設し，かつ，これを堅ろうな管などで防護する

② ケーブル防護の範囲は，地表上2m以上，地表下20cm以上とすることが望ましい。

ニ 管，暗きょその他のケーブルを収める防護装置の金属製部分（ケーブルを支持する金物類を除く），金属製の接続箱およびケーブルの被覆に使用する金属体には，D種接地工事を施すこと。ただし，これらのものの防食措置を施した部分については，この限りでない。

（注）1 確実な接地とする。

2 屋内での接地工事は，A種接地工事（ただし，人の触れるおそれのないように施設する場合は，D種接地工事）とする。

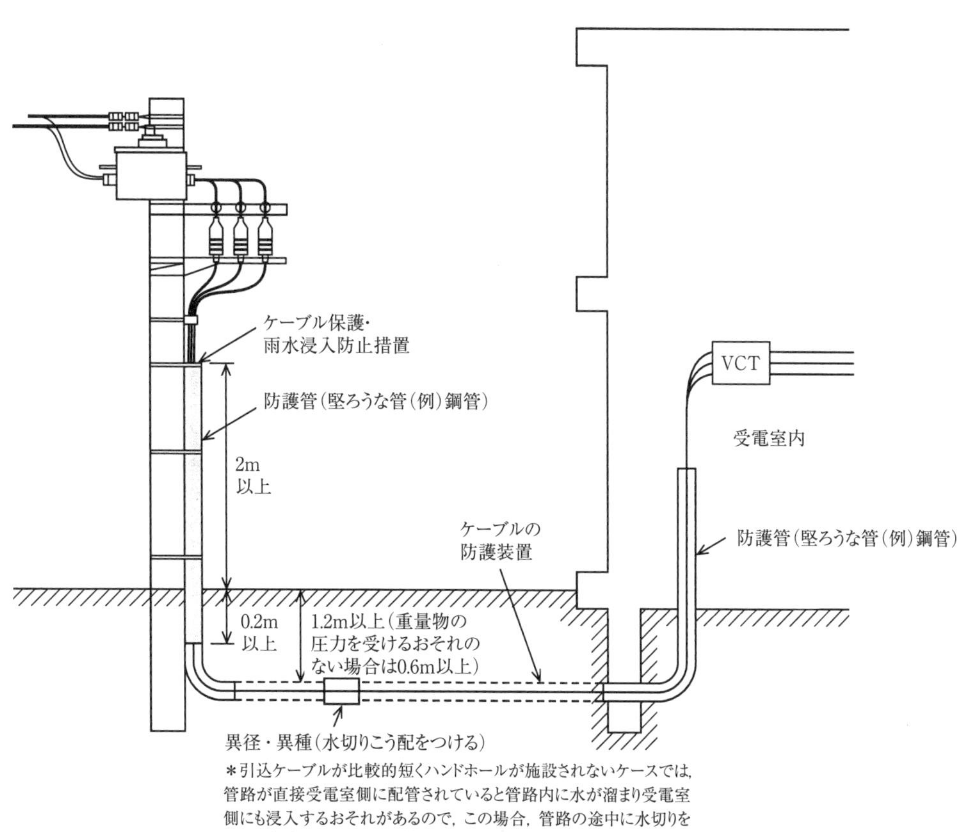

図6-12 高圧ケーブルによる地中引込線施設例

（（一社）日本電気協会「高圧受電設備規程 JEAC8011-2020」）

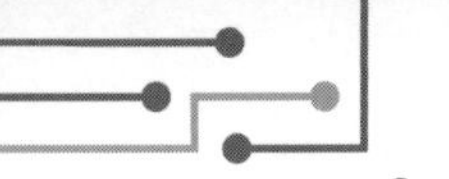

ホ　ケーブルを屈曲させる場合は，曲げ半径を，単心のケーブルでは外径の 10 倍，3 心では 8 倍以上とする。

(4) 高圧引込線の屋側部分などの施設

高圧引込線の屋側部分などは，展開した場所において，次のように施設する。

イ　ケーブル工事は，「3　高圧屋側電線路」のロによるほか，次による。

① ケーブルは，堅ろうな管もしくはトラフに収め，または人が触れるおそれがないように施設する。

② ケーブルを造営材の側面または下面に沿って取り付ける場合は，ケーブルの支持点間の距離を 2m（垂直に取り付ける場合は 6m）以下とし，かつその被覆を損傷しないように取り付ける。

ロ　ケーブルとその造営物に施設する特別高圧屋側電線，低圧屋側電線，管灯回路の配線，弱電流電線等または水管，ガス管もしくはこれらに類するものが接近し，または交さする場合は，ケーブルとこれらのものとの離隔距離は，15cm 以上とする。

ハ　ロの場合を除き，ケーブルが他の工作物（その造営物に施設する他の高圧屋側電線，ならびに架空電線および屋上電線を除く）と接近する場合は，ケーブルとこれらのものとの離隔距離は，30cm 以上とする。

ニ　ケーブルと他の工作物との間に耐火性のある堅ろうな隔壁を設けて施設する場合またはケーブルを耐火性のある堅ろうな管に収めて施設する場合は，ロおよびハによらないことができる。

ホ　メタルラス張り，ワイヤラス張りまたは金属板張りの木造の造営物に施設するケーブル工事の管，その他ケーブルを収める防護装置の金属製部分または金属製の電線接続箱等は，メタルラス，ワイヤラスまたは金属板とは電気的に接続しないように施設する。

(3) 各種統計

表 6-10　最近 5 カ年間の起因物別にみた感電死傷者数（カッコ内は死亡者数）

起因物＼年	平成 27 年	平成 28 年	平成 29 年	平成 30 年	令和元年
送配電線等	29 (7)	35 (6)	24 (4)	44 (5)	30 (2)
電力設備	27 (1)	13 (2)	20 (1)	33 (4)	17 (0)
その他の電気設備	12 (0)	13 (1)	4 (0)	12 (0)	11 (0)
アーク溶接装置	4 (2)	3 (2)	3 (0)	3 (1)	1 (0)
その他	33 (1)	35 (0)	30 (4)	34 (3)	30 (1)
合計	105 (11)	99 (11)	81 (9)	126 (13)	89 (3)

（注）鉱山保安法適用事業を除く。　（厚生労働省「死亡災害報告」，「労働者死傷病報告」より作成。）

表 6-11　最近 5 カ年間の業種別にみた感電死傷者数（カッコ内は死亡者数）

業種＼年	平成 27 年	平成 28 年	平成 29 年	平成 30 年	令和元年
製造業（電気業を除く）	34 (1)	37 (2)	27 (3)	36 (3)	27 (1)
電気業	0 (0)	1 (0)	1 (0)	3 (0)	0 (0)
建設業（電気通信工事業を除く）	21 (3)	18 (4)	14 (0)	29 (3)	22 (1)
電気通信工事業	22 (5)	17 (4)	13 (5)	18 (2)	15 (1)
その他（上記以外）	28 (2)	26 (1)	26 (1)	40 (5)	25 (0)
全産業合計	105 (11)	99 (11)	81 (9)	126 (13)	89 (3)

（注）鉱山保安法適用事業を除く。　（厚生労働省「死亡災害報告」，「労働者死傷病報告」より作成。）

改訂編集協力（敬称略）

（第１編）
三浦　崇　　独立行政法人労働者健康安全機構　労働安全衛生総合研究所
電気安全研究グループ　上席研究員

（第２編第１～４章）
井上　考介　　東京電力パワーグリッド株式会社
配電部　配電技術グループマネージャー

（第２編第５～７章，第３編）
小野　賢司　　一般財団法人関東電気保安協会
総合技術センター　課長

（第４編第１～７章）
廣川　光晴　　東京電力パワーグリッド株式会社
配電部　配電保守・制御グループマネージャー

【写真提供】

・図 2-2，13 ～ 15，24，25，31 ～ 33，35，39 ～ 43，
45，47 ～ 52，71　東京電力パワーグリッド㈱
・図 2-61　㈱戸上電機製作所
・図 2-62，63，73　東芝産業機器システム㈱
・図 2-65　大崎電気工業㈱
・図 2-72　明電商事㈱
・図 3-1，2，3a・b，6b，18　渡部工業㈱
・図 3-4b　東京電力パワーグリッド㈱
・図 3-5　㈱タダノ
・図 3-8 ～ 11，20　長谷川電機工業㈱
・図 3-12　㈱ムサシインテック
・図 3-16　㈱日本緑十字社
・図 3-19　㈱マーベル
・図 4-1 ～ 7，11，13，16，17　東京電力パワーグリッド㈱

高圧・特別高圧電気取扱者安全必携
—特別教育用テキスト—

平成30年３月26日　第１版第１刷発行
令和３年５月24日　第２版第１刷発行
令和６年８月９日　　　　　第８刷発行

編　　者　中央労働災害防止協会
発 行 者　平　山　剛
発 行 所　中央労働災害防止協会
〒108-0023
東京都港区芝浦 3-17-12
吾妻ビル9階
電話　販売　03(3452)6401
編集　03(3452)6209
印刷・製本　新日本印刷株式会社

落丁・乱丁本はお取替えいたします

ISBN978-4-8059-1988-0 C3054
中災防ホームページ　https://www.jisha.or.jp/

MEMO

MEMO

MEMO